5G-TSN协同架构与关键技术

王健全 孙 雷 马彰超 丰 雷 黄 蓉◎编著

人民邮电出版社
北 京

图书在版编目（CIP）数据

5G-TSN协同架构与关键技术 / 王健全等编著. -- 北京 : 人民邮电出版社, 2024.5
ISBN 978-7-115-63442-9

Ⅰ. ①5… Ⅱ. ①王… Ⅲ. ①第五代移动通信系统
Ⅳ. ①TN929.538

中国国家版本馆CIP数据核字(2024)第004385号

内 容 提 要

确定性网络是当前研究的热点，具有低时延、高可靠保障的确定性网络机制是ICT赋能垂直行业应用的关键，也是工业互联网的重要网络保障机制。本书从工业互联网、移动通信网络和时间敏感网络的基础概念出发，重点对5G-TSN协同架构、适配TSN的5G网络技术增强、5G-TSN协同调度关键技术进行介绍，并对基于5G-TSN的云化控制系统和5G-TSN应用场景进行了展望。

本书适合从事先进移动通信网络技术研究、工业互联网技术研究的高校高年级本科生、研究生及技术研究人员阅读，也可为从事5G时间敏感网络方向标准化和产品开发的技术人员提供参考。

◆ 编　　著　王健全　孙　雷　马彰超　丰　雷　黄　蓉
　责任编辑　王建军
　责任印制　马振武
◆ 人民邮电出版社出版发行　　北京市丰台区成寿寺路11号
　邮编　100164　　电子邮件　315@ptpress.com.cn
　网址　https://www.ptpress.com.cn
　北京七彩京通数码快印有限公司印刷
◆ 开本：800×1000　1/16
　印张：16.25　　2024年5月第1版
　字数：287千字　　2025年1月北京第2次印刷

定价：129.80元

读者服务热线：(010)53913866　印装质量热线：(010)81055316
反盗版热线：(010)81055315
广告经营许可证：京东市监广登字20170147号

编委会

前言

PREFACE

自2019年5G牌照在国内发放以来，5G在国内形成了规模覆盖，并得到了广泛应用。垂直行业作为5G的重要应用场景，已经涌现出一批5G标杆行业应用，例如，基于5G的机器视觉、无人天车控制、智能运维及巡检等。5G深度赋能行业数字化升级转型已经成为产业界的共识，因此5G也与工业互联网一起，成为国家新基建战略的重要组成部分。

然而，智能网联车、机器人协同、工业闭环控制等业务对时延要求严格，需要承载网提供有界时延和抖动的“确定性”传输保障。当前，5G商用系统在低时延、高可靠方面尚存不足，尤其是确定性传输保障能力的欠缺，成为5G深度赋能工业生产核心控制环节面临的重大技术挑战。2020年，3GPP在R16中提出5G与时间敏感网络（TSN）协同技术，以提升5G网络的确定性传输能力，并持续在R17和R18中提升5G内生的确定性传输保障能力。5G-TSN的协同传输，构建了有线与无线相融合的确定性网络技术，能够有效促进先进移动通信技术与工业生产控制技术的融合，满足工业核心生产控制系统严格的时延需求，受到学术界和产业界的共同关注。

然而，5G与TSN在资源特征和机制协议方面均存在较大的差异性，需要在充分了解两种网络特征的基础上开展跨网的协同及优化。因此，为了便于读者了解5G与TSN的发展背景和网络特征，本书在第1章、第2章和第3章分别就工业互联网体系架构、5G网络和TSN协议进行了概述，并在第4章对5G-TSN协同架构、服务质量（QoS）协商等信令交互流程进行了介绍。时间同步是确定性通信的基础，而5G与TSN采取不同的时间同步方案。因此，第5章介绍了5G-TSN跨网时间同步机制，为业务跨网确定性传输提供基础。另外，如何克服空口传输不确定性是5G-TSN协同传输面临的最大挑战，5G空口能力的提升是5G与TSN实现协同传输模式的基础，因此，第6章着重介绍了适配TSN业务流的5G低时延和高可靠增强机制。联合资源管理是5G-TSN协同传输达到低时延、确定性和多业务承载目标的关键，在第7章介绍了多种5G-TSN协同调度关键技术。5G-TSN 作为新一代的工业通信网络，有望为传统工业控制系统带来变革契机，第 8 章重点介绍了基于 5G-TSN 的云化控制新方案。第 9 章则探讨了 5G-TSN 在工业、电力、智能网联车等领域的应用场景。

本书得到了国家重点研发计划项目“适配工业自动化的 5G-TSN 协同传输理论和关键技术”（项目编号：2020YFB1708800）的资助，书中部分内容来自本项目的研究成果。本书由北京科技大学、北京邮电大学、中国联合通信网络有限公司从事工业互联网架构、先进移动通信技术、TSN 技术研究的多位专家共同编写，其中，第 1 章、第 5 章、第 9 章主要由王健全编写；第 2 章主要由黄蓉编写；第 3 章、第 4 章、第 7 章主要由孙雷编写；第 6 章主要由丰雷编写，第 8 章主要由马彰超编写。全书由王健全和孙雷统稿。

在本书编写的过程中，中兴通讯股份有限公司、重庆邮电大学、北京东土科技股份有限公司的张启明、郑兴明、魏旻、程远、吕志勇等多位行业专家为本书内容提出了宝贵意见和建议。北京科技大学工业互联网研究院的李莎、胡文学、宋佳皓、董芃、朱渊、胡馨予、孙志权、应云鹏、王振乾、卢一凡、甄珍、吴健生、黄芃升、蒋佳梦、陈乐等同学参与了本书的资料整理、图表编辑等工作。本书在编撰过程中，还得到了人民邮电出版社的大力支持，在此一并表示感谢。

本书旨在对 5G-TSN 协同传输的发展背景、技术体系和算法机制进行介绍。但 5G 与 TSN 协同传输技术还处于研究和发展阶段，部分关键技术还有待进一步探索和完善。此外，由于编者水平有限，书中难免存在疏漏和不当之处，恳请各位读者批评指正。

编者

2023 年 10 月

目录

CONTENTS

第 1 章

工业互联网基础

数字化、网络化和智能化是工业互联网的主要特征。传统工业网络主要用于设备间信息的传递，工业互联网将传统工业网络转变为围绕生产的智能网络系统，促进人员、设备、工厂和供应商之间建立快速的信息交互通道，实现了生产全流程及“人、机、料、法、环”全方位的数字化，提高了工业生产的灵活性，使大规模定制能够满足客户在数量、质量、设计和配置方面的需求。随着新一轮科技革命和产业变革的深入发展，5G、工业互联网等新型基础设施建设正在加快推进，日益成为支撑实体经济向数字化、网络化、智能化转型升级的关键驱动。只有将新一代信息通信技术与生产流程相融合，才能实现全流程的数字化采集、数据驱动的智能化分析及网络化的灵活控制。因此，加速 5G、TSN 等信息通信技术（ICT）与运营技术（OT）的深度融合，是促进工业数字化转型的关键。

与传统工业网络技术不同，工业互联网并不是一种单纯的网络技术，而是新一代信息通信技术与工业经济深度融合的全新工业生态、关键信息基础设施和新型应用模式，通过人、机、物的全面互联，实现全要素、全产业链、全价值链的全方位连接，推动形成全新的工业生产制造和服务体系。从技术角度而言，工业互联网对各类数据进行采集、传输、分析并形成智能反馈，优化资源要素配置效率，推动形成全新的生产制造和服务体系。因此，为了更好地理解 5G-TSN 的需求和技术驱动力，本章重点介绍了工业互联网发展背景及技术体系。

1.1 工业互联网发展背景

1.1.1 工业互联网发展进程

工业互联网发展进程如图 1-1 所示。工业互联网的概念最开始由美国提出。2011 年，美国围绕实体经济进行创新发展布局，颁布了《先进制造业伙伴计划》，积极打造制造业创新网络，加速技术成果的产业化。2014 年，美国成立了工业互联网联盟（IIC），通用电气、AT&T、英特尔、思科和 IBM 参与其中，在全球具有较大影响力。

工业互联网发展的大脉络有两个维度，一个维度是互联网技术，即信息通信技术的发展；另一个维度则是工业技术的发展。对互联网技术而言，其技术发展主要是从消费互联网走向产业互联网，最大的转变在于利用互联网面向实际的生产经营，并提供相关

的服务支撑。对于工业技术而言，工业本身也经历了自动化、系统化的过程；从最初的单机控制，走向多机器系统并产生了工控系统，随着生产环节向上下游环节的延伸，出现了企业资源计划（ERP）等工业管理系统，进而实现工业和互联网实现初步融合。2012 年，工业互联网的概念被正式提出，随着新技术、新发展理念的引入，工业系统正在从单点的信息技术应用向全面的数字化、网络化、智能化演进。

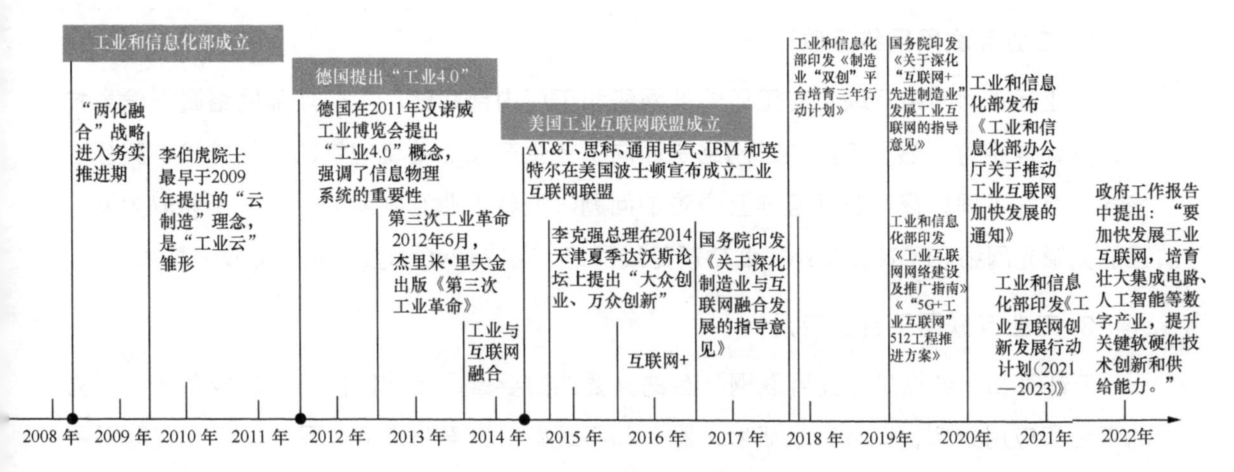

图 1-1 工业互联网发展进程

工业互联网并不是一个简单的网络或系统，而是面向工业制造场景，将新一代信息通信技术与工业生产各环节、设备及系统进行深度融合的应用生态体系。工业互联网产业生态系统主要指制造体系中与数据采集、传送、处理、反馈等相关的产业环节，涉及制造环节中的设备智能化使能、系统集成、网络互联、工业互联网平台、安全等方面。目前，全球工业互联网产业生态正在加速构建，随着跨系统、跨企业互联交互需求的增加，对工业互联网标准化的需求也在不断提升。

工业互联网是新一代信息通信技术与运营技术的深度融合，正成为制造业数字化转型的基本路径和新方法论。从技术视角分析，工业互联网包括终端及数据、网络、平台、安全，是一个大功能体系，构建形成数据驱动、工业机理与智能科技结合，数字空间与物理世界融合的智能化决策闭环，在决策优化、资源配置优化等方面起到关键作用，也催生出了很多数字化新模式。从产业视角分析，工业互联网逐渐成为信息技术与制造业深度融合下的重要基础设施、新型应用模式与全新生态体系，从而赋能制造业全要素、全产业链、全价值链的数字化、网络化、智能化发展。

1. 工业终端及数据感知

工业终端是工业互联网的末梢，是实现工业数据采集的关键设备。复杂的工业生产场景中包含“人、机、料、法、环”等多元多域数据，而数据是工业互联网得以优化生产流程的基础要素，因此，工业互联网需要具备多域数据的感知能力，这离不开5G模组、传感器等工业终端设备的发展。

2. 工业互联网网络互联

工业互联网网络互联包含工厂外部网络和工厂内部网络。工厂外部网络属于信息技术，其标准相对成熟；工厂内部网络是面向工业生产和自动化控制的网络技术，其标准繁多，存在不同厂商设备间互连互通难的问题。随着工业互联网的发展，工业以太网、工业无源光网络（PON）、TSN、低功耗无线网络、支持IPv6的技术和产品成为技术重点。

3. 工业互联网平台及应用

云计算和大数据是工业互联网平台的重要能力要素，目前国内外已形成了一批优秀的平台和应用案例，以及一批研发、服务和系统解决方案供应商。目前，工业互联网平台是构建产业生态的关键要素，但我国的工业互联网平台整体上处于发展初期，工业大数据集成、处理、分析与应用软件有待加快发展，工业互联网平台部署应用亟须推进。此外，边缘计算逐步兴起，通过与工业互联网平台协同，将逐步构建新型云端协同数据处理分析体系。

4. 工业互联网安全

目前，业界对工业互联网安全的研究及产业支持还处于起步阶段。工业互联网推进工业生产过程不断向灵活化、柔性化的方向发展，企业、用户、产品之间将高度协同、开放、共享，但同时，工业互联网安全边界逐渐模糊，攻击面不断扩大。未来，安全隐患将向设备、网络、控制、数据、应用全方面渗透。安全是保障工业互联网发展的重要前提，亟须从技术、管理、服务等多角度协同构建工业互联网安全发展环境。

工业互联网创新发展持续推进，在经济社会各领域中加速推广应用。中国信息通信研究院分析了725个国内外应用案例，当前工业互联网应用几乎涵盖了工业领域的各个行业、各个价值环节，与实体经济的融合赋能初步展现了强大的生命力和创造力，逐步成为推动经济社会数字化转型的重要新路径。从行业领域分析，装备制造业成为工业互联网最主要的应

用行业之一，同时，工业互联网正逐步从工业向采矿、水务、金融等实体经济的其他领域延伸。从价值环节分析，生产过程管控、设备资产管理是最主要的应用，降本增效成果显著，正从外围环节向核心业务流程深化拓展。未来，随着 5G、人工智能等技术日益成熟，将与工业互联网深度融合，共同驱动工业乃至整个实体经济数字化步入加速上升期。

1.1.2　工业互联网概念及定义

工业互联网是新一代信息通信技术与工业经济深度融合的新型基础设施、应用模式和工业生态，通过对“人、机、物、系统”等的全面连接，构建起覆盖全产业链、全价值链的全新制造和服务体系，为工业乃至产业数字化、网络化、智能化发展提供了实现途径，是第四次工业革命的重要基石。

工业互联网包含了终端及数据、网络、平台、安全四大体系，它既是工业数字化、网络化、智能化转型的基础设施，也是互联网、大数据、人工智能与实体经济深度融合的应用模式，同时也是一种新业态、新产业，将重塑企业形态、供应链和产业链。

终端是工业互联网的末梢，而数据是工业互联网的生产要素。工业互联网数据有 3 个特性。一是重要性。数据是实现数字化、网络化、智能化的基础，没有数据的采集、流通、汇聚、计算、分析，各类新模式就是“无源之水”，数字化转型也就成为“无本之木”。二是专业性。工业互联网数据的价值在于分析利用，分析利用的途径必须依赖行业知识和工业机理。制造业千行百业、千差万别，每个模型、算法背后都需要长期积累和专业队伍，只有深耕细作才能发挥数据价值。三是复杂性。工业互联网运用的数据来源于“研、产、供、销、服”各环节、“人、机、料、法、环”各要素，以及 ERP、制造执行系统（MES）、可编程逻辑控制器（PLC）等各个系统，维度和复杂度远超消费互联网，面临数据采集困难、格式各异、分析复杂等挑战。

网络体系是基础。工业互联网网络体系包括网络互联、数据互通和标识解析 3 个部分。网络互联实现要素之间的数据传输，包括企业外网、企业内网。典型技术包括传统的工业总线、工业以太网和创新的 TSN、确定性网络、5G 等技术。企业外网根据工业高性能、高可靠、高灵活、高安全网络需求进行建设，可用于连接企业各地机构、上下游企业、用户和产品。企业内网可用于连接企业内人员、机器、材料、环境、系统，主要包含信息网络和控制网络。当前，内网技术的发展呈现 3 个特征。信息网络和控制网络正走向融合，工业现场总线向工业以太网演进，工业无线技术加速发展。数据互通是通过对数据进行标准化描述和统一建模，实现不同要素之间信息的有效交互和相互理解。数据互通涉及数据传输、数据语义语法等不同层面。其中，数据传输典型技术包括开放性生产控制和统一架构（OPC UA）、消息队列遥测传输（MQTT）、数据分发服务（DDS）等；数据语义语法主要指信息描述模型，典型技术包括语义字典、自动化标记语言、仪表标记语言等。

平台体系是中枢。工业互联网平台体系包括边缘层、基础设施即服务（IaaS）、平台即服务（PaaS）和软件即服务（SaaS）4 个层级，相当于工业互联网的“操作系统”，有 4 个主要作用。一是数据汇聚。将网络层面采集的多源、异构、海量数据传输至工业互联网平台，为深度分析和应用提供基础。二是建模分析。提供大数据、人工智能分析的算法模型和物理、化学等各类仿真工具，结合数字孪生、工业智能等技术，对海量数据挖掘分析，实现数据驱动的科学决策和智能应用。三是知识复用。将工业经验知识转化为平台上的模型库、知识库，并通过工业微服务组件方式，方便二次开发和重复调用，加速共性能力沉淀和普及。四是应用创新。面向研发设计、设备管理、企业运营、资源调度等场景，提供各类工业 App、云化软件，帮助企业提质增效。

安全体系是保障。工业互联网安全体系涉及设备、控制、网络、平台、工业 App、数据等多方面网络安全问题，其核心任务是通过监测预警、应急响应、检测评估、功能测试等手段确保工业互联网健康有序发展。与传统互联网安全相比，工业互联网安全具有三大特点。一是涉及范围广。工业互联网打破了传统工业相对封闭可信的环境，网络攻击可直达生产一线。联网设备的爆发式增长和工业互联网平台的广泛应用，使网络攻击面持续扩大。二是影响力大。工业互联网涵盖制造业、能源等实体经济领域，一旦发生网络攻击、破坏行为，安全事件影响严重。三是企业防护基础弱。目前，我国广大工业企业安全意识、防护能力仍然薄弱，整体安全保障能力有待进一步提升。

1.1.3 国内外工业互联网现状

美国政府立足工业、信息通信业的优势，先后提出《先进制造业伙伴计划》和《国家制造创新网络计划年度报告》；德国政府立足机械、电子、自动控制、工业管理软件等方面的优势，推出“工业 4.0”国家计划；法国政府先后推出“新工业法国”和“新工业法国Ⅱ”，从总体上布局数字制造、智能制造，依靠生产工具转型带动商业模式变革。

随着工业网联技术的深入发展，发达国家愈发重视网联技术对重塑整体工业生态与提升国家产业竞争力的重要作用，发展目标从早期的重振本土制造业转向充分发挥工业互联

网的渗透、赋能、改造效应，提升整体工业产业发展质量。美国进一步加大政府对人工智能、5G、先进制造等产业的扶持力度，持续追加研发投入。德国接续发布《数字化战略 2025》《德国工业战略 2030》等系列战略政策，推动形成多层次工业网联产业集群。欧盟及其成员国持续推动新兴产业发展与再造已有产业的高附加值环节。日本启动“工业价值链计划”，建立本地化互联工业支援体系。

工业场景碎片化特征要求工业智能模型需要不断迭代优化，当前，在高价值设备健康管理等领域诞生了一批以 AI 技术为核心的工业服务型企业，将 AI 能力注入工业生产管理过程，为用户提供设备监管、运维、预测性维护等智能化服务。除 AI 服务型企业外，大型咨询公司也加入智能服务市场竞争，以定制化智能解决方案优势扩大市场份额。埃森哲、德勤等咨询公司有着丰富的工业咨询服务经验，同时拥有广泛的智能技术生态伙伴，例如，埃森哲拥有超 50 年的全球咨询服务经验，具有覆盖 40 多个行业的 9000 多名技术顾问，同时与微软、谷歌、亚马逊密切合作。这些企业通过成立研究机构构建技术优势，依托平台为客户提供工厂设计、运营咨询、解决方案开发及部署等工业 AI 服务。

国外制造业传统头部企业立足传统互联网优势，一方面注重生产与制造过程的自动化、数字化和智能化改造，另一方面重点布局开放工业平台和工业生态体系。通用电气于 2012 年提出了工业互联网概念，强调工业领域硬件层、信息层打通，以及跨领域的集成，打造“工业设备 + 工业平台 + 工业 App”的生态体系。2015 年，通用电气基于其在航空、轨道交通、能源、医疗等领域设备市场的优势，推出 Predix 工业互联网平台，该平台连接工业设备，采集和分析工业数据，从而实现基于数据分析的设备管理、设备预测性维护等功能。Predix 工业互联网平台除了接入通用电气自有设备，还广泛支持第三方设备和开发者的接入。西门子早期致力于工厂内部的数字化工厂改造，其在德国建造的安倍格工厂，实现了物流、产线、环境和人员的全面联网，75% 的工序是自动化完成的，是智能工厂的经典案例。另外，西门子也根据自身在工业设备和工业软件领域的优势，对外输出智能工厂改造、规划方案。近几年，西门子逐渐认识到开放工业平台的重要性，推出了工业平台——MindSphere，并于 2017 年 4 月开始提供开放应用程序接口（API），接入第三方开发者。

我国从国家战略的高度重视工业互联网顶层规划和设计。2015 年，我国将“制造强国”提升至国家战略地位；2016 年年底，制定了 11 个配套文件，完成“1+X”规划体系的制定。2015 年，国务院印发《关于积极推进“互联网 +”行动的指导意见》，提出“提升制造业数字化、网络化、智能化水平，加强产业链协作，发展基于互联网的协同制造新模式”；2016 年，

国务院印发《关于深化制造业与互联网融合发展的指导意见》，明确2018年和2025年两个阶段性目标；在此指导下，工业和信息化部印发《信息化和工业化融合发展规划（2016—2020年）》；截止到2016年年底，制定了11个配套文件，完成了“1+X”规划体系的制定。2017年11月，国务院印发《关于深化“互联网＋先进制造业”发展工业互联网的指导意见》。2021年，工业和信息化部印发《工业互联网创新发展行动计划（2021—2023年）》相关政策的陆续出台，凸显了我国政府对工业互联网的高度重视。

当前，我国工业互联网实践有以下特点。

政府通过示范试点项目积极引导，探索工业互联网的实践路径和先进经验推广，构建工业互联网示范平台和发展生态。例如，2022年4月，工业和信息化部在《工业互联网专项工作组2022年工作计划》提出加快基础共性、关键技术、典型应用等产业急需标准研制，在“5G＋工业互联网”、工业互联网标识解析、重点行业应用与安全等领域积极推进标准预研，研制一批工业互联网重点标准。2022年9月，工业和信息化部印发《5G全连接工厂建设指南》，提出“十四五”时期，主要面向原材料、装备、消费品、电子等制造业各行业及采矿、港口、电力等重点行业领域，推动万家企业开展5G全连接工厂建设，建成1000个分类分级、特色鲜明的工厂，打造100个标杆工厂，推动5G融合应用纵深发展。2022年10月，工业和信息化部发布《工业和信息化部办公厅关于组织开展工业互联网一体化进园区“百城千园行”活动的通知》，旨在充分发挥工业园区产业集聚优势，推动工业互联网向城市县普及，加快企业特别是中小企业数字化转型。

地方政府出台地方规划和方案，通过建立工业互联网创新中心、工业互联网产业园区或示范区等方式促进各地工业互联网的发展。例如，2022年，上海市在《上海市制造业数字化转型实施方案》中提出将重点实施“工赋链主”梯度培育等八大专项工程，并发布《上海市工业互联网“标识沪通”行动计划（2023—2025年）》。北京市在2021年发布《北京工业互联网发展行动计划（2021—2023年）》，在2023年举办中国工业互联网标识大会，工业互联网数字化转型促进中心（北京）正式启动，《北京市工业互联网标识行业应用案例集》、北京工业互联网安全监测与态势感知平台发布。2023年，（第五届）全球工业互联网大会在浙江桐乡召开，会议发布了《2023工业互联网融合创新应用报告》和国内首个“工业数字化转型评价综合指数”等成果。江苏工业企业自2022年以来，累计实施智能化改造、数字化转型项目5万多个，其中1.9万家企业完成改造项目，带动约40万家中小企业上云，“江苏制造”正向“江苏智造”加速转变，并涌现出工程机械、物联网、

纳米新材料等 10 个国家先进制造业集群。

制造领域的头部企业依托自身优势进行工业互联网的战略布局和市场探索。例如，航天科工是离散型制造的大型央企，基于在工业制造领域的经验，推出综合性工业互联网平台——INDICS，提供生产经营管理、能力共享服务、产品服务化及供需对接服务等功能，以及工业网关、物联网连接管理和数据分析等产品及解决方案。INDICS 平台向高端装备、模具等行业领域拓展，构建了贵州工业云、南康家具云等区域 / 行业云平台。非制造企业也纷纷依托自身优势，投身工业互联网的探索和实践。例如，中国移动、华为、阿里巴巴等公司依托自身在 ICT 领域的优势，提供工业互联网链接服务、基础能力平台，并联合合作伙伴企业提供行业解决方案。

《工业互联网创新发展报告（2023）》显示，当前我国工业互联网已从起步探索阶段转向快速推进阶段，产业规模超 1.2 万亿元。目前，工业互联网已经全面融入 45 个国民经济大类，覆盖工业大类的 85% 以上，全国已建成近 8000 个数字化车间、智能工厂。我国工业互联网标识解析体系已全面建成，截至 2023 年 9 月，二级节点实现 31 个省（自治区、直辖市）全覆盖，服务企业超 28 万家；基于区块链打造的新型标识解析体系“星火 • 链网”建设布局进入加速期，51 个骨干节点的规模化基础网络已广泛辐射所属行业和城市。

各行业机构、联盟组织积极推进产业生态的建设。例如，2013 年成立的中国两化融合服务联盟一直致力于积极打造咨询服务平台，建立共赢的合作模式，同时开展标准研制、贯标评定、评估咨询、培训交流等工作；2016 年成立的工业互联网产业联盟（AII），会员单位已有 400 余家，积极从产业需求、技术标准、应用推广、安全保障、国际合作等方面开展研究和产业合作，推动工业互联网产业应用实践。AII 针对整体架构、关键技术、典型需求等编写和发布报告，已立项 20 个测试床，并和相关产业联盟、技术联盟开展交流与合作。

1.2　工业互联网体系架构

1.2.1　工业互联网参考体系架构

为了推动工业互联网各层面技术的标准化发展、规范化工业系统集成运作过程，工业界和学术界针对工业互联网体系架构开展了系统化研究。不同国家或组织提出的工业互联网体系架构如图 1-2 所示。

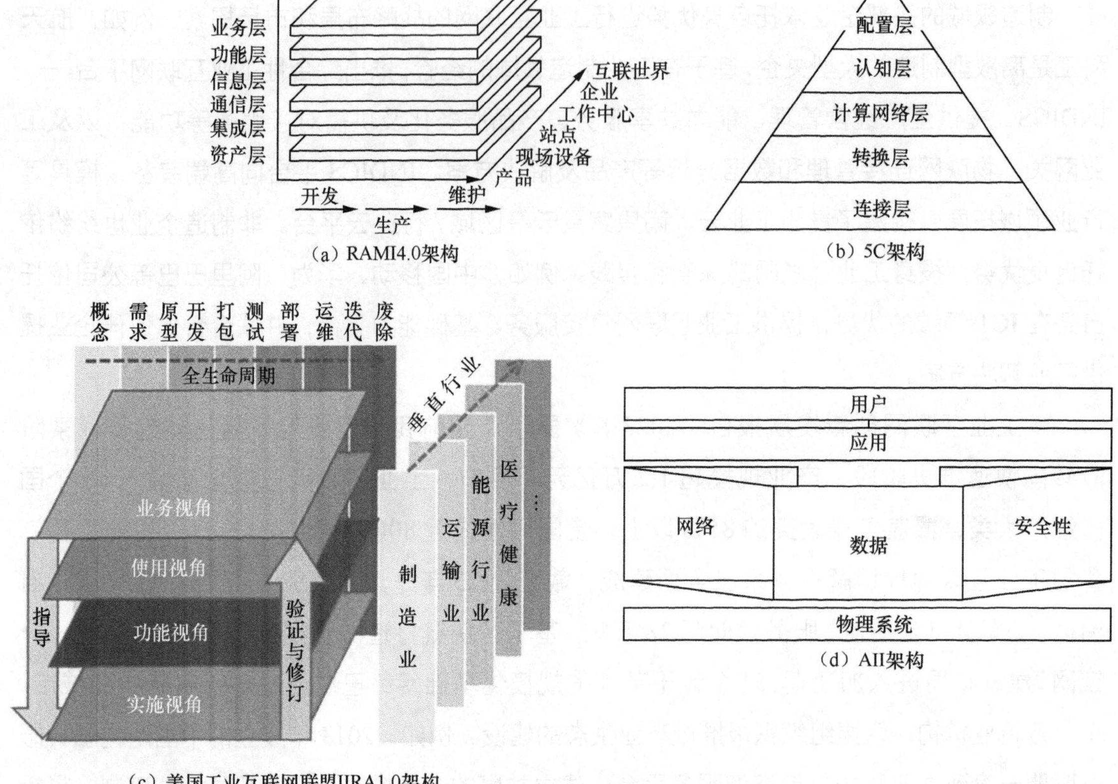

图 1-2 不同国家或组织提出的工业互联网体系架构

目前，国内外研究主要从 3 种视角划分工业互联网的层次。一是“由端至云”的工业制造视角，典型代表是辛辛那提大学提出的“5C 模型”和德国工程师协会的“RAMI4.0”；二是“由云至端”的互联网视角，典型代表为美国 IIC 的“IIRA”；三是从“网络”“数据”和“安全”的三维视角，典型代表为中国 AII 的“工业互联网体系架构”。

ISO[1]/IEC[2]/IEEE[3] 42010-2011 是用于描述系统架构的一套标准，它定义了架构视图、架构描述及架构语言，可用于指导一个具体系统架构的表述方式。工业互联网参考架构的定义遵循该标准。2015 年 6 月，IIC 发布了《工业互联网参考架构 IIRA》1.0 版本。按照 ISO/IEC/IEEE 42010-2011 关于架构的描述，标准参考架构包括商业视角、使用视角、功能视角和实施视角 4 个层级，并论述了系统安全、信息安全、弹性、互操作性、连接性、

1. ISO（International Standards Organization，国际标准化组织）。
2. IEC（International Electrotechnical Committee，国际电工委员会）。
3. IEEE（Institute of Electrical and Electronics Engineers，电气电子工程师学会）。

数据管理、高级数据分析、智能控制、动态组合九大系统特性。

2015 年，德国“工业 4.0”工作组正式发布了 RAMI4.0，它从产品生命周期 / 价值链、层级和架构等级 3 个维度，分别对“工业 4.0”进行多角度描述。工业互联网体系架构如图 1-3 所示。

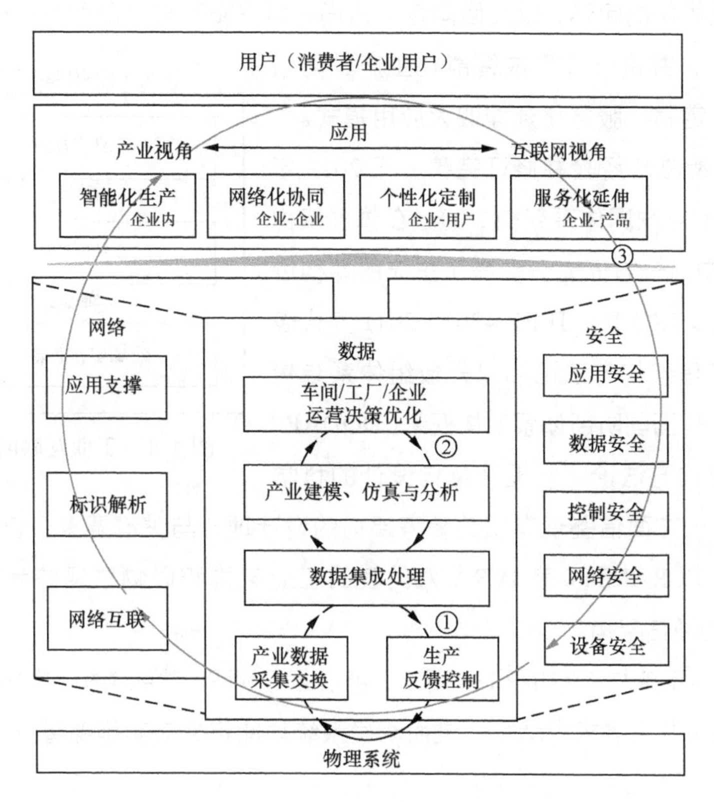

图 1-3　工业互联网体系架构

RAMI4.0 的第一个维度，是在 IEC 62264 企业系统层级架构的标准基础上，补充了产品或工件的内容，并由企业内部拓展至企业外部互联，从而体现“工业 4.0”对产品服务和企业协同的要求。RAMI4.0 的第二个维度是信息物理系统的核心功能以各层级的功能来体现，分为业务层、功能层、信息层、通信层、集成层、资产层（机器、设备、零部件等）。RAMI4.0 的第三个维度是价值链，即以产品全生命周期视角出发，描述了以零部件、机器和工厂为典型代表的工业要素从虚拟原型到实物的全过程。

中国 AII 认为工业互联网的核心是基于全面互联而形成数据驱动的智能，在参考 IIRA、RAMI4.0、IVRA 的基础上，于 2016 年 8 月发布了《工业互联网体系架构 1.0》。《工业互联网体系架构 1.0》提出以“网络”“数据”和“安全”作为工业互联网共性基础和支撑的体系架构。其中，“网络”是工业数据传输交换和工业互联网发展的支撑基础，“数据”是工业智能化的核心驱动，“安全”是网络与数据在工业中应用的重要保障。基于三大体系，工业互联网重点构建三大优化闭环，即面向机器设备运行优化的闭环，面向生产运营决策优化的闭环，以及面向企业协同、用户交互与产品服务优化的全产业链、全价值链的闭环，并进一步形成智能化生产、网络化协同、个性化定制、服务化延伸四大应用模式。

中国 AII 不断总结经验并修订完善，于 2019 年 8 月发布了《工业互联网体系架构 2.0》。在体系架构 2.0 的研究设计中，一方面充分参考了主流的架构设计方法论，包括以 ISO/IEC/IEEE 42010-2011 为代表的系统与软件工程架构方法论和以开放组体系结构框架（TOGAF）、美国国防部体系架构框架（DODAF）为代表的企业架构方法论，来提升架构设计的科学性和体系性；另一方面借鉴现有相关参考架构的设计理念与关键要素，包括以 IIRA 为代表的软件架构，以 RAMI4.0 和 IVRA 为代表的工业架构和以物联网参考架构（ISO/IEC 30141）为代表的通信架构。

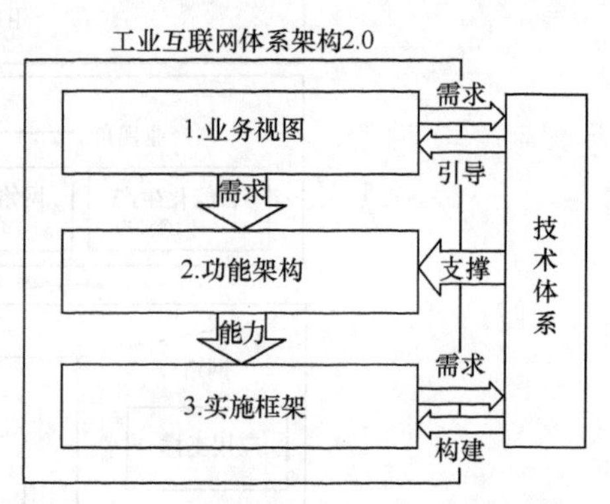

图 1-4 工业互联网体系架构 2.0

工业互联网体系架构 2.0 如图 1-4 所示，包括业务视图、功能架构、实施框架三大板块，形成以商业目标和业务需求为牵引，进而明确系统功能定义与实施部署方式的设计思路，自上向下层层细化和深入。

业务视图明确了企业应用工业互联网实现数字化转型的目标、方向、业务场景及相应的数字化能力。业务视图提出了工业互联网驱动的产业数字化转型的总体目标和方向，以及这一趋势下企业应用工业互联网构建数字化竞争力的愿景、路径和举措。这在企业内部将会进一步细化为若干具体业务的数字化转型策略，以及企业实现数字化转型所需的一系列关键能力。业务视图主要用于指导企业在商业层面明确工业互联网的定位和作用，提出的业务需求和数字化能力需求可作为后续功能架构设计的重要指引。

功能架构明确了企业支撑业务实现所需的核心功能、基本原理和关键要素。功能架构提出了以数据驱动的工业互联网功能原理总体视图，形成物理实体与数字空间的全面连接、精准映射与协同优化，并明确这一机理作用于从设备到产业等各层级，覆盖制造、医疗等多行业领域的智能分析与决策优化，进而细化分解为网络、平台、安全三大体系

的子功能视图，描述构建三大体系所需的功能要素与关系。功能架构主要用于指导企业构建工业互联网的支撑能力与核心功能，并为后续工业互联网实施框架的制定提供参考。

实施框架描述了各项功能在企业落地实施的层级结构、软硬件系统和部署方式。实施框架结合当前制造系统与未来发展趋势，提出了由设备层、边缘层、企业层、产业层4层组成的实施框架层级，明确了各层级的网络、标识、平台、安全的系统架构、部署方式及不同系统之间的关系。实施框架主要为企业提供工业互联网具体落地的统筹规划与建设方案，可进一步用于指导企业技术选型与系统搭建。

1.2.2　工业互联网感知层概述

感知层负责数据采集，是工业互联网系统的基础层。感知层是工业互联网的“皮肤和五官”，用于识别物体、采集信息。感知层构建工业数字化应用的底层“输入/输出”接口，包含感知、识别、控制和执行4类功能。感知是利用各类软硬件方法采集包含了资产属性、状态及行为等特征的数据，例如，用温度传感器采集电机运行中的温度变化数据。识别是在数据与资产之间建立对应关系，明确数据所代表的对象，例如，需要明确定义哪一个传感器所采集的数据代表了特定电机的温度信息。控制是将预期目标转化为具体控制信号和指令，例如，将工业机器人末端运动转化到各个关节处电机的转动角度指令信号。执行是按照控制信号和指令来改变物理世界中的资产状态，既包括工业设备机械、电气状态的改变，也包括人员、供应链等操作流程和组织形式的改变。

感知层解决的是人类世界和物理世界的数据获取问题，它通过物体感知技术，采集智能物体的标识、位置、状态、场景等工业数据。物体感知技术是工业互联网的基础。通过物体感知技术，人们可以采集智能物体的身份标识、位置、状态、场景等工业数据。大量的工业数据通过互联网传送到工业互联网平台，经过工业互联网平台的大数据分析，可以获取知识，产生机器智能，并反馈到工业系统中，从而提高生产效率。

近年来，物联网技术的研究与发展，在物体感知技术上取得了长足的进步。使用物体感知技术对智能物体主要采集4类工业数据，即物体的标识、状态、场景、位置。相对应的感知技术包括物体标识技术、状态获取技术、场景记录技术和位置定位技术。

1.2.3　工业互联网平台层概述

工业互联网平台是面向制造业数字化、网络化、智能化需求，构建基于海量数据采集、汇聚、分析的服务体系，支撑制造资源泛在连接、弹性供给、高效配置的工业云平台。可以说，工业互联网平台是工业云平台的延伸发展，其本质是在传统云平台的基础上叠加物联网、大数据、人工智能等技术，构建更精准、实时、高效的数据采集体系，建设包括存储、集成、访问、分析、管理功能的使能平台，实现工业技术、经验、知识模型化、软件化、复用化，以工业 App 的形式为制造企业创新各类应用，最终形成资源富集、多方参与、合作共赢、协同演进的制造业生态。工业互联网功能视图体系框架如图 1-5 所示。

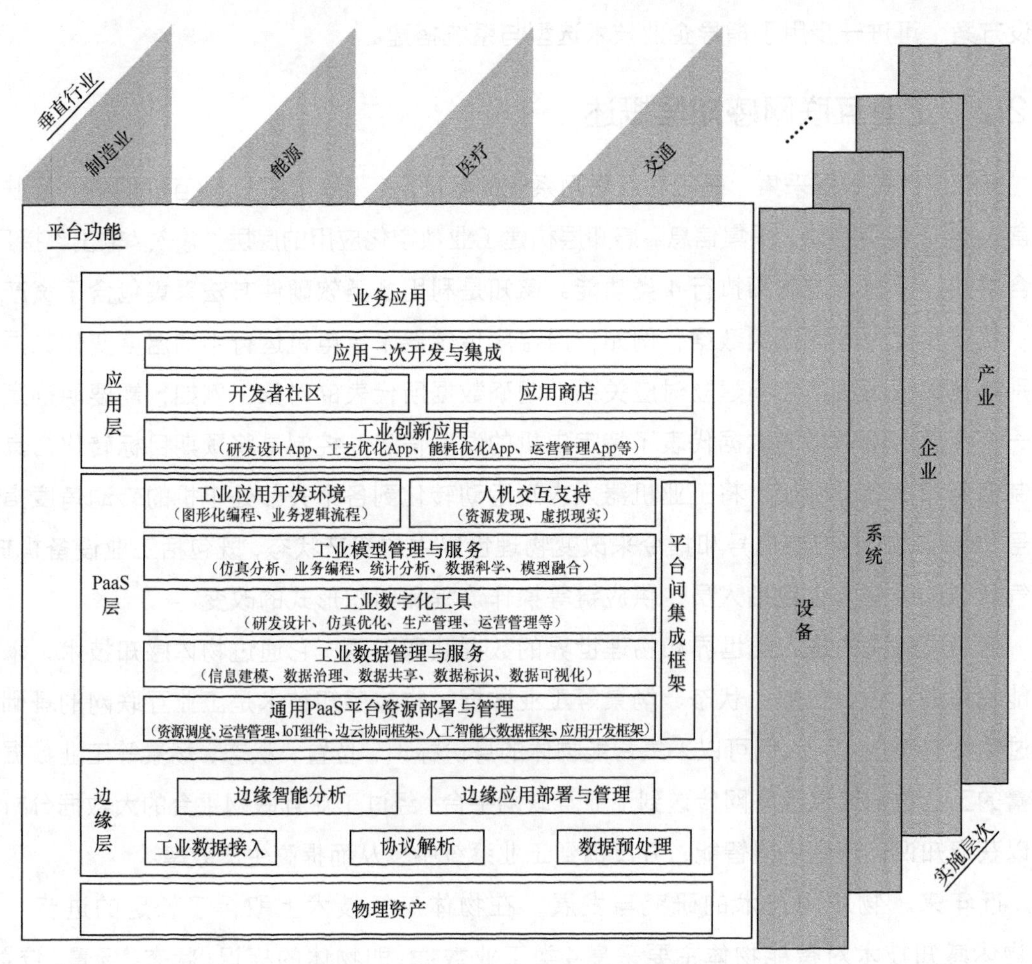

图 1-5　工业互联网功能视图体系框架

为实现数据优化闭环，驱动制造业智能化转型，工业互联网需要具备海量工业数据与各类工业模型管理、工业建模分析与智能决策、工业应用敏捷开发与创新、工业资源

集聚与优化配置等一系列关键能力，这些传统工业数字化应用无法提供的功能，却是工业互联网平台的核心。工业互联网平台功能架构示意如图 1-6 所示。

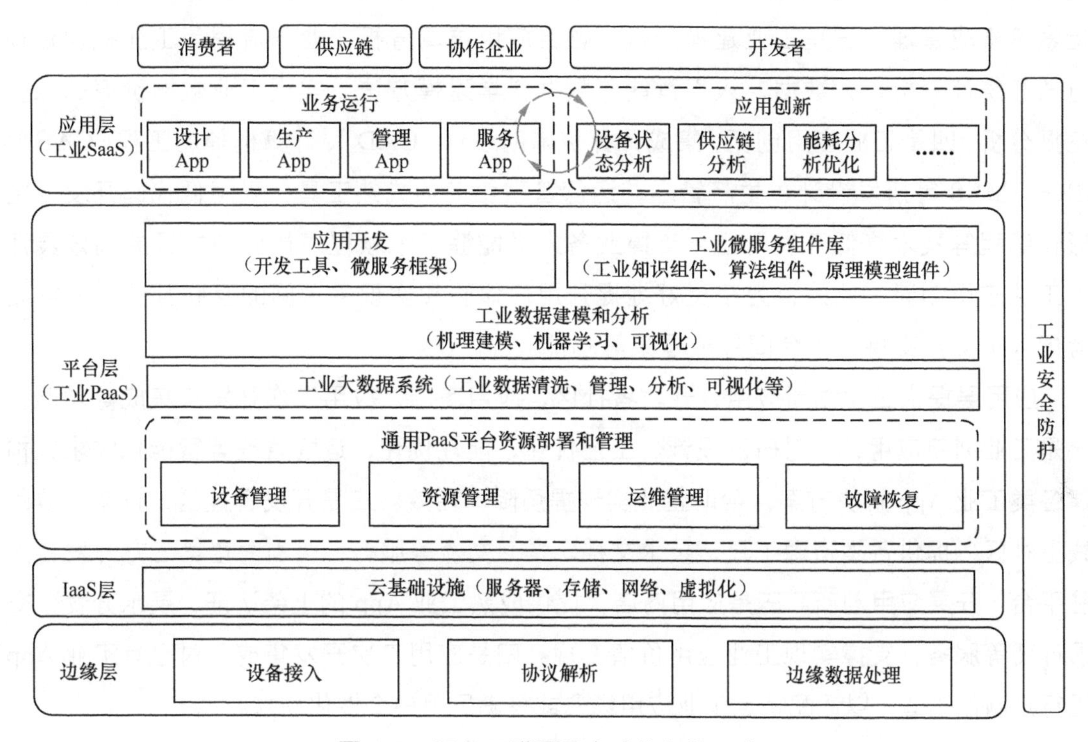

图 1-6 工业互联网平台功能架构示意

边缘层提供海量工业数据接入、数据预处理和边缘智能分析等功能。一是工业数据接入，包括机器人、机床、高炉等工业设备数据接入能力，以及 ERP、MES、仓库管理系统（WMS）等信息系统数据接入能力，实现对各类工业数据的大范围、深层次采集和连接。二是协议解析与数据预处理，将采集连接的各类多源异构数据进行格式统一和语义解析，并进行数据剔除、压缩、缓存等操作后传输至云端。三是边缘智能分析，重点是面向高实时应用场景，在边缘侧开展实时分析与反馈控制，并提供边缘应用开发所需的资源调度、运行维护、开发调试等各类功能。

平台层提供资源管理、工业数据与模型管理、工业建模分析和工业应用创新等功能。一是 IT 资源管理，包括通过云计算 PaaS 等技术对系统资源进行调度和运维管理，并集成边云协同、大数据、人工智能、微服务等各类框架，为上层业务功能实现提供支撑。二是工业数据与模型管理，包括面向海量工业数据提供数据治理、数据共享、数据可视化等服务，为上层建模分析提供高质量数据源，以及进行工业模型的分类、标识、检索等集成管理。三是工业建模分析，融合应用仿真分析、业务流程等工业机理建模方法和统计分析、大数据、人工智能等数据科学建模方法，实现工业数据价值的深度挖掘分析。四是工业应用创新，集成计算机辅助设计（CAD）、计算机辅助工程（CAE）、ERP、MES 等研发设计、生产管理、运营管理已有的成熟工具，采用低代码开发、图形化编程等技术降低开发门槛，支撑业务人员能够不依赖程序员而独立开展高效灵活的工业应用创新。此外，为了更好地提升用户体验和实现平台间的互联互通，还需要考虑人机交互支持、平台间集成框架等功能。

应用层提供工业创新应用、开发者社区、应用商店、应用二次开发与集成等功能。一是工业创新应用，针对研发设计、工艺优化、能耗优化、运营管理等智能化需求，构建各类工业 App 解决方案，帮助企业实现提质降本增效。二是开发者社区，打造开放的线上社区，提供各类资源工具、技术文档、学习交流等服务，吸引海量第三方开发者入驻平台，开展应用创新。三是应用商店，提供成熟工业 App 的上架认证、展示分发、交易计费等服务，支撑实现工业应用价值变现。四是应用二次开发集成，对已有工业 App 进行定制化改造，以适配特定工业应用场景或是满足用户个性化需求。

1.2.4 工业互联网安全体系概述

工业互联网安全是工业生产运行过程中的信息安全、功能安全与物理安全的统称，涉及工业互联网领域的各个环节，其核心任务是通过监测预警、应急响应、检测评估、功能测试等手段确保工业互联网健康有序发展。

2016 年 8 月，中国 AII 发布《工业互联网体系架构 1.0》，提出工业互联网安全体系架构，聚焦设备、控制、网络、应用、数据五大安全重点，明确五大安全重点是构建完整工业互联网安全框架的前提。《工业互联网体系架构 1.0》中的安全体系如图 1-7 所示。

设备安全指工厂内生产设备、单点智能装备器件与产品，以及成套智能终端等智能设备的安全，具体包括生产设备安全、智能装备与产品安全、智能终端安全。其中，生产设备安全是在生产现场与生产过程直接相关的设备安全，例如，数控机床安全、工业机器人安全、印染机安全等。智能装备与产品安全是大型的具有感知、分析、推理、决策、控制功能的智能制造装备与产品的安全，例如，智能化大型机械安全、3D 打印机安全、智能汽车安全等。智能终端安全指采集、处理、传输数据的智能终端设备的安全，例如，智能传感器安全、智能电表安全、数据采集网关安全等。

控制安全主要包括控制软件安全和控制协议安全。控制软件安全是控制系统或智能调节器实现过程控制的各种通用或专用程序的安全，例如，组态软件（WinCC、STEP 7、组态王）等。控制协议安全是指用于工业控制过程的通信协议安全，例如 OPC、Modbus、S7、DNP3 等协议的安全。

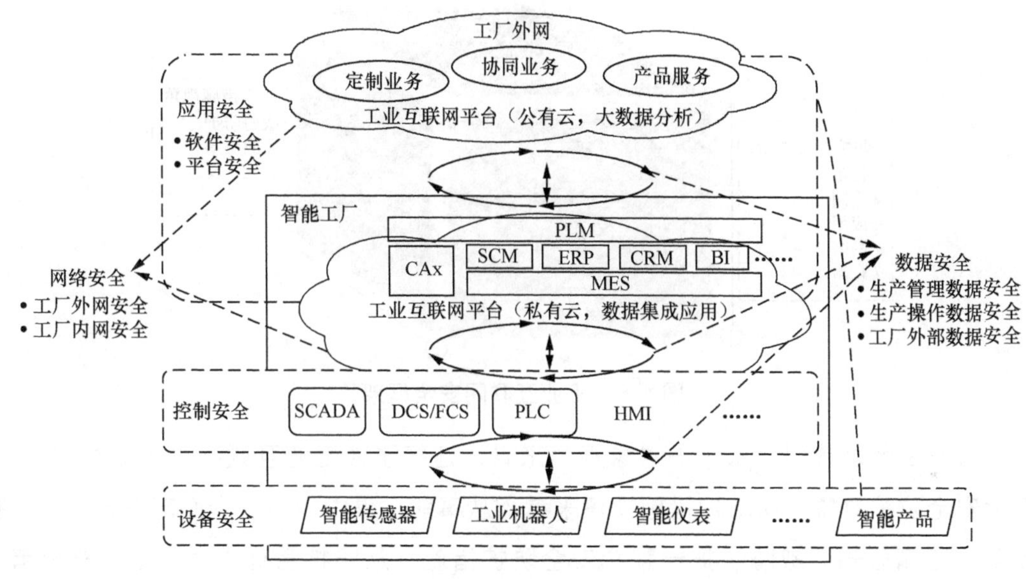

图 1-7 《工业互联网体系架构 1.0》中的安全体系

网络安全包括工厂内网安全、工厂外网安全、标识解析安全等方面。工厂内网安全指用于连接工厂内各种要素，包括人员、机器、材料、环境等网络的安全。工厂外网安全指用于连接智能工厂、分支机构、上下游协作企业、工业互联网平台、智能产品与用户等主体的网络安全。标识解析安全主要涉及标识编码安全、标识采集安全、标识解析安全和信息共享安全 4 个方面。

应用安全包括平台安全、软件安全、云化应用安全等。平台安全逐渐成为工业互联网安全关注的焦点，包括支撑工业互联网平台运行的各类虚拟资源的安全（如虚拟机、容器等），以及工业互联网平台核心功能的安全（如工业大数据相关组件、开发工具、微服务组件库等）。

2018 年 11 月，中国 AII 正式发布了《工业互联网安全框架》，该框架从防护对象、防护措施、防护管理 3 个视角出发，针对不同的防护对象部署相应的安全防护措施，根据实时监测结果发现网络中存在的或即将发生的安全问题并及时做出响应；同时加强防护管理，明确基于安全目标的可持续改进的管理方针，从而保障工业互联网的安全。工业互联网安全框架如图 1-8 所示。工业互联网安全框架的提出，对于企业开展工业互联网安全防护体系建设，全面提升安全防护能力具有重要的借鉴意义。

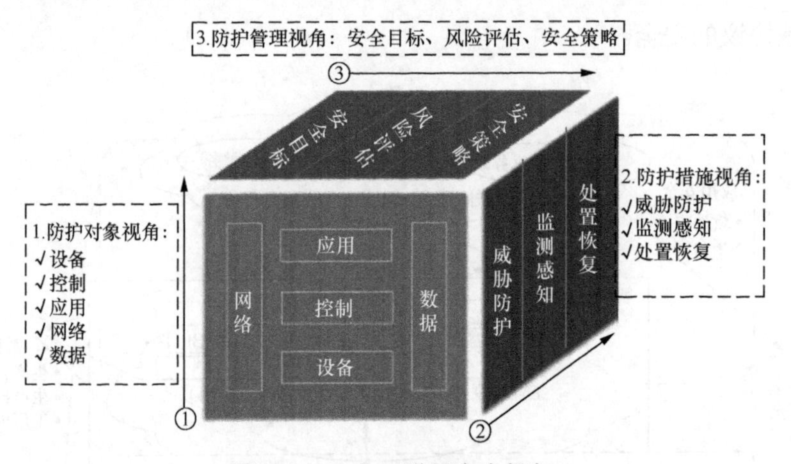

图 1-8　工业互联网安全框架

由图 1-8 可以看到，从防护对象视角来看，延续了《工业互联网体系架构 1.0》中的五大安全防护对象；从防护措施视角来看，从事前、事中、事后全面部署，采用了处置恢复、监测感知、威胁防护一整套安全防护措施；从防护管理视角来看，充分考虑了安全管理的重要性，与安全防护技术互为补充，更好地构筑了工业互联网安全防护体系。

工业互联网安全框架的 3 个防护视角之间相对独立，但彼此又相互关联。从防护对象视角来看，安全框架中的每个防护对象都需要采用一系列合理的防护措施，并依据完备的防护管理流程对其进行安全防护；从防护措施视角来看，每一类防护措施都有其适用的防护对象，并在具体防护管理流程的指导下发挥作用；从防护管理视角来看，防护管理流程的实现离不开对防护对象的界定，并需要各类防护措施的有机结合使其能够顺利运转。工业互联网安全框架的 3 个防护视角相辅相成、互为补充，形成一个完整、动态、持续的防护体系。

1.3　工业互联网关键技术

1.3.1　工业互联网网络层功能

工业互联网体系架构由网络互联、数据互通和标识解析 3 个部分组成。网络互联实现要素之间的数据传输，数据互通实现要素之间传输信息的相互理解，标识解析实现要素的标记、管理和定位。工业互联网功能视图网络体系框架如图 1-9 所示。

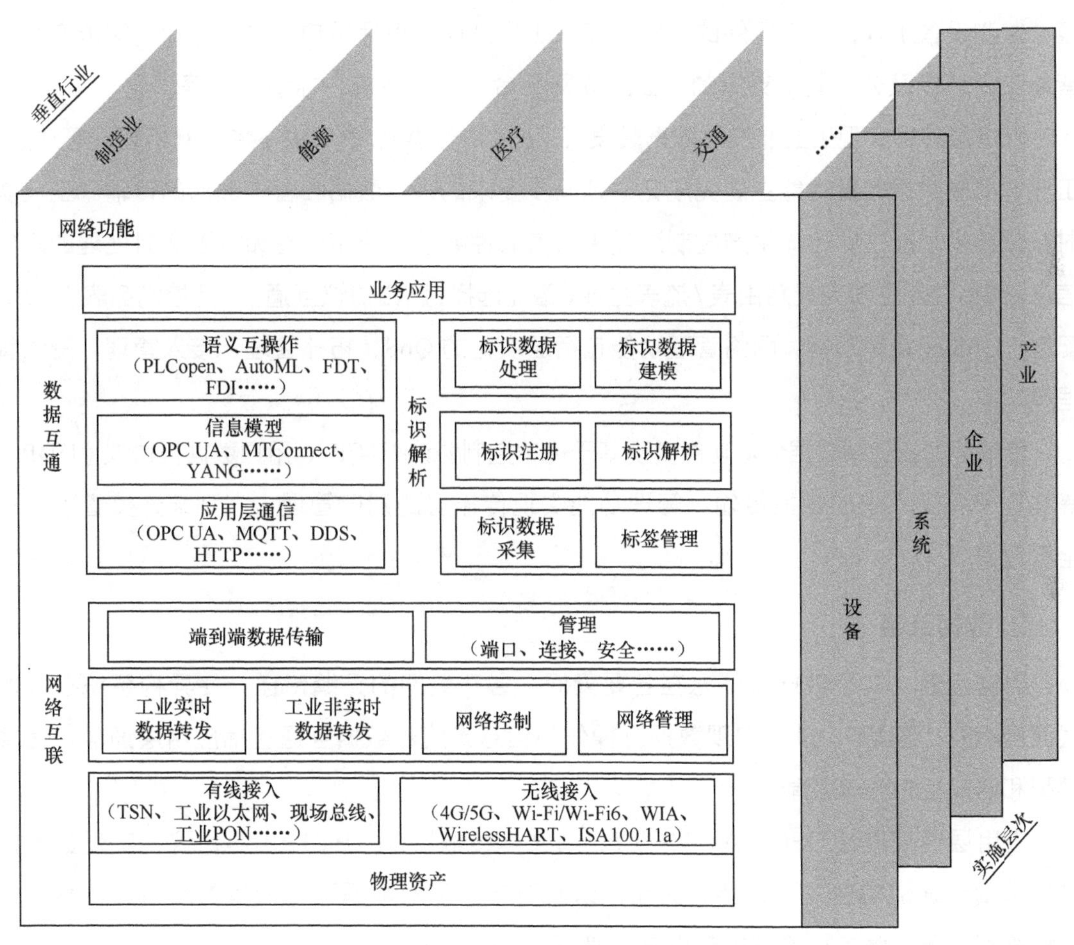

图 1-9　工业互联网功能视图网络体系框架

1. 网络互联

网络互联，即通过有线、无线方式，将工业互联网体系相关的“人、机、物、料、法、环”和企业上下游、智能产品、用户等全要素连接，支撑业务发展的多要素数据转发，实现端到端数据传输。网络互联根据协议层次可以分为多方式接入、网络层转发和传输层传送。

多方式接入包括有线接入和无线接入，通过现场总线、工业以太网、工业 PON、TSN 等有线方式，以及 4G/5G、Wi-Fi/Wi-Fi6、WIA、WirelessHART、ISA100.11a 等无线方式，将工厂内的各种要素接入工厂内网，包括人员（如生产人员、设计人员、外部人员）、机器（如装备、办公设备）、材料（如原材料、在制品、制成品）、环境（如仪表、监测设备）等；将工厂外的各要素接入工厂外网，包括用户、协作企业、智能产品、智能工厂，以及公共基础支撑的工业互联网平台、安全系统、标识系统等。

网络层转发实现工业非实时数据转发、工业实时数据转发、网络控制、网络管理等功能。工业非实时数据转发功能主要完成无时延同步要求的采集数据和管理数据的传输。工业实时数据转发功能主要传输生产控制过程中有实时性要求的控制信息和需要实时处理的采集信息。网络控制主要完成路由表/流表生成、路径选择、路由协议互通、访问控制列表（ACL）配置、QoS 配置等功能。网络管理功能包括层次化的 QoS、拓扑管理、接入管理、资源管理等功能。

传输层的端到端数据传输功能实现基于传输控制协议（TCP）、用户数据报协议（UDP）等实现设备到系统的数据传输。管理功能实现传输层的端口管理、端到端连接管理、安全管理等。

2. 数据互通

数据互通，实现数据和信息在各要素间、各系统间的无缝传递，使异构系统在数据层面能相互“理解”，从而实现数据互操作与信息集成。数据互通包括应用层通信、信息模型和语义互操作等功能。

应用层通信通过 OPC UA、MQTT、超文本传输协议（HTTP）等协议，实现数据信息传输安全通道的建立、维持、关闭，以及对支持工业数据资源模型的装备、传感器、远程终端单元、服务器等设备节点进行管理。

信息模型是通过 OPC UA、MTConnect、YANG 等协议，提供完备、统一的数据对象表达、描述和操作模型。

语义互操作通过 OPC UA、PLCopen、AutoML 等协议，实现工业数据信息的发现、

采集、查询、存储、交互等功能，以及对工业数据信息的请求、响应、发布、订阅等功能。

1.3.2　工厂外网关键技术概述

工厂外网指以支撑工业全生命周期各项活动为目的，用于连接企业上下游、企业多个分支机构、企业与云应用 / 云业务、企业与智能产品、企业与用户之间的网络。企业通过 IT 系统与互联网融合、OT 系统与互联网融合、服务与互联网融合、企业专网与互联网融合 4 种模式上云。企业信息化典型场景对于工厂外网的技术需求，包含工业实体的互联网接入需求、跨区域之间的互联与隔离需求、工业网络与混合云互联的需求、工业互联网对广域承载网络的差异化服务需求（QoS、安全 / 保护等）。工业互联网技术体系如图 1-10 所示。

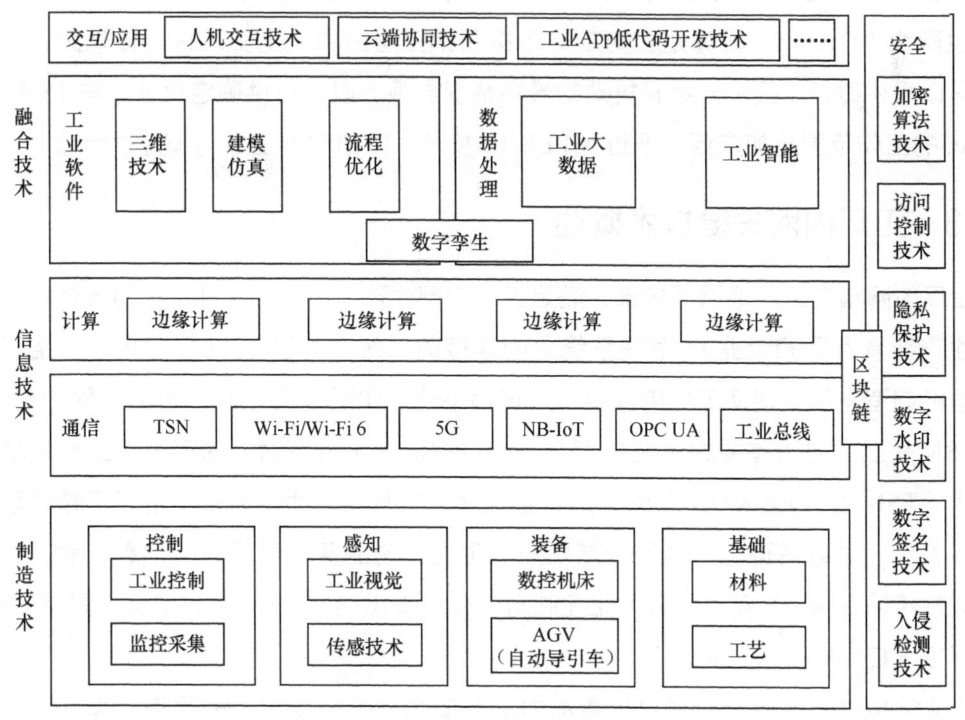

图 1-10　工业互联网技术体系

为实现网络多租户及用户资源定制能力，基础设施 / 设备需要支持网络功能虚拟化（NFV），从设备层面实现资源虚拟化；网络层面需要通过软件定义网络（SDN）技术，实现控制和承载分离；网络控制与编排层面需要支持通过 API 向用户开放网络能力。为

支持海量设备接入（多为无线方式），需要部署 5G 网络，并支持 IPv6 接入。

SDN 将控制平面与数据平面分离，将逻辑集中在基于软件的控制器。SDN 能够随时监视网络的状态，方便在动态环境中及时决策。

工业领域中业务场景复杂多样，需要具有海量连接、低时延的网络连接技术来实现“人、机、物”之间的互联互通。5G 作为新一代蜂窝移动技术，具有海量连接、高可靠、低时延等特点，是工业互联网实现全面连接的基础，能够应用于增强移动宽带（eMBB）、大规模机器通信（mMTC）、超可靠低时延通信（uRLLC）三大场景。而 5G + SDN/NFV 的骨干网络则是工业互联网外网技术的发展方向。

目前，工业控制网络主要局限在局域网（LAN）的范围，不能满足跨局域网、多实时边缘网络互联的确定性业务传输需求，而传统的 MPLS VPN 专线与基于 OTN 的光网专线仅仅能够满足一般性的业务需求。IETF 的 DetNet 工作组当下正在解决这个问题。确定性网络（DetNet）目标是在第二层桥接和第三层路由段上实现确定传输路径，这些路径可以提供时延、丢失分组和抖动的最坏情况界限，以此提供确定时延。与 TSN 相比，DetNet 的工作范围更加广泛，通过 MPLS/IP 技术，以期实现三层的确定性传输。

1.3.3 工厂内网关键技术概述

工厂内网指在工厂或园区内部，满足工厂内部生产、办公、管理、安防等连接需求，用于生产要素互联和企业 IT 管理系统之间连接的网络。“工业 4.0”时代，网络层面为适应智能制造发展，促使工厂内部网络呈现扁平化、IP 化、无线化及灵活组网的特点。

TSN 是工厂内网重要的关键技术之一，并被认为是具有潜力的下一代工业现场级通信技术。TSN 由 IEEE 802.1 工作组进行标准化，在标准以太网基础上进行了技术增强，在多业务统一承载基础上，能够为高优先级工业控制业务提供低时延、高可靠、丢抖动的确定性传输保障，改变了原有工业控制网络应用支撑能力差的弱点，实现“网络 + 控制”向“网络 + 控制 / 应用”的转变。

工业领域的部分控制场景对计算能力的高效性有严格要求，需要将计算资源部署在工业现场附近以满足业务高效实时的需求。边缘计算作为靠近数据源头或者被控设备的网络边缘侧，是融合了网络、应用核心能力、计算存储的开放平台，有低时延、高效、近端服务、低负载等优点，能够就近提供边缘智能服务，是工业互联网不可或缺的关键性环节。

工业 PON 技术采用先进的无源光纤通信技术和工厂自动化融合构建新兴的网络平台，是构建未来工厂智能化的基础，可以有效解决智能工厂和数字车间的通信交流，构造安全可靠的工厂内网络，完成智能制造基础设备、工艺、物流、人员等各方面基础信息采集，解决困扰企业的工业协议繁多和异构网络互联问题，实现工业现场协议的灵活转换和统一格式，同时，为企业上云做好基础网络和数据服务。基于 PON 的工业互联网工厂内网分层架构如图 1-11 所示。

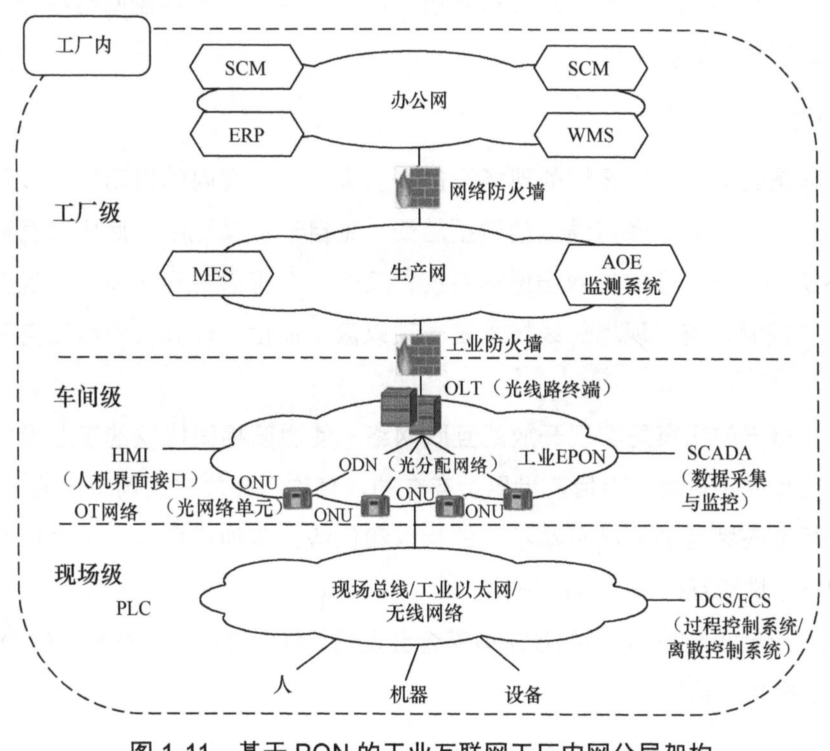

图 1-11　基于 PON 的工业互联网工厂内网分层架构

工业 PON 技术基于广泛部署的公众网络 PON 技术，在技术成熟度、产业链可控性、规模成本等方面具备优势。同时，针对工业场景的环境指标、物理接口、安全性、网络可用性等方面的个性化需求，工业 PON 设备均进行了有针对性的研发和优化，可以全面满足工业场景下大带宽、低时延、可靠性、确定性的要求，可适用于承载不同企业规模的离散型、流程型制造业的各类工厂内网络业务。通过工业 PON 终端设备提供工业场景下的不同类型的物理接口，可为工业控制、信号监控、数据传输、语音通信、视频监控、无线网络承载等各种业务应用提供支持。

工业 PON 2.0 设备在工业互联网体系架构中处于车间级网络位置，通过工业级接入网关设备可实现光网络到设备层的连接，通过光分配网络可实现工业设备数据、生产数据等到汇聚网关的集中，最终通过汇聚网关与企业 IT 网络的对接，从而实现企业 IT 和 OT 融合组网，以及保障工业数据的可靠有效传输。

工业内网主要用于连接工厂内的各种要素，可分为信息网络和控制网络两部分。在传统的生产环境中，控制网络是一套独立的网络，实现生产单元之间的可靠信息交互；信息网络是办公局域网，承载工厂业务系统。而将信息网络和控制网络融合为一张网，才能够支撑数字化与智能化生产。

1. 现场总线

现场总线是安装在生产区域的现场设备 / 仪表与控制室内的自动控制装置或系统之间的一种串行、数字式、多点通信的数据总线，是自动化领域中的底层数据通信网络。现场总线系统既是一个开放的数据通信系统，又是一个可以由现场设备实现完整控制功能的全分布式控制系统。现场总线技术是一项以数字通信、计算机网络和自动控制为主的综合技术。

现场总线提出的初衷是实现开放式互联网络，使遵循相同协议的工业设备、控制设备等能够进行标准化对接，但目前世界上存在的、宣称为开放式现场总线的标准有 40 余种，不同的标准在特定的领域有着不同的特点和优势。多种现场总线技术标准的存在，导致彼此的开放性和互操作性难以统一。

当前较为主流的工业现场总线技术有基金会现场总线、过程现场总线（PROFIBUS）、设备网、局部操作网络等。

2. 工业以太网

随着社会的不断进步，工业自动化系统开始向分布式、智能化的实时控制方向演进，因此工业生产网络也应基于一个统一的、开放的基础网络架构，更好地实现设备间的互联互通。这些都要求控制网络使用开放透明的通信协议，但是以前的系统无法满足这些要求。随着 TCP/IP 在互联网领域的广泛应用，工业控制领域逐渐形成了基于以太网的网络控制新模式，工业以太网标准应运而生。

工业以太网在技术上不仅兼容了基于 IEEE 802.3 标准的以太网，还对工业应用进行了技术增强或改进，是更加适用于工业场景的工业通信新技术。工业以太网的主要特点：

可实现高速、大数据量的实时稳定传输；支持 Web 功能的集成，使用户可以通过 HTTP 等方式访问或管理设备；支持对原有总线系统的集成，通过网关方式，实现工业以太网与原有现场总线网络的无缝连接；支持时间同步技术，能够为具有同步要求的设备提供高精度时间同步支持。工业以太网发展之初是希望建立统一的、开放的网络架构，但由于应用领域、技术演进路线的不同，形成了多种工业以太网技术并存的局面。

以太网控制自动化技术（EtherCAT）是一个基于以太网架构的现场总线系统，为系统的实时性和拓扑的灵活性树立了新标准，同时，它还降低了现场总线的使用成本。其特点包括高精度设备同步、可选线缆冗余、满足安全完整性等级（SIL）3 的要求。

Ethernet/IP 是一个面向工业自动化应用的工业应用层协议，建立在标准 UDP/IP 与 TCP/IP 上，利用固定的以太网硬件和软件，为配置、访问和控制工业自动化设备定义了一个应用层协议；Profinet 由 PROFIBUS 国际组织推出，是新一代基于工业以太网技术的自动化总线标准；而 Powerlink 融合了以太网和控制器局域网总线这两项技术的优缺点，具有开放且独立的标准技术，适用于任何一个以太网硬件产品，支持任何拓扑类型，循环周期仅为 100μs，网络抖动小于 1μs，满足实时性和确定性的要求。

1.3.4　工业互联网网络层的价值和意义

网络层是工业互联网体系架构的核心，是构建工业环境下“人、机、物”全面互联的关键基础设施。网络层需要将多源、异构数据进行统一采集，实现工业现场设备间的互联、工业设备与云平台的互通；此外，网络层还需要将云端决策信息、决策指令等及时传递给现场设备，从而实现“云 - 边 - 端”的有效协同。

由此可以看出，网络层是现实世界和虚拟世界沟通的桥梁，是由“数字化”到“智能化”质变的关键环节。网络层包含多种网络技术，如 5G、光纤网络、PON、TSN 等。为了支持灵活、高效的工业互联网应用，对网络层技术提出了更高的要求。

- 多业务统一承载。工业互联网网络层应能实现大带宽业务、实时业务、高可靠时延业务的统一承载，避免在同一场景中部署多种网络，简化未来工业互联网网络层的建设和运维复杂度。
- 确定性传输能力。确定性主要是指网络能够为业务提供有界时延、确定性带宽、可靠性保障。确定性传输关系到工业互联网系统的稳定性和安全性，尤其涉及工业控制系统，网络具有确定性传输保障能力极其关键。因此，当前在针对工厂内

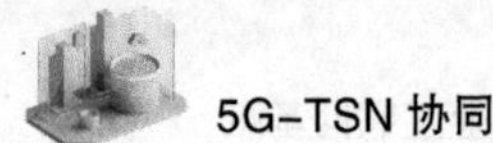

网和外网技术的研究中，确定性网络技术一直是学术界和工业界共同关注的焦点。

- 网络与应用的结合。在工业互联网应用中，网络层并不是简单的“传输管道”，而是需要与多类型的工业控制应用结合，真正将网络要素与生产要素融合，实现网络化感知、网络化控制和网络化协同。

第 2 章

移动通信网络概述

在移动通信系统兴起之初，更多关注人与人之间的信息交互和数据传输，经过近三十年的发展，移动通信实现了城市、乡村、公路及铁路等重要场景的广域覆盖，成为人们生活及工作中不可或缺的关键元素。随着无线接入技术的宽带化和泛在化，移动通信开始关注人与机器、机器与机器之间的数据交互与智慧连接，已经从移动互联网走向移动物联网，尤其是随着 5G 的部署，移动通信已经成为智能生产、智慧生活的信息基础设施。

工业控制网络以有线通信技术为主，随着智能车、机械臂、机器人等工业智能设备的成熟和海量传感器在工业领域的应用，工业领域对无线接入技术的需求越来越迫切。为了方便读者更好地理解 5G-TSN 的协同传输关键技术，本章将介绍移动通信系统的基础知识：2.1 节分析通信系统和移动通信系统的基本概念，并对移动通信系统的发展历程进行概述; 2.2 节介绍 5G 标准演进情况和各版本的主要技术特征; 2.3 节介绍 5G 组网架构、5G 基站功能架构和 5G 核心网主要网元。

2.1 移动通信网络基础架构

通信网是一种由通信端点、连接节点和相应传输链路构成的有机组合，以实现在两个或多个通信端点之间提供信息传输的通信体系，通常由用户终端设备、交换设备和传输设备组成。其中，交换设备间的传输设备被称为中继线，用户终端设备至交换设备的传输设备被称为用户线。目前，典型的通信网有电话网、计算机网、互联网等。

通信网可从不同角度进行分类：按业务内容可分为电报网、电话网、图像网、数据网等；按地区规模可分为农村网、市内网、长途网、国际网等；按服务对象可分为公用网、专用网等；按信号形式可分为模拟网、数字网等。

通信系统的通用模型如图 2-1 所示，通信系统主要由信源、发送设备、信道、接收设备、信宿和噪声源组成。

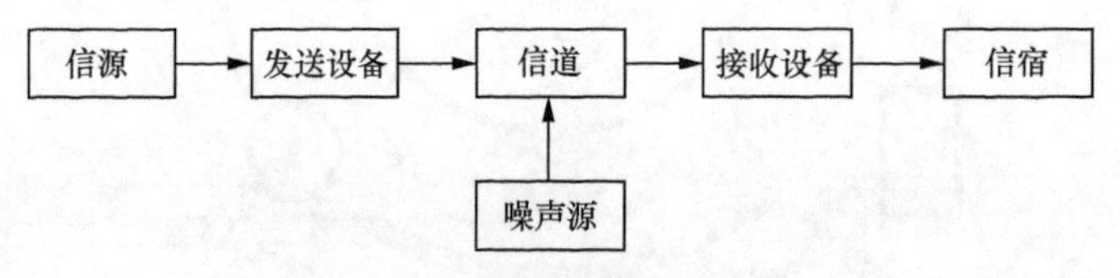

图 2-1　通信系统的通用模型

信源是指发出信息的信息源。在人与人之间通信的情况下，信源是指发出信息的人；在机器与机器之间通信的情况下，信源是指发出信息的机器，例如计算机。

发送设备能够把信源发出的信息变换成适合在信道上传输的信号。

信道是信号传输媒介的总称。不同的信源形式所对应的变换处理方式不同，与之对应的信道形式也不同。传输信道的类型有两种分类方法：一是按传输媒介划分为无线信道和有线信道；二是按在信道上传输信号的形式划分为模拟信道和数字信道。

接收设备是发送设备的逆过程。因为发送设备是把不同形式的信息变换和处理成适合在信道上传输的信号，一般情况下，这种信号不能被信息接收者直接接收，所以接收设备的功能就是把从信道上接收的信号变换成信息接收者能够直接接收的信息。

信宿是指信息传送的终点，也就是信息接收者。

噪声源并不是人为实现的实体，但在实际通信系统中是客观存在的。在模型中，把发送、传输和接收端各部分的干扰噪声集中用一个噪声源来表示。

不同的信息源、不同的变换和处理方式，可以构成不同类型的通信系统。通信的基本形式是在信源和信宿之间建立一个传输（转移）信息的通道（信道），即传输信道。如果把通信系统模型用通信网表示就更简明了：通信网中有交换点，交换点能完成接续任务；用户终端表示系统模型中的信源和信宿；终端和交换点之间的各连线表示系统模型中的信道，也被称为传输链路；这样，由多个用户通信系统互联的通信体系就构成了通信网。

移动通信系统的信道是无线信道，利用无线电波进行信息传输和通信。因此，需要建立专门的信号收发装置，实现无线信号的接收、发送和处理。

2.1.1　蜂窝移动通信系统的基本概念

移动通信系统是指通信参与方中至少有一方采用无线方式进行信息交换和数据传输的通信网络体系，采用无线方式的通信方可以处于移动状态或静止状态。通常而言，移动通信系统可以分为蜂窝移动通信、无线集群通信、卫星通信等，移动通信系统更多地泛指蜂窝移动通信系统，这是目前世界上覆盖范围最广、服务用户最多的公用陆地移动通信系统。

蜂窝移动通信网络架构示意如图 2-2 所示。蜂窝移动通信是采用蜂窝无线组网方式，在终端和网络设备之间通过无线通道进行连接，进而实现移动中的用户相互通信。蜂窝移动通信网络在设计时，需要考虑扩大覆盖范围、提高系统容量、提供较好的业务传输

质量保障、满足多样化业务需求等因素。一个基本的蜂窝系统由移动台、移动交换中心和基站 3 个部分组成。

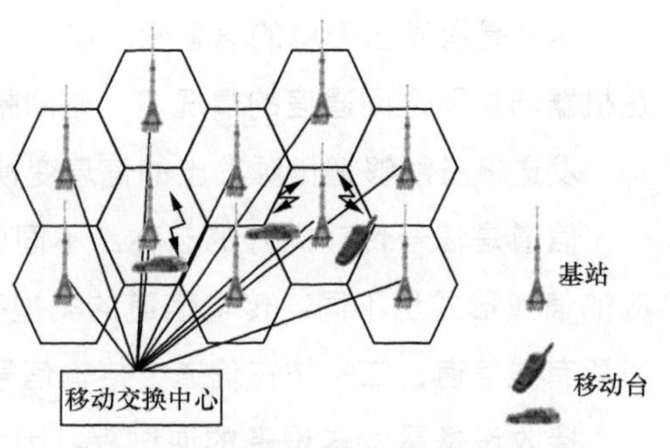

图 2-2　蜂窝移动通信网络架构示意

移动台即用户终端，用于实现无线接入通信网络，完成控制和业务数据处理，其硬件结构主要包括收发机、控制电路和天线等。

移动交换中心具备移动用户之间的交换、连接与管理的功能，主要包括呼叫处理、通信管理、移动性管理、安全性管理、用户数据和设备管理、部分无线资源管理、计费处理和本地运行维护等。随着技术的发展和演进，移动交换中心的功能和架构也在不断变化。

基站作为移动台和移动交换中心的桥梁，一方面通过空中无线接口与移动台连接，另一方面通过有线链路或微波链路与移动交换中心通信。在当前的蜂窝移动通信系统中，通常采用分布式的基站设计，即将基站的基带处理与射频处理分离，放在不同的地理位置上，二者之间通过光纤等方式连接。基带处理单元（BBU）负责集中控制与管理整个基站系统，完成信号编码调制、资源调度、数据封装等功能，并提供与射频处理单元、传输网络的物理接口，完成信息交互。射频处理单元具备信号的变频、数模转换、滤波、信号放大等处理功能。

2.1.2　蜂窝移动通信系统的发展历程

1. 1G

20 世纪 70 年代，美国贝尔实验室提出了蜂窝小区和频率复用的概念，现代移动通信开始发展。1978 年，美国贝尔实验室开发了高级移动电话系统（AMPS），这是第一个真正意义上具有随时随地通信的大容量的蜂窝移动通信系统。瑞典等北欧 4 国于 1980 年开发出 NMT-450（Nordic Mobile Telephone），并投入使用，频段为 450MHz。英国在 1985 年开发出全接入通信系统（TACS），首先在伦敦投入使用，之后覆盖了全国，频段为 900MHz。这些系统都是基于频分多址（FDMA）的双工模拟制式系统，被称为 1G。1G 的特点是蜂窝状移动通信网络结构成为实用系统，并在世界各地迅速发展。移动通信发展迅速的原因，除了用户要求迅猛增长这一主要推动力，还有技术进展所提供的条件。第一，

微电子技术在这一时期得到长足发展，使通信设备的小型化、微型化有了可能性，各种轻便电台被不断地推出。第二，提出并形成了移动通信新体制。随着用户数量的增加，大区制所能提供的容量很快饱和，这就必须探索新体制。在这方面最重要的突破是贝尔实验室在 20 世纪 70 年代提出的蜂窝网的概念。蜂窝网，即小区制，因为实现了频率再用，所以极大地提高了系统容量。可以说，蜂窝概念真正解决了公用移动通信系统要求容量大与频率资源有限的矛盾。第三，随着大规模集成电路的发展而出现的微处理器技术日趋成熟，以及计算机技术的迅猛发展，为大型通信网的管理与控制提供了技术保证。

2. 2G

20 世纪 80 年代中期，随着日益增长的业务需求，推出了数字移动通信系统。第一个数字蜂窝标准——全球移动通信系统（GSM）于 1992 年由欧洲电信标准化协会提出。美国提出了两个数字标准，分别为基于时分多址（TDMA）的 IS-136 和基于窄带直接序列码分多址（DS-CDMA）的 IS-95。日本第一个数字蜂窝系统是公用数字蜂窝（PDC）系统，于 1994 年投入运行。在这些数字移动通信系统中，应用最广泛、影响最大的是采用 TDMA 技术的 GSM 和采用 CDMA 技术的 IS-95。至此，移动通信跨入 2G 时代。

相较于 1G，2G 具有以下特点。

- 频谱利用率高，有利于提高系统容量。
- 提供多种业务服务，能够提高通信系统通用性。
- 抗噪声、抗干扰、抗多径衰落能力强。
- 能够实现更有效、更灵活的网络管理和控制。
- 便于实现通信的安全保密。
- 能够降低设备成本。

3. 3G

20 世纪 90 年代后期，随着全球经济一体化和社会信息化的发展，移动通信用户数和移动通信业务量均呈高速增长趋势，2G 在系统容量和业务种类上逐渐趋于饱和，很难满足个人通信的要求。在此背景下，基于新标准体系的 3G 产生，移动通信进入高速 IP 数据网络时代，互联网技术得以广泛应用，音频、视频、多媒体文件等各种数据可以通过移动互联网高速、稳定地传输。

3G 采用 CDMA 技术，全球主流的 3G 标准主要有宽带码分多路访问（WCDMA）、码分多路访问 2000（CDMA2000）和时分同步码分多路访问（TD-SCDMA）3 种。WCDMA 是欧洲提出的，由 GSM 发展而来，电信运营商可以较为容易地实现从 GSM 的逐步演进。CDMA2000 由美国主导，起源于 IS-95。WCDMA 与 CDMA2000 采用的基本技术类似，例如，都采用 Rake 接收技术，均在前向和后向链路采用相干解调和快速功率控制等。二者的区别主要在于码片速率、基站同步方式、信道间隔等方面。TD-SCDMA 是我国提出的 3G 标准，融入了智能天线、联合检测、用户定位与接力切换、动态信道分配等关键技术。3G 各标准对比见表 2-1。

表 2-1　3G 各标准对比

对比项目	WCDMA	CDMA2000	TD-SCDMA
信道间隔	5MHz	1.25MHz	1.6MHz
双工方式	FDD[1]	FDD	TDD[2]
多址方式	FDMA＋CDMA	FDMA＋CDMA	FDMA＋TDMA＋CDMA
码片速率	3.84Mchip/s	1.2288Mchip/s	1.28Mchip/s
基站同步方式	异步	同步	同步
帧长	10ms	20ms	5ms子帧
切换	软切换、硬切换	软切换、硬切换	硬切换、接力切换
功率控制	开环、闭环（1500Hz）、外环	开环、闭环（800Hz）、外环	开环、闭环（200Hz）、外环
接收检测	相干解调	相干解调	联合检测

1. FDD（Frequency-Division Duplex，频分双工）。
2. TDD（Time-Division Duplex，时分双工）。

4. 4G

4G 能够提供更高的频谱效率和更强的移动宽带体验，主要包括 TDD-LTE[1] 和 FDD-LTE 两种制式。

LTE 系统由通用电信无线接入网和分组核心网（EPC）组成。其中，无线接入网只有基站单个网元；分组核心网包括移动性管理实体（MME）、服务网关 /PDN[2] 网关（SGW/

1. LTE（Long Term Evolution，长期演进技术）是一种无线宽带技术，与 WiMax 一起被称为 4G 标准。
2. PDN（Packet Data Network，分组数据网络）。

PGW）、归属用户服务器（HSS）等主要网元。相较于前几代移动通信系统，LTE 的网络架构更趋扁平化和简单化，部署便捷，维护方便。

LTE 采用的主要技术包括以下 3 种。

① 正交频分复用（OFDM）：是对多载波调制技术的改进，可有效对抗频率选择性衰落和窄带干扰。子载波重叠排列可保持子载波的正交性，从而在相同带宽内容纳数量更多的子载波，提升频谱效率。

② 多输入多输出（MIMO）：在收发双端采用多根天线，分别同时发射与接收，通过空时处理技术，充分利用空间资源，在不需要增加频谱资源和发射功率的情况下，成倍地提升通信系统的容量与可靠性，提高频谱利用率。

③ 基于分组交换的核心网：4G 采用基于 IP 的全分组交换的方式传送数据流，不再有电路域，能够支持多种网络结构，具有灵活的组网能力，以及高吞吐量和高速处理的能力，能够同时支持智能化的故障检测能力，具有高可靠性。

2.1.3　通信业务变革

随着通信技术的不断发展，通信网承载的业务类型也发生了显著的变化，经历了从传统电信，到消费互联网，再到产业互联网这 3 个时代的变迁，如图 2-3 所示。

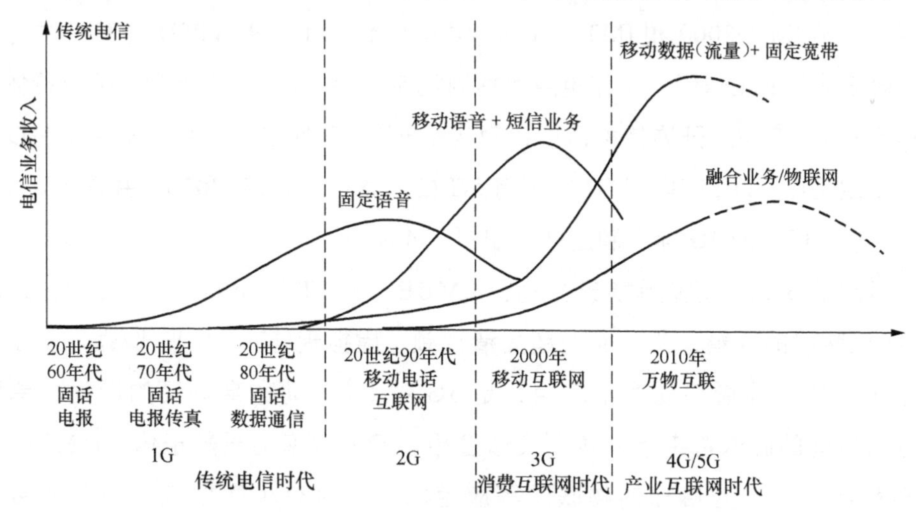

图 2-3　通信业务发展变化示意

20 世纪 60 年代至 90 年代是传统电信时代，主要的通信业务是固定语音通信。随着移动通信技术的发展，在 20 世纪 90 年代的后期，移动语音和短信业务逐渐进入人

们的生活。进入 21 世纪，随着 3G 的出现，以及互联网技术的迭代更新，人们的通信方式发生了显著的变化，数据流量取代了语音通话，成为通信服务的代名词，视频通话、移动社交、电子商务等业务逐渐兴起。近年来，4G、5G 技术发展成熟，云计算、大数据、人工智能等技术不断涌现，各行各业都在进行数字化转型，进一步促进了通信技术的融合发展，通信产业从单纯的提供数据管道，向承载更多附加价值的融合创新服务转变。

2.2 5G 标准进程概述

2.2.1 5G 标准发展历程

在标准化方面，5G 国际标准主要由国际电信联盟（ITU）无线电通信部门第五研究组 5D 工作组（ITU-R WP5D）和第三代合作伙伴计划（3GPP）制定。ITU 是主管信息通信技术事务的联合国专门机构之一，负责分配和管理全球无线电频谱与卫星轨道资源，制定全球电信标准，向发展中国家提供电信援助，促进全球电信发展。ITU 的组织结构主要分为电信标准化部门（ITU-T）、无线电通信部门（ITU-R）和电信发展部门（ITU-D）。其中，ITU-R 从 20 世纪 90 年代后期推动了全球移动通信的国际移动电信（IMT）系统标准制定，包括 IMT-2000 和 IMT-Advanced 等标准。ITU-R WP5D 是 ITU 中专门负责地面移动通信业务的工作组，工作重点包括制定 5G 系统需求、指标和性能评价体系，在全球征集 5G 技术方案，开展技术评估，确认和批准 5G 标准，但并不做具体的技术和标准化规范制定工作。2015 年，ITU 决定将 5G 技术命名为 IMT-2020，并逐步定义 5G 的技术性能要求。ITU 的 5G 标准制定计划如图 2-4 所示。

ITU 确定的 5G 三大应用场景分别是 eMBB、mMTC、uRLLC。其中，eMBB 是 5G 最早实现商用的场景，主要面向超高清视频、虚拟现实（VR）、增强现实（AR）、高速移动上网等大流量移动宽带应用，是 5G 对 4G 移动宽带场景的增强，单用户接入带宽可与目前的固网宽带接入达到类似量级，接入速率增长数十倍。mMTC 主要面向以传感和数据采集为目标的物联网等应用场景，具有小数据包、海量连接、更多基站间协作等特点，随着物联网的发展，其应用也会随之增多，连接数量将从亿级向千亿级跳跃式增长。uRLLC 主要面向车联网、工业控制、远程医疗等垂直行业的特殊应用场景，要求 5G 的无线和承载网络要具备低时延和高可靠性等能力。

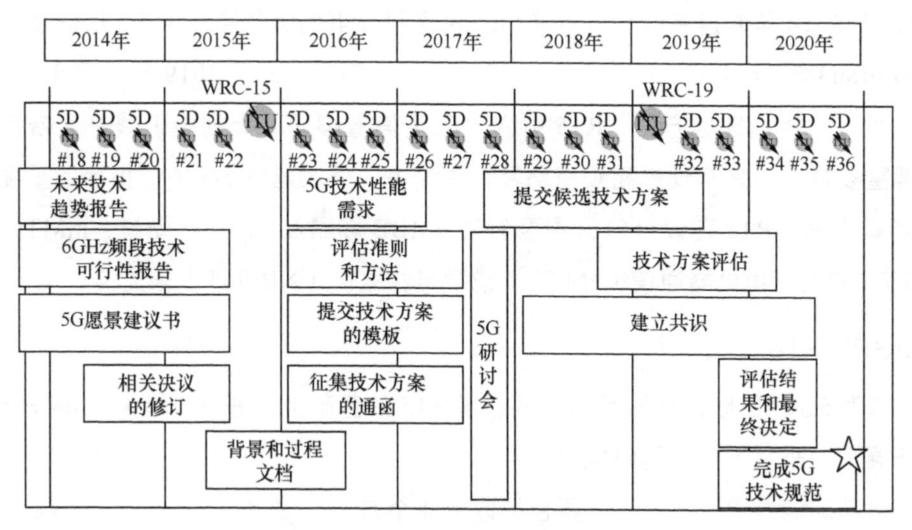

图 2-4 ITU 的 5G 标准制定计划

3GPP 作为全球 3G 和 4G 主流移动通信标准制定组织，从事具体的标准化技术讨论和规范制定，并将制定好的标准和规范提交到 ITU 进行评估，标准和规范若满足 ITU 的 5G 指标，将被批准为全球 5G 标准。3GPP 的组织结构可分为项目协调组（PCG）和技术规范组（TSG）。PCG 主要负责 3GPP 的总管理、时间计划、工作分配、事务协调等。TSG 主要负责技术方面的工作，包括无线接入网（RAN）、系统和业务（SA）及核心网和终端（CT）3 个工作组。3GPP 规范还提供了与非 3GPP 网络之间的互通方式。

2020 年 7 月，ITU-R WP5D 第 35 次会议宣布 3GPP 5G 技术满足各项指标要求，正式被接受为 ITU IMT-2020 5G 技术标准。

2.2.2 5G 标准版本特征

目前，3GPP 已经完成 R15、R16 和 R17 的 5G 标准制定，正在进行 R18 的标准研究。

1. 3GPP R15

R15 作为 3GPP 第一个 5G 标准版本，也是前期商业部署最重要的版本。重点面向 eMBB 应用场景，并定义了 uRLLC 基本功能，奠定了 5G 的技术基础。R15 分为 3 个阶段先后完成：早期交付，支持 5G 非独立组网（NSA）模式、系统架构选项采用 Option3，已于 2017 年 12 月完成；主交付，支持 5G 独立组网（SA）模式、系统架构选项采用

Option2，于 2018 年 6 月完成；延迟交付，包含部分电信运营商升级 5G 所需要的系统架构选项 Option4 与 Option7、5G 新空口（NR）双连接等，已于 2019 年 3 月完成。

在无线接入网物理层方面，R15 引入了新型信道编码、大规模天线、大带宽、灵活帧结构等重要特性，是实现中高频点部署、高速率、低时延等 5G 关键指标的重要基础。在业务场景方面，R15 在设计时，主要针对 eMBB 场景和 uRLLC 场景，mMTC 场景主要通过 LTE 的大规模机器通信（eMTC）或窄带物联网（NB-IoT）来支持。

2. 3GPP R16

R16 作为 5G 第二阶段标准版本，在兼容 R15 的基础上，进一步增强了 eMBB 场景，并积极拓展面向垂直行业的网络能力。

在网络基础能力增强方面，主要包括以下 4 个方面。

（1）大规模天线增强

通过多点传输、降低码本开销等技术进一步提升小区容量及用户体验。

（2）载波聚合（CA）增强

新增更多载波组合，支持小区间帧边界不对齐的异步部署场景，并对不同参数集的跨载波调度、辅载波的快速激活机制和上行容量进行增强。

（3）移动性增强

进一步减少切换时延和提升切换的鲁棒性，适用于高铁、高速等路线相对明确且对切换时延要求较高的场景。

（4）终端节能增强

通过非连续接收自适应、无线资源管理测量放松、跨时隙调度增强、用户终端辅助上报增强等方式，进一步增强终端的节能能力，支持终端性能和节能自适应。

在满足垂直行业需求方面，主要包括以下 5 个方面。

（1）uRLLC

3GPP R15 完成了 uRLLC 部分基础功能的标准制定，R16 在 R15 的基础上，针对 uRLLC 新的应用场景，向着更高可靠性（10^{-6} BLER[1]）和更低时延（0.5 ～ 1ms）的目标

1. BLER：块误码率（Block Error Rate）。

进行增强，主要措施如下。

- 低时延增强：通过提升短周期的检测能力，支持一个时隙内多个物理上行控制信道（PUCCH）进行 HARQ-ACK[1] 反馈、支持部分带宽内多个激活的上行免调度传输配置、支持调度时的跨时隙上行物理共享信道（PUSCH）资源分配和动态指示等增强技术，有效降低时延。
- 可靠性增强：引入紧凑的下行控制信息（DCI）格式，实现物理下行控制信道（PDCCH）可靠性的增强；通过支持短时隙级的重复传输，并将可重复最大次数配置为 16，增强 PUSCH 的可靠性；此外，通过支持最多 4 个无线链路控制（RLC）实体的分组数据汇聚协议（PDCP）重复、基于多点协作的 PDSCH 传输等技术及针对业务性能管理需求制定 QoS 监控功能，大幅提升 5G NR 的可靠性。
- 与 eMBB 业务共存机制增强：支持用户终端同时构建两个不同物理信道优先级的 HARQ-ACK 码本；定义物理层优先级实现上行时域重叠信道的复用或优先处理；引入上行取消（CI）指示，支持上行 uRLLC 业务抢占 eMBB 业务占用的资源；增强上行功控机制，支持提升 uRLLC 业务的传输功率等。实现终端多种业务共存 / 复用定义在多种场景下同信道碰撞时的优先级和抢占规则，保证 uRLLC 业务传输的可靠性。

（2）5G LAN

针对工业场景中设备间 L2 通信的需求，R16 引入了 5G LAN 技术，使 5G 网络支持 L2 的单播通信、多播通信和广播域隔离，从而不需要架设隧道设备，即可将工业层二协议报文封装在 IP 隧道报文中传输，降低组网复杂度和成本。5G LAN 能够提供 L3 的虚拟专用网（VPN）服务，以及 L2 的 LAN 服务，支持单播、组播广播业务，支持用户移动性，支持细分子网，以及基于子网的管理能力，可以满足工业专网所需的易用性和业务隔离特性。

（3）车联网

R16 5G V2X[2] 主要面向编队行驶、传感扩展、高级驾驶和远程驾驶等应用场景更加

1. HARQ-ACK：混合自动重传请求确认，其中 HARQ（Hybrid Automatic Repeat request，混合自动重传请求）是一种将前向纠错编码（FEC）和自动重传请求（ARQ）相结合而形成的技术。
2. V2X 是指车对外界的信息交换，是未来智能交通运输系统的关键技术。

严苛的通信需求。R16 在车辆与互联网（V2N）的基础上，支持车辆与车辆（V2V）、车辆与基础设施（V2I）直连通信，并新增基于 NR 的直通链路。

（4）定位能力

R16 充分利用 5G 大带宽和多波束的特点，通过空口定位技术实现定位精度从 4G 的百米级提升到米级，应用场景更加丰富。R16 在继承 4G 定位技术的同时，支持采用多站往返时间（Multi-RTT）、到达时间差（TDOA）、上行到达角（UL-AoA）和下行出发角（DL-AoD）等多种方案。

（5）TSN

5G R16 在 uRLLC 标准基础上扩展支持 IEEE 802.1AS 时间同步机制、802.1Qbv 门限控制机制和 802.1Qcc TSN 管理机制等协议，具备构建端到端的确定性传输和时间特征感知的能力，从而广泛应用在工厂智能制造、智能电网和本地的多媒体控制系统。5G-TSN 主要特性如下。

- TSN 与 5G 架构融合：5G 系统作为透明传输的网桥被集成到 TSN 中，通过位于 5G 边缘的终端侧转换器（DS-TT）和网络侧转换器（NW-TT）实现 TSN 系统与 5G 系统之间用户面的交互。
- 时间同步机制：为了实现 TSN 同步机制，整个端到端 5G 系统可看作是一个 IEEE 802.1AS 时间感知系统。其中，5G 系统内部通过 5G 主时钟实现内部节点的同步，而 TSN 时钟传递则是通过 NW-TT 和 DS-TT，实现 5G 与 TSN 主时钟的转换与时间计算。
- QoS 控制：5G DS-TT 和 NW-TT 支持 802.1Qbv 的存储转发机制，TSN 业务流的 QoS 需求将由时间敏感保证比特率（GBR）保障。

3. 3GPP R17

作为 5G NR 标准的第 3 个主要版本，R17 进一步从网络覆盖、移动性、功耗和可靠性等方面扩展了 5G 技术基础，并致力于 5G 网络的应用扩展。

能力增强方面，主要包括以下内容。

- MIMO 增强：包括增强的传输点 / 接收点（TRP）部署和增强的多波束操作；提升探测参考信号（SRS）灵活性、容量和覆盖；结合 FDD 系统 DL/UL 信道空域时延域互易性特征，设计高性能低复杂度的高分辨率 Type-Ⅱ码本等。

- 载波聚合与双连接增强：用户终端可以基于网络配置的条件，自主执行主辅小区切换和添加来提高切换成功率；网络侧可依据用户终端的需求，通过动态激活或去激活辅小区组或辅小区，降低功率消耗。
- 上行覆盖增强：为上行控制和数据信道设计引入多个增强特性，例如增加重传次数以提升可靠性，以及跨多段传输和跳频的联合信道估算。
- 小包数据增强：在 inactive 态快速完成小包数据的传输，缩短流程、减少信令，降低用户终端功耗。
- 多 SIM 卡的优化：优化双卡终端两个网络的冲突问题，例如，寻呼冲突、两个网络间切换等场景，从而优化用户体验。
- 终端节电增强：在 idle/inactive 态，增加寻呼增强和跟踪参考信号辅助同步；在 connected 态，引入新的 PDCCH 监听策略，实现终端节电。
- 定位：引入 RRC_Inactive 态定位、定位参考信号增强、优化测量流程、考虑视距 / 非视距的影响等技术，实现厘米级定位精度，同时降低定位时延，提高定位效率。此外，还可以支持利用 GNSS 辅助信息提高 5G 定位性能和效率。
- 切片：优化小区重选和随机接入的资源机制，以及优化切片移动性，实现切片快速接入和服务连续性。
- uRLLC 增强：终端内复用和资源抢占排序、CSI/HARQ-ACK 反馈增强、授时传播时延补偿等，降低时延、提高可靠性和确定性。

能力扩展方面，主要包括：引入 RedCap、IoT NTN，丰富物联应用场景；引入多播广播业务（MBS），提供差异化的个人及行业应用。探索 5G 空口与 AI 技术的融合，为智能网络奠定基础。

4. R18 及后续展望

2021 年 12 月，R18 标准立项，开启了 5G-Advanced 元年。自首批 28 个课题成功立项至 2022 年 6 月 9 日 3GPP RAN 第 96 次会议，总计 41 个课题立项，R18 立项工作基本完成。3GPP 在 2021 年 4 月正式将 5G 演进的名称确定为 5G-Advanced，开启了 5G 演进的新征程。

5G-Advanced 将为 5G 发展定义新目标，打造新能力。通过扩展现实（XR）、全双工、空天地一体、网络智能、绿色低碳等关键技术，打破 eMBB、mMTC、uRLLC 单一业务模型局限，实现跨场景多维度融合。在当前下行 Gbit/s 速率、上行百 Mbit/s 速率、十万连接密度、亚米定位精度的基础上进一步提升，实现下行 10 Gbit/s 速率、上行 Gbit/s 速率、毫秒级时延、低成本千亿物联，以及感知、高精度定位等超越连接的能力。

2.3 5G 网络架构与功能简述

2.3.1 5G 组网架构

5G 组网支持独立组网（SA）和非独立组网（NSA）两种方式：在 SA 方式下，5G 网络独立于 4G 网络，5G 与 4G 仅在核心网级互通，互联简单。此种方式下，终端仅连接 NR 一种无线接入技术，两种网络间通过网络切换进行移动性管理。在 NSA 方式下，终端双连接 LTE 和 NR 两种无线接入技术，在同一时间采用双链接，虽然在网络覆盖不佳的情况下不影响使用，但会影响用户感知。

3GPP 中 5G 网络的 8 个部署选项如图 2-5 所示，其中，选项 1、2、5、6 是独立组网，选项 3、4、7、8 是非独立组网。在 8 种架构选项中，选项 2、3、4、5、7 是 3GPP 标准和业界重点关注的 5G 候选组网部署方式。

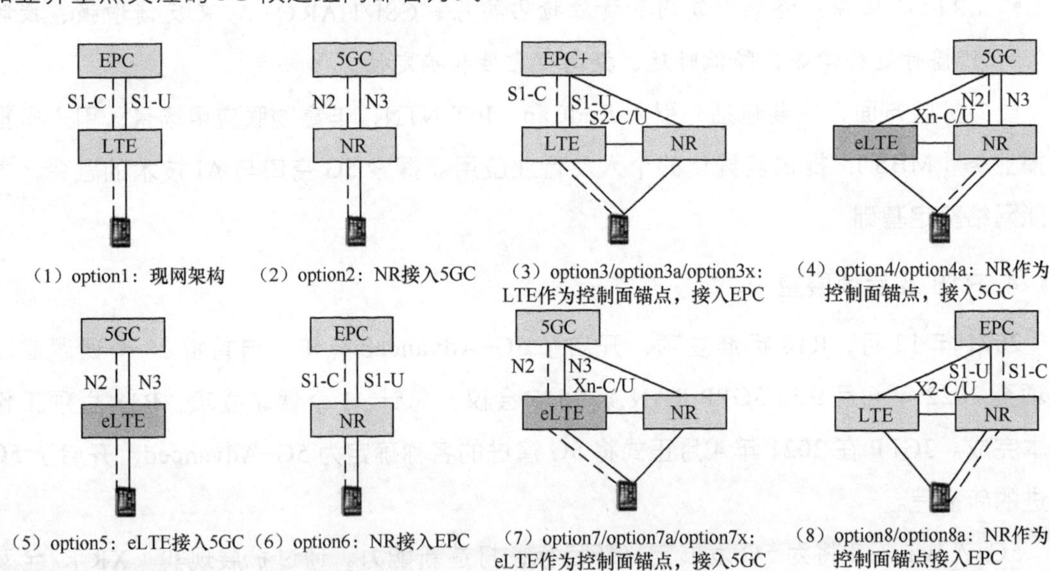

图 2-5 3GPP 中 5G 网络的 8 个部署选项

2.3.2 5G 基站功能架构

为了支持灵活的网络部署方式及接入网络的虚拟化，5G NR 引入了 gNB[1]-CU/gNB-DU 分离的架构。其中，gNB-CU 是中心控制节点，包括无线资源控制（RRC）协议和 PDCP 功能；gNB-DU 是分布节点，包括无线链路控制（RLC）协议、介质访问控制（MAC）和物理层。通过集中单元 / 分布单元（CU/DU）的架构，可以提升各节点间的资源协调和传输协作能力，并通过云化和虚拟化 CU 提升网络资源的处理效率。另外，为了进一步增强部署的灵活性和实现的便利性，可将 gNB-CU 的控制面和用户面部署在不同的位置，引入 gNB-CU-CP/gNB-CU-UP 分离（用户面和控制面分离）的架构。5G 基站架构示意如图 2-6 所示。一个 gNB 可由一个 gNB-CU-CP 和多个 gNB-CU-UP，以及多个 gNB-DU 组成。gNB-CU-CP 通过 E1 接口和 gNB-CU-UP 连接，gNB-DU 通过 F1 接口和 gNB-CU 连接，其中，F1-C 终止在 gNB-CU-CP，F1-U 终止在 gNB-CU-UP。

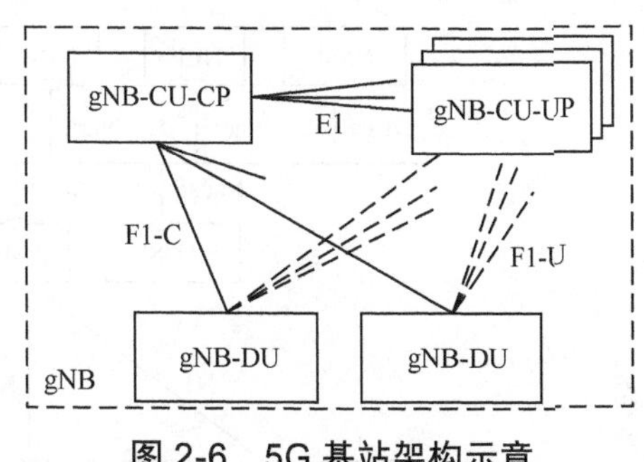

图 2-6　5G 基站架构示意

E1 接口主要支持接口管理和承载管理的功能。F1 接口分为控制面和用户面。F1 接口控制面提供接口管理、系统信息管理、用户终端上下文管理、寻呼和 RRC 消息传递等功能；F1 接口用户面主要在 gNB-DU 和 gNB-CU-UP 之间提供数据传输，同时，F1 用户面还支持数据传输的流控机制，以进行拥塞控制。

2.3.3 5G 核心网主要网元

区别于 4G 等传统的网络采用网元（或网络实体）来描述系统架构，5G 系统中引入了网络功能（NF）和服务的概念。NF 可以作为服务提供者为其他 NF 提供不同的服务，此时其他 NF 被称为服务消费者。NF 服务提供和消费之间的关系灵活：一个 NF 既可使用一个或多个 NF 提供的服务，也可以为一个或多个 NF 提供服务。服务化架构基于模块化、可重用、自包含的思想，充分利用了软件化和虚拟化技术。每一个服务为软件实现

1. gNB 是 gNode B 的缩写，表示 5G 基站，4G 基站表示为 eNB。

的一个基本网络功能模块，系统可以根据需要对网络功能进行编排，这使得网络的部署和演进非常方便灵活，也有利于引入对新业务的支持。

5G 核心网架构示意如图 2-7 所示，其主要网元包括接入和移动管理功能（AMF）、会话管理功能（SMF）、用户平面功能（UPF）、统一数据管理（UDM）功能、鉴权服务功能（AUSF）、策略控制功能（PCF）、网络开放功能（NEF）、网络切片选择功能（NSSF）、网络存储功能（NRF）、业务功能实体（AF）等。

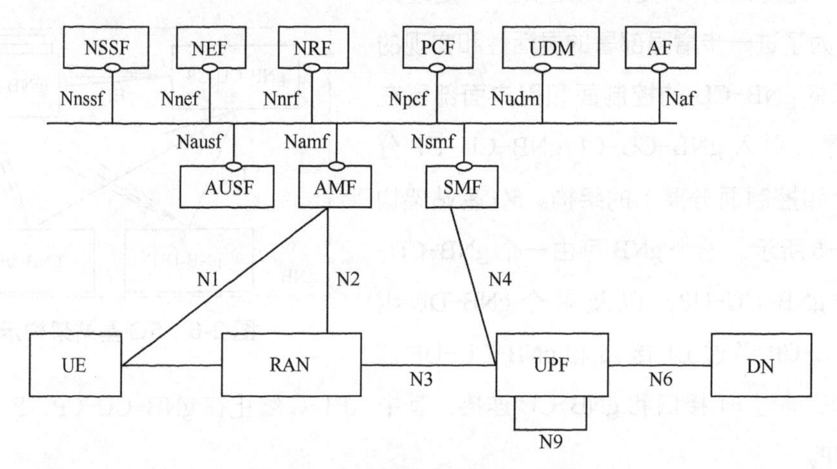

图 2-7　5G 核心网架构示意

无线接入网（RAN）主要由 5G 基站构成，数据网络（DN）是移动网络以外的其他数据网络，例如互联网。

（1）AMF

与 4G MME 相比，AMF 没有会话管理的功能，会话管理交由 SMF 负责。相应地，AMF 增加了非接入层（NAS）透明传输的功能，能够转发 UE 与 SMF 间与会话管理相关的 NAS 消息（NAS.SM Message）。此外，AMF 还支持 non-3GPP 接入。

（2）SMF

SMF 的主要功能包括会话建立、修改和释放，IP 地址分配和管理，UPF 的选择和控制，策略执行和 QoS 的控制，计费数据收集等功能。4G 网络中会话管理由 MME、SGW-C 及 PGW-C 这 3 个 NE 负责，而 5G 网络中的会话管理统一由 SMF 负责。相较于 4G MME/SGW-C/PGW-C，SMF 可以选择性地激活 / 去激活协议数据单元（PDU）会话，以及负责确定 PDU 会话的会话和业务连续性（SSC）模式。

（3）UPF

UPF 是用户面的 NF，负责用户面数据的处理，主要功能包括数据报文路由、转发、监测及 QoS 处理、流量统计及上报、移动锚点等功能。4G 网络中核心网用户面数据由 SGW-U 和 PGW-U 两个 NE 负责，而 5G 网络中的核心网用户面数据统一由 UPF 负责处理。相比于 4G PGW-U/SGW-U，UPF 还新增了对上行分类器（UL CL）和分支点功能的支持。

（4）UDM

5G 核心网允许 UDM、PCF 和 NEF 仅保留数据处理能力而将结构化数据存储在 UDR 中，从而使计算资源和存储资源解耦。UDM 负责统一数据的管理，UDM 和 UDR 配合可提供相当于 4G HSS 的功能。

（5）AUSF

AUSF 配合 UDM 负责用户鉴权数据相关的处理，支持的功能为对 3GPP 接入和非授信 non-3GPP 接入的鉴权。

（6）PCF

PCF 负责策略控制，包括业务数据流检测、QoS 控制、基于流的计费、额度管理、提供网络选择和移动性管理相关的策略等。

（7）NEF

NEF 负责网络能力开放。NF 的能力和事件可以通过 NEF 安全地向第三方应用功能，以及边缘计算功能开放。此外，NEF 还支持从外部应用向 3GPP 网络安全地提供信息，以及内部—外部信息的转换等功能。

（8）NSSF

NSSF 是 5G 核心网新增的 NF，负责网络切片的选择。根据 UE 的切片选择辅助信息、签约信息等确定 UE 允许接入的网络切片实例。

（9）NRF

NRF 负责存储 5G 核心网中的 NF 信息，以及针对 NF 和 NF 服务的自动化管理。

（10）AF

AF 是根据业务部署和传输需求，在核心网部署的与业务功能相关的控制实体。

第 3 章

TSN 概述

TSN因其低时延、低抖动和高可靠性，以及能够为工业控制业务提供有界时延保障等特性，受到了工业互联网产业界和学术界的共同关注。标准化组织、产业联盟和广大专家学者对TSN的体系结构、时间同步、流量整形、网络配置、资源预留等进行了大量研究，IEEE的TSN工作组在TSN的基础技术、配置管理、应用行规等方面制定了一系列标准协议。本章首先从工业网络技术基础出发，概述TSN的发展背景及基础知识；其次，调度整形机制是TSN实现有界低时延的关键技术，因此本章介绍了多种TSN调度整形机制；再次，可靠性是工业网络的重要特征，本章在第三节重点介绍了TSN可靠性增强机制；最后，介绍了TSN的网络管理和配置机制。

3.1 TSN基础

TSN是IEEE的TSN工作组在以太网基础上针对数据链路层增强而制定的一系列标准协议，能够在以太网物理层的基础上，实现多业务统一承载，并为高优先级的工业控制业务提供有界时延和高可靠的传输保障。工业互联网的深化发展，加速了ICT与OT的融合，TSN成为一种新兴的工业网络技术，能够为构建智能工厂提供统一、开放的网络架构，能够兼容多种工业网络协议，实现工厂内网业务的统一承载和可靠保障。

3.1.1 TSN标准发展

随着智能工厂、“工业 4.0”等新技术的发展，工业数字孪生、数字驱动的工业应用成为工业智能化的发展方向，如何构建面向生产控制和业务管理的统一网络技术，再度成为工业界关注的焦点，也使TSN受到工业界的广泛关注。

2005年，IEEE 802.1成立了AVB工作组，制定了在以太网架构上保证音/视频实时传输的协议集。2010年，IEEE 802.1Qat为分布式资源预留定义了流预留协议（SRP）。2011年，IEEE 802.1AS时间同步标准发布，实现了整个系统的统一时间标度。2012年，TSN工作组在IEEE 802.1和802.3上开发了时间同步、流量调度、网络配置等一系列标准协议，确保低时延、低抖动和低丢包率，提供确定性传输服务，主要针对工业应用场景，并扩大了802.1Q网桥特性。2016年，TSN工作组发布了IEEE 802.1Qbu协议，允许高优先级可以抢占低优先级的帧传输机制和IEEE 802.1Qbz桥接增强技术标准。

2017 年，TSN 工作组提出 IEEE 802.1CB 帧复制与删除（FRER），以及 IEEE 802.1Qci 每流过滤和监管（PSFP），还制定了 IEEE 802.1Qch 协议，引进了循环排队和转发（CQF）机制，以循环的方式实现了数据帧的交替转发，获得了确定的网络时延。2018 年，TSN 工作组提出 IEEE 802.1Qcc、IEEE 802.1QCM、IEEE 802.1Qcp 协议标准。

从协议技术能力的维度来看，可将 TSN 标准体系分为时间同步类标准、可靠性保障类标准、有界低时延类标准和资源管理类标准。

TSN 标准较多，其命名规则为：若标题全为大写字母，则该标准为独立标准；若标题包含小写字母，则标准为修订章节，会定期合并到 IEEE 802.1Q 独立标准中。TSN 基础技术标准体系如图 3-1 所示。

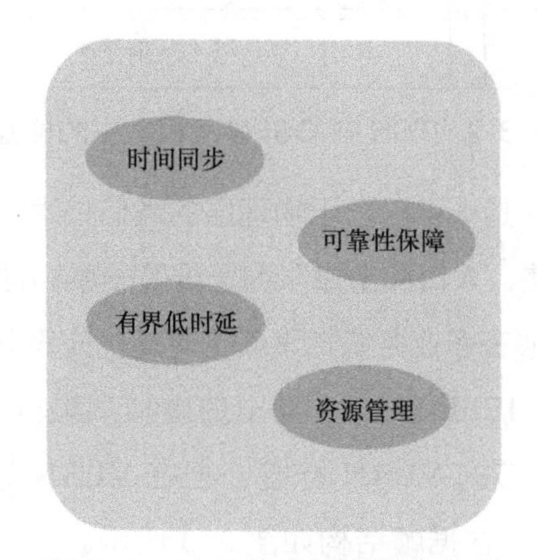

图 3-1 TSN 基础技术标准体系

时间同步类标准是 TSN 实现端到端有界低时延保障的基础，能够提供全局统一时间信息及节点的参考时间信息，实现本地时间的调整及与其他网络节点时间同步。可靠性保障类标准主要是 TSN 在传输路径建立、冗余路径选择、冗余传输及流管理等方面的研究和策略制定。有界低时延保障类标准定义了同步与异步多种流调度整形器，影响时间敏感业务流端到端时延及时延抖动等性能。资源管理类标准更多的是实施操作层面的标准规范，根据资源管理决策结果对 TSN 交换设备节点实施配置。

3.1.2 TSN 帧格式

TSN 在 OSI 参考模型中的位置如图 3-2 所示，从 OSI 参考模型角度来看，TSN 协议是数据链路层的协议增强，主要增强了数据链路层的资源管理、数据帧处理和流管理等策略。

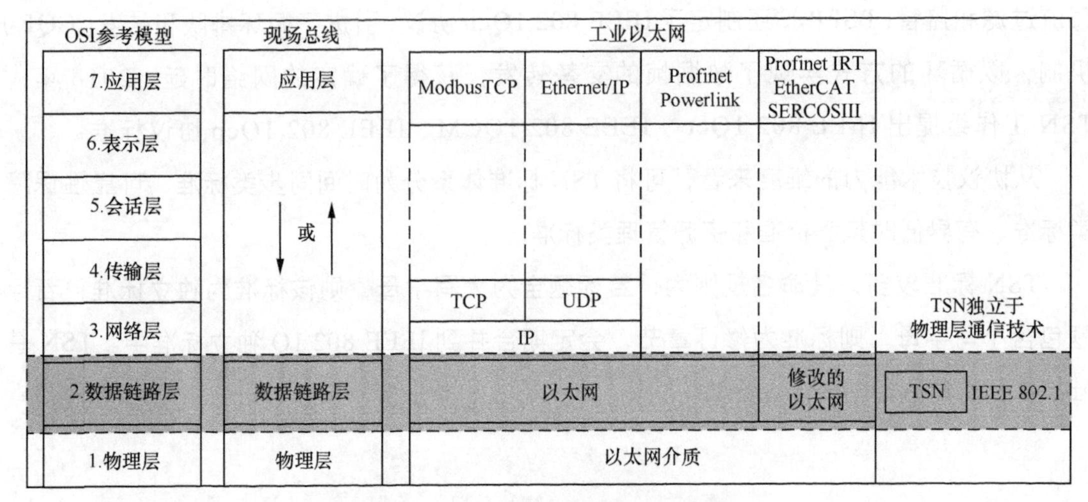

图 3-2 TSN 在 OSI 参考模型中的位置

从图 3-2 可以看出，TSN 是一种独立于物理层的通信技术，定义了独特的数据链路层功能，包括流管理、过滤、配置、入口和出口队列管理等一系列数据链路层的协议增强，能够进行差异化的 QoS 管理，能够在多业务统一承载下对高优先级业务提供严格的 QoS 保障。

TSN 的数据帧结构符合 IEEE 802.1Q 提出的虚拟局域网（VLAN）数据帧结构，即在标准以太网帧中插入 4 字节的 VLAN 标签，但在 VLAN 标签中的字段定义与普通的 VLAN 存在一些差别。TSN 的数据帧结构如图 3-3 所示。

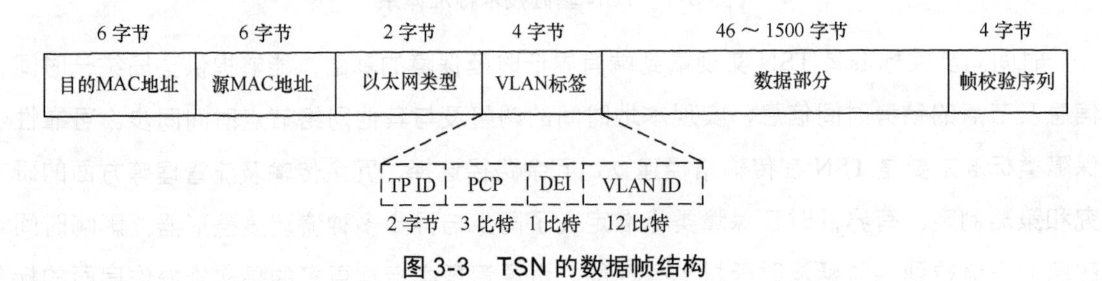

图 3-3 TSN 的数据帧结构

- 标签协议标识符（TP ID）：2 字节，其值为 0x8100，表明这是一个加了 VLAN 标签的数据帧。
- 优先级代码点（PCP）：3 比特，在 TSN 中，PCP 用于区分不同类型的业务，这是 TSN 差异化 QoS 控制的基础。
- 丢弃适当性标识符（DEI）：1 比特，在 TSN 中，DEI 表示该类型业务流对应的数

据帧是否被丢弃，在网络拥塞控制、流过滤等过程中使用。“DEI=0”表示不可丢弃，“DEI=1”表示可被丢弃。对于低优先级业务流，该标识符可置为“1”，以确保高优先级业务的 QoS。

- 虚拟局域以太网标识（VLAN ID）：12 比特，是数据帧唯一的 VLAN 标识，用以标记该数据帧所属的 VLAN，可以配置的范围在 0 ～ 4095，但“VLAN ID=0”和“VLAN ID=4095”在协议中暂时保留。

值得注意的是，TSN 中优先级的值由低到高（0 ～ 7）对应的业务类型为：尽力而为型业务流（PCP=0）、背景业务流（PCP=1）、卓越努力型业务流（PCP=2）、关键应用流（PCP=3）、时延抖动小于 100ms 的视频业务流（PCP=4）、抖动时延小于 10ms 的音频业务流（PCP=5）、互联控制类业务流（PCP=6）、控制类数据流（PCP=7）。PCP 的值会根据不同的应用场景进行不同的设置，该值是后续数据调度、策略配置中参考的一个业务特性指标。

3.1.3 TSN 技术特征

TSN 是在 IEEE 802.3 标准以太网及 IEEE 802.1Q 虚拟局域以太网的基础上对数据链路层进行了一系列技术增强而形成的一种具有时延有界特征的局域网技术。TSN 的功能由多个标准协议制定，在时间同步、流量管理、调度整形、网络配置等方面提供了灵活的技术组合方案，这些组合方案使 TSN 具有多业务统一承载性能，并且能够为高要求的工业控制业务提供保障。

设备间的高精度时间同步是 TSN 的基础。TSN 中的数据收发节点、网桥设备等只有在同一时间尺度上，才能保证发送时间、门控时间的准确性和可靠性，从而实现数据在网络中基于精准时间的转发。

时延有界性是 TSN 的首要特征，也是 TSN 被称为确定性通信技术的关键。实现 TSN 时延有界性的关键在于各种整形机制（例如，IEEE 802.1Qbv 提出的时间感知整形器，IEEE 802.1Qcr 提出的循环排队和转发整形器等），TSN 发送节点、网桥节点能够通过门控列表控制数据包的发送，实现基于精准时间的数据转发，进而保证将传输时延、抖动控制在一个有界的范围内，实现端到端时延的有界性。

高可靠性是 TSN 的重要特征之一。一方面，TSN 的信道传输条件相对稳定，不易引起数据帧的丢失和比特错误；另一方面，TSN 引入了 FRER 等主动冗余策略，提升了数据传输的可靠性，使数据传输不丢失、不重复和不失序，保证了 TSN 对上层应用的可靠交付。

区分业务的 QoS 保障是 TSN 的关键技术特征，是 TSN 实现多业务统一承载的资源保障。TSN 采用了每流过滤和监管策略，在入口处对每一条业务流进行过滤，根据其业务流标识进行管理策略和数据包特性的匹配，能够对不同类型、不同优先级的业务流采用不同的管理策略; 在出口处进行门控管理和流量计量，能够针对不同业务进行资源分配、流量控制等保障，因此，TSN 能够在统一的网络架构下，实现多业务的共同承载，并保障工业控制等高优先级的 QoS 要求。

开放与统一也是 TSN 的重要特征之一，是 TSN 被工业领域内外众多参与者关注的重要原因之一。TSN 各项关键机制由 IEEE 提供标准化支撑，能够兼容其他基于以太网的工业技术，从而更好地与现有工业现场协议和工业网络协同和融合，为工厂、车载、电力等行业中多样化数据的传输提供统一的承载网络支撑。

3.2 TSN 调度整形机制

TSN 时延抖动精准调控的本质在于对时序资源的有序分配和动态协调，即更好地解决什么时间、哪个队列、进行多长时间传输的问题。因此，TSN 中调度整形机制是实现工业控制业务时延精准调控、时延抖动有界性的关键保障机制，也是 TSN 能够进行多业务承载的技术基础。

IEEE TSN 工作组目前完成了 IEEE 802.1Qav 提出的基于信用的整形（CBS）机制、IEEE 802.1Qbv 提出的时间感知整形（TAS）机制、IEEE 802.1Qch 提出的 CQF 机制和 IEEE 802.1Qcr 提出的异步流量整形器（ATS）机制。其中，CBS 是为了解决音 / 视频在以太网上实时传输而较早提出的整形机制，该机制不需要设备间时间同步，但其时延和抖动的保障性能并不能满足工业控制业务的需求。TAS 和 CQF 是基于时间同步的调度整形机制，需要各交换节点间做到高精度时间同步，从而实现基于精准时间的转发，其中 TAS 具有更好的时延调控和时延抖动控制能力。在最优条件下，TAS 能够为工业控制业务提供“零等待”的端到端业务传输。ATS 是目前尚在标准化的 TSN 调度整形机制，与 TAS 和 CQF 是时间触发的调度机制不同，ATS 采用事件触发的调度器，其目的是在不需要各交换节点间时间同步的前提下为高优先级业务提供确定性时延保障，ATS 不仅具有有界时延特征，而且还能提升系统资源利用率。

本章将重点介绍CBS、TAS和CQF机制，在此基础上，还将介绍TSN为高优先级业务进一步提供低时延保障的帧抢占（FP）机制，帧抢占机制的具体功能由IEEE 802.1Qbu和IEEE 802.3br共同制定，其中，IEEE 802.1Qbu主要面向传送设备提供了抢占接口及模块级别的定义，IEEE 802.3br主要完成帧抢占的切片操作、切片还原及验证等功能。

3.2.1　基于信用的整形机制

传统以太网机制简单，只为数据传输提供尽力而为的QoS保障，其时延和抖动性能很难满足多媒体信息实时传输的需求。在音/视频业务同时传输时，视频业务数据流大，会抢占更多的物理层资源进行数据传输，导致音频和视频不同步。为了在以太网上实时、同步地进行音/视频业务的传输，TSN工作组的前身，即音视频桥接（AVB）工作组制定了一系列新标准，在现有以太网体系的基础上，在数据链路层增加了数据转发和调度整形机制，提升了对数据传输的管控能力，从而在标准以太网的架构下为音/视频等具有高优先级的实时业务提供低时延保障。

基于信用的整形（CBS）机制增强了以太网中音/视频实时业务流的排队和转发机制，有效解决了多媒体数据突发导致的网络拥塞、时延抖动等问题，为音/视频实时业务在以太网中传输提供了低时延、高可靠的质量保障。

CBS机制类似单速率令牌桶机制，引入信用的概念控制不同业务队列的数据传输，CBS机制的核心是避免某一类型业务占用过多的线路资源，通过控制不同队列信用值的增加和减少，将同一队列流量在时间轴上打散，实现了不同优先级流量的有序交织传输，避免突发性、小流量的实时业务因无法获得传输资源而被“饿死”。

CBS机制主要应用于实时或软实时类业务，将这类业务映射到不同的优先级队列，CBS对实时类数据流队列赋予信用值（单位为bit），并定义了相应的信用累积速率（IdleSlope，单位为bit/s）和信用减少速率（SendSlope，单位为bit/s）。CBS数据处理的基本思想和流程如下。

- 当信用值大于等于0时，该队列中的数据流才能具有传输资格。
- 当该队列数据流在等待其他队列进行数据传输时，该数据流对应的信用值以信用累积速率往上累加。
- 当该队列数据流正在传输时，该数据流对应的信用值以信用减少速率进行扣减。

- 当信用值大于 0，且该数据流对应队列中无数据传输时，则该数据流对应的信用值设置为 0。
- 当信用值小于 0，且该数据流对应队列中无数据传输时，信用值以信用累积速率增长，直至信用值达到 0；若该数据流对应队列中有数据等待发送，则信用值以信用累积速率持续累积增长。

对于不同类型的数据，根据其业务特征及资源需求灵活调节相应列队的信用积累速率和信用减少速率，就能调节不同业务的数据传输时长和平均吞吐量，从而实现针对不同业务的差异化服务质量保障。然而，从 CSB 机制中可以看出，信用累积需要一定的时间，因此，对于实时性要求极高的业务而言，CBS 难以满足相应业务的时延要求。通常情况下，CBS 能够在 7 跳组网范围内，为实时类业务提供不低于 2ms 的时延保障，为软实时类应用提供不低于 50ms 的时延保障，这导致 CBS 较难应用于对时延有严格要求的工业控制业务。

3.2.2 时间感知整形机制

在现代工业和汽车控制应用场景中，网络传输的数据包括工厂或机械操作等至关重要的控制回路参数，这些数据具有周期性特征，数据延迟到达可能会导致控制系统的不稳定、不准确及控制回路操作的失败；同时，在数据传输的过程中，低优先级的数据可能先于高优先级数据传输，导致高优先级数据在队列中等待，增加高优先级数据的传输时延。如果传输时延发生在每一跳上，累积的时延则会造成数据传输的不确定性，对于高优先级控制的应用是不可接受的。

不确定时延数据帧的传输不但无法满足高实时需求的工业控制类应用，而且随着链路负载的加重，时延也将变得不稳定，进一步加剧了传输时延的不确定性。为满足等时及强实时工业控制业务的传输需求，工业领域采用了多种改进的现场工业通信新技术，这些新技术采用的是专用的、高度工程化的网络。然而，这些网络仅用于传输时间触发的流量，造成网络带宽的利用率低下，若提供一个专门用于控制的网络，部署及运营成本过高。因此，在同一网络中需要实现既满足时间触发流量的传输要求，又能够将时间触发流量和其他数据业务的流量进行混合传输，是 TSN 工作组制定时间感知整形器的主要驱动力之一。IEEE 802.1Qbv 是 TSN 的核心协议之一，TAS 是当前时间敏感网络调度整形机制研究及设备实现中使用最为广泛的整形机制。TAS 有更精准的时间调控能力，在时间粒度更小的情况下，加强了实时数据传输的调度粒度，满足了严格实时业务对传

输时延和时延抖动的要求。

TAS 的核心是时间感知的门控机制，这是一种基于时间对队列的传输开关进行控制的机制。通过设置与时间关联的门控列表，实现时间对门状态的控制，进而允许或禁止传输选择功能从相应的队列中选择数据，对其转发。当队列的门状态为“开”（Open）时，该队列的数据包能够进行传输；当队列的门状态为“关”（Close）时，该队列的数据包需要在队列中等待，直到其门状态变为“开”。而门状态的开关是基于时间的门控列表（GCL）进行定义的。如果门控列表定义完成，则门会周期性地重复执行。基于门控机制，TAS 能够实现不同优先级队列间传输的“隔离”，即高优先级业务流和低优先级业务流在传输介质上的传输时间完全不重合，避免了 CBS 中低优先级业务对高优先级业务传输的“干扰”，从而保障高优先级业务基于精准时间的转发，为等时及强实时工业控制业务的传输需求提供超低时延及抖动的保障。

TAS 机制架构示意如图 3-4 所示。

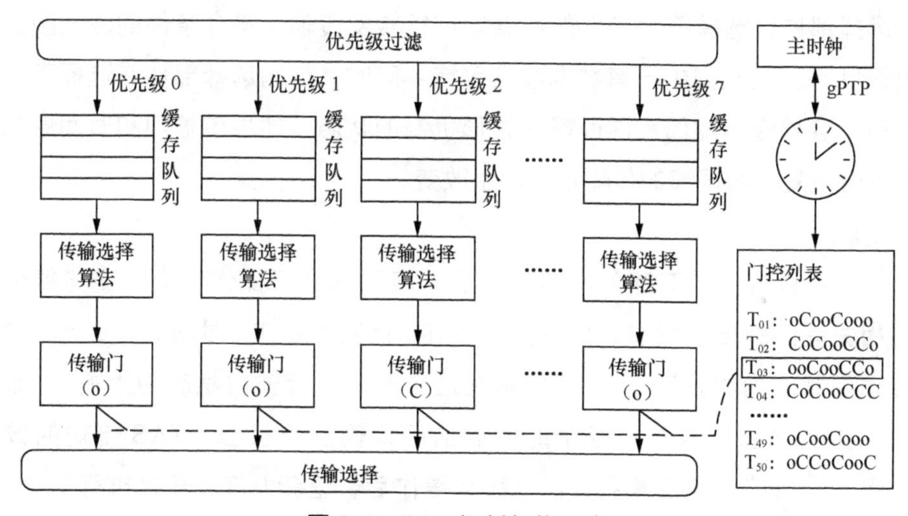

图 3-4　TAS 机制架构示意

时间感知整形机制主要由优先级过滤器、缓存队列、传输选择算法、传输门、传输选择、门控列表等组成。时间感知整形机制完成不同优先级在输出端口不同队列中的映射，并基于门控列表实现对不同队列门状态的控制。

（1）优先级过滤器

识别传输报文 VLAN 字段中的优先级代码字段 PCP 中的值。PCP 优先级分为 0 ～ 7，共 8 个代码，每一种流量都有各自的优先级代码，并且每一个优先级代码对应一个相应的

队列。传输的各个流量经过优先级过滤器后得到各自的优先级代码，到相应的缓存队列中排队。

（2）缓存队列

按照先入先出的顺序规则传入和传出数据帧。传输门状态为“开”时，队列中缓存的数据会按顺序依次传出，而传输门状态为“关”时，不再进行数据的传输。每个队列缓存的数据都有最大服务数据单元大小，超过最大服务数据单元大小的数据帧会被丢弃。

（3）传输选择算法

有严格优先级，CBS 等传输选择算法进入数据，根据定义的算法在端口进行数据传输。

（4）传输门

从传输数据队列连接或者断开传输选择的一个控制门。允许或禁止从相关的队列中选择数据帧进行传输，传输控制门有两种状态：打开和关闭。

（5）传输选择

传输选择部件会选择符合条件的数据帧进行转发传输，符合条件的数据帧的队列传输门为打开状态，且队列中已有数据帧在等待。同时，传输选择部件在选择下一数据帧进行传输时，会检查传输门和时间感知整形机制的状态，如果传输门和时间感知整形机制的状态发生改变，数据帧的传输也会发生改变。

（6）门控列表

每个端口都包含一个有序的门操作状态列表。每个门操作都会改变与每个端口流量类队列相关联门的传输状态。门控列表中 T_{01} 代表的是 T_{01} 时间点，o 代表的是在该时间点传输门状态为“开”，C 代表的是在这个时间点传输门状态为“关”。随着时间的流逝，门控列表会依次执行各个时间点的门传输操作状态，TAS 传输的数据具有周期性，因此，门控列表在执行 T_{50} 门状态操作后，重新从 T_{01} 开始执行下一个循环。

由门控列表的设置可以看出，门控列表中对于门状态的控制具有一定的周期性，因此，TAS 更适合周期性的工业控制业务。TAS 要求终端节点及各网桥设备之间实现时间同步，门控列表的设置实现了数据转发与时间的关联，能够通过门控列表来控制队列数据“什么时候”发送。由于数据包在链路中的传播时延是可以预测的，所以数据包到达下一节点的时间也是可以预测的，从而实现数据传输的确定性。

虽然时间感知整形机制能够为高优先级业务流实现逐跳逐包的微秒级调度，但由

于门控列表配置需要在端到端涉及的终端站点和网桥设备间进行配置，而且门控列表间需要相互协同，才能为高优先级业务的端到端传输构建一条“隔离”的保护通道。随着网络规模、业务流数量的增加，这种配置的复杂度也急剧上升。此外，由于网桥设备的门控列表容量是有限的，不能无限制地配置门控条数，因此在复杂的网络和业务环境下，不一定存在保障高优先级业务流端到端“零等待”传输的可行调度解。

3.2.3　循环排队和转发机制

为解决 TAS 调度可行性与网络拓扑和复杂度相关的问题，循环排队和转发（CQF）机制应运而生。CQF 机制与拓扑结构无关，在多设备组网、多业务流共存的场景中不仅不会增加算法的复杂度，而且可以根据端到端时延要求进行传输路径选择和网桥配置，具有很好的可扩展性，在当前时间敏感网络调度整形机制研究及设备实现中使用较为广泛。

与基于信用的整形机制和时间感知整形机制相比，CQF 不仅对出队列的数据流传输进行管理和控制，还对入队列的数据传输流进行管控，需要入队列和出队列协同控制才能完成数据在网桥节点的周期转发。

CQF 功能的实现需要满足一些前提条件：首先，需要支持时间同步，上下游的网桥节点只有在时间上对齐，才能要求周期时间内进行数据的输入和输出管理；其次，CQF 需要遵从 IEEE 802.1Qci 提出的 PSFP 完成网桥节点输入队列的流过滤和监管；最后，CQF 需要在入队列和出队列都支持基于时间的门控机制，从而能够基于门控列表完成入队列和出队列的数据转发管理。因此，在一定程度上，CQF 可以被认为是因协同使用 IEEE 802.1Qbv 提出的 TAS 和 IEEE 802.1Qci 提出的 PSFP，从而实现数据周期性蠕动转发的功能。

CQF“奇偶队列”示意如图 3-5 所示，CQF 采用了“奇偶队列”数据转发机制，即在网桥节点设置了入队列和出队列，每个队列都设置了门控；在同一时隙周期，队列只能处于“接收数据包”或“发送数据包”状态，即当前时刻作为“入队列”的队列只能接收数据，作为“出队列”的队列只能发送数据。然后通过奇偶两个队列交替执行入队和出队操作，从而实现数据的蠕动转发，即 CQF 能够确保当前网桥节点在一个时隙周期内接收来自上游节点的数据包，在下一个时隙周期内将该数据包转发到下游节点。

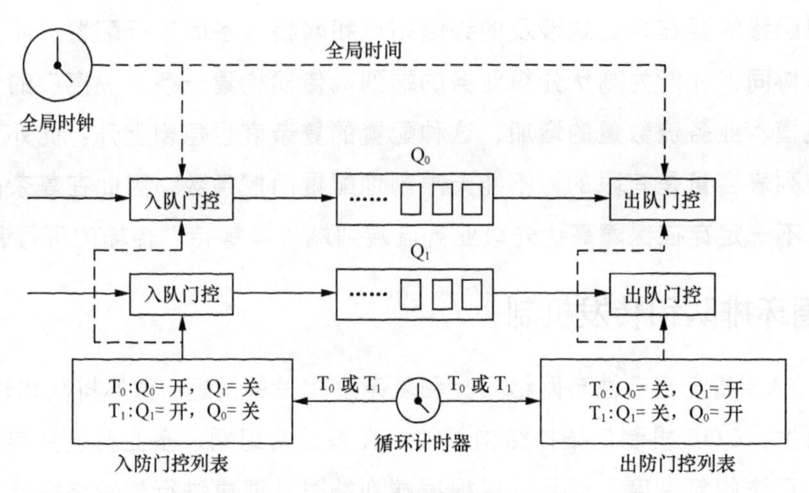

图 3-5 CQF“奇偶队列”示意

通过上述机制的描述可以看到，对于时间敏感业务流，若交换节点采用 CQF 机制，业务流一旦进入网络中，则会根据不同交换节点中奇偶队列的协同，实现数据的周期性转发，避免了基于 TAS 机制的烦琐的门控列表设置。CQF 时隙周期划分示意如图 3-6 所示。

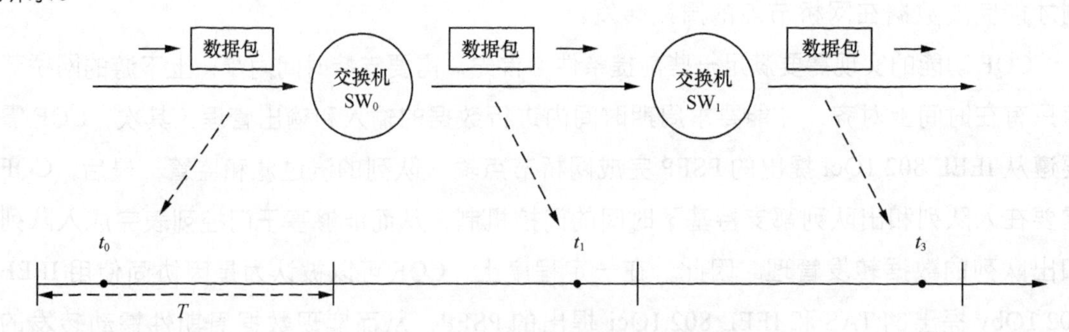

图 3-6 CQF 时隙周期划分示意

为了方便奇偶队列的切换，CQF 设置了若干等长的时间间隔，每个时间间隔被称为一个时隙周期，假设每个时隙周期的长度为 T，若数据帧 f 在第 n 个时隙周期中的 t_0 时刻到达交换机 SW_0，此时，在这个时隙周期内，TSN 网桥节点 SW_0 内的队列 Q_0 的入队门状态为“开”，出队门状态为“关”，表示当前队列 Q_0 用来接收数据包；同时，当前时刻队列 Q_1 的入队门状态为“关”，出队门状态为“开”，表明当前队列 Q_1 用来发送数据。

当时间到达第 n+1 时隙周期时，队列 Q_0 的出队门状态变为“开”，而入队门的状态

为“关”，表示当前队列 Q_0 可以进行数据包发送。因此，已经于前一个时隙周期到达 Q_0 的数据帧 f 会被转发到下游 TSN 网桥节点 SW_1，并假设其到达 SW_1 的时间为 t_1；参照数据包在 SW_0 中的处理方法，数据帧 f 会被映射到 SW_1 中的一个入队列，并在下一个时隙周期中从 SW_1 发出；以此类推，实现了数据包在多个 TSN 交换机间的蠕动传输。

结合上述实例，进一步分析数据包在一个交换机节点中的转发时延上下界。数据帧 f 经过 SW_0 网桥节点的时延是 t_1-t_0。首先，分析该时延的上界，即最差情况时延（WCD）。在最差情况下，该数据帧是在第 n 个时隙周期的起始点，即该时隙周期的最左端点，到达网桥节点 SW_0，而在第 $n+1$ 个时隙周期的终止时间点，即该时隙周期的最右端点，发送到 SW_1，数据帧在一个网桥节点中的时延刚好是两个时隙周期的长度，即 $2T$；接下来，分析数据帧在一个网桥节点中时延（t_1-t_0）的下界，即最理想情况下的时延。在最理想情况下，数据帧在第 n 个时隙周期终止时间点（该时隙周期的右端点）到达 TSN 网桥节点 SW_0，而在第 $n+1$ 个时隙周期的起始时间点（该时隙周期的左端点）发送到 SW_1，数据帧在一个网桥节点中的时延为 0。

以此类推，数据帧通过两个 TSN 网桥节点的时延也很容易计算出来，数据帧经过 SW_0 和 SW_1 的时延是 t_2-t_0，其时延上界是 $3T$，下限是 T。利用归纳法可以得到，基于 CQF 的数据帧在时间敏感网络中的端到端时延上下界分别为

$$\text{Delay}_{\max}=(H+1)\times T \tag{3-1}$$

$$\text{Delay}_{\min}=(H-1)\times T \tag{3-2}$$

式（3-1）和式（3-2）中，H 表示数据帧在网络中所经过的跳数，即所经过的 TSN 网桥节点的数量。显然，对于 CQF 整形器，其时延只和数据帧在网络中的跳数有关，并且其端到端时延具有确定的区间。

3.2.4 帧抢占机制

帧抢占（FP）是一种为高优先级业务提供时延保障的协议机制，是 TSN 协议族的重要基础协议之一。帧抢占机制的具体功能由 IEEE 802.1Qbu 和 IEEE 802.3br 共同制定，其中，IEEE 802.1Qbu 主要面向传送设备提供了抢占接口及模块级别的定义，IEEE 802.3br 主要完成帧抢占的切片操作、切片还原及验证功能。

为了支持帧抢占机制，TSN 在 MAC 层定义了快速 MAC（eMAC）和可抢占 MAC（pMAC）两个不同的实体以处理高优先级的快速帧和普通的可抢占帧。其中，快速帧

能够打断低优先级可抢占帧的传输，待快速帧传递完毕后，再继续完成剩余可抢占帧切片的传输。由于新增了 MAC 层的数据帧合并功能，所以能够向上层应用屏蔽高优先级数据帧对低优先级数据帧的抢占行为。

在实际的使用过程中，帧抢占功能可以与 CBS、TAS 及 CQF 等调度整形机制结合，减少高优先级业务的等待时间，并且能够缩短高低优先级传输窗口间的保护带大小，提升端口利用率和传输效率。

时间敏感网络将帧抢占机制引入 MAC 子层，在数据传输发生冲突时，通过对低优先级数据帧的拆解、非连续分时发送、数据片段重组等，保证了高优先级业务的低时延，同时降低了保护带宽的影响，有效提升了时间敏感网络的带宽利用率。支持帧抢占的 MAC 子层模型如图 3-7 所示。

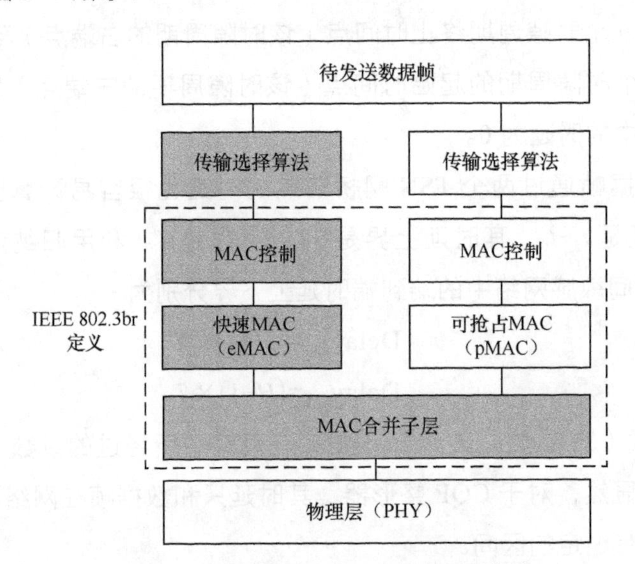

图 3-7　支持帧抢占的 MAC 子层模型

为了实现帧抢占功能，IEEE 802.3br 定义了新的 MAC 功能接口，即 eMAC 和 pMAC。另外，IEEE 802.3br 还定义了新的进行中断、分组和重组功能的 MAC 子层功能，即 MAC 合并子层。来自上层协议栈的数据帧根据其优先级属性，选择由 eMAC 或 pMAC 提供服务。

根据 MAC 接口的不同，定义了两种数据帧：由 eMAC 处理的数据帧被称为快速帧，代表高优先级帧；而 pMAC 处理的数据帧被称为可抢占帧，代表低优先级帧或普通帧。

在发送端，MAC 合并子层负责可抢占帧多个分段的封装、校验、计数等功能，可抢

占帧以一个或多个数据片段的形式传送，多个可抢占帧数据片段间可能穿插快速帧，被快速帧中断的多个可抢占帧数据片段在接收端的 MAC 合并子层进行重新组装，并向上递交完整的数据帧。帧抢占的操作只在数据链路层（L2）进行，MAC 合并子层有效地屏蔽了向上层和物理底层的相关操作，因此，并不会对其他层的协议造成影响。

除了功能架构方面的支持，帧抢占功能的使能还需要具备一定的条件，如果当前传输的可抢占帧数据部分小于 60 字节或剩下的可抢占帧数据片段组成的帧长度小于 64 字节（包含循环冗余校验的 4 字节），则当前可抢占数据帧将不能被打断，即可抢占数据帧能够被打断的最小帧长度为 124 字节（含循环冗余校验 4 字节）。帧抢占功能能够与其他调度整形机制协同使用，以降低优先级业务的反转风险，降低高优先级业务的等待时延。

综上，帧抢占机制是由 IEEE 802.1Qbu 和 IEEE 802.3br 共同制定的低时延保障协议，属于 TSN 协议族中的重要关键技术之一。与 CBS、TAS 与 CQF 不同，帧抢占机制并不需要设备之间实现同步，但为了支持其抢占功能，即高优先级业务能够打断低优先级业务的传输，IEEE 803.br 增强了 MAC 层功能，提供了 eMAC 和 pMAC 两个独立的功能实体，分别处理高优先级数据帧和可被抢占的低优先级数据帧；此外，为了支持被打断的低优先级业务的断续传输，提出了 MAC 合并子层，实现数据帧分段和重组，向上层协议屏蔽数据链路层的帧抢占行为。帧抢占功能能够与其他调度整形机制协同使用，防止低优先级业务的反转风险，降低高优先级业务的等待时延。

3.3　TSN 帧复制与删除机制

工业网络不仅要为工业业务提供有界低时延的传输保障，而且要为工业数据传输提供高可靠保障。一般而言，低时延和高可靠性在一定程度上难以兼顾。为了增加可靠性，通常会在网络中引入重传机制，而重传必然会带来传输时延的增加，进而引起时延抖动。因此，为了兼顾低时延和高可靠，TSN 以牺牲链路资源的有效性为代价，引入了主动冗余机制，在 IEEE 802.1CB 中制定了帧复制与删除机制（FRER），在网络的多条链路中发送重复的数据信息，降低链路拥塞和故障引发的影响，降低丢包率，提升通信的可靠性。此外，对于可靠通信而言，还需要保证数据传输的不失序和不重复。因此，IEEE 802.1CB 还需要保证帧复制与删除对上层应用的不可见，保证数据帧向上层递交时不出现失序或重复的问题，从而提升整体业务的可靠性。

FRER 的原理示意如图 3-8 所示。FRER 允许终端节点或网络中的交换节点对业务流中的数据包进行排序及编号，并复制相应业务流的数据包，将原有的一条业务流分为多条内容相同的子流并在不同的路径上进行传输，在目的终端节点或其他交换节点进行多条子流的合并，删除重复的数据包，并将重组恢复后的业务流发送给上层应用或下一节点，在网络发生局部故障时仍可进行数据传输，从而降低包的丢失率。

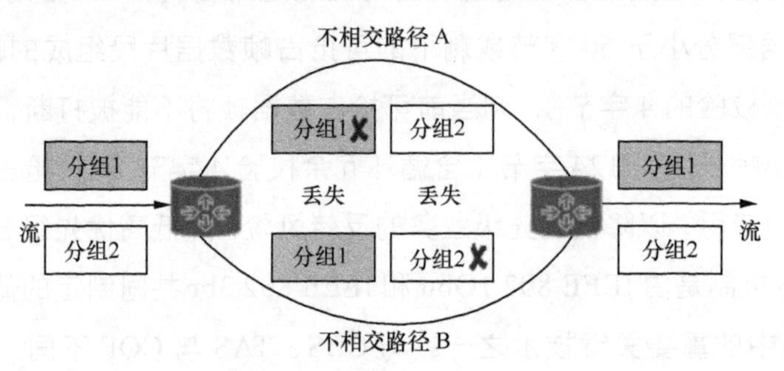

图 3-8　FRER 的原理示意

基于 FRER 的端到端数据传输流程：首先，识别需要传输的业务流，并将该业务流的数据帧编号后进行复制，产生冗余帧；其次，在网络中选择两条不相交的路径同时传输；最后，在 2 个帧都到达目的节点后，通过对比数据帧编号以删除重复数据帧。在不同路径上进行传输的冗余帧被称为一条成员流，而多条成员流经过删除后生成的流被称为复合流。数据帧接收及删除合并的操作不仅可以在目的节点完成，也可以在中间交换节点完成，因此，由成员流组成的复合流本身也可以作为另一条更大的复合流的成员流。

为了在收发端分别完成帧复制、帧删除等功能，FRER 提供了 5 个顺次的功能组件，分别为流识别、序号编 / 解码、独立恢复、流拆分、流编号。帧复制与删除功能组件示意如图 3-9 所示。

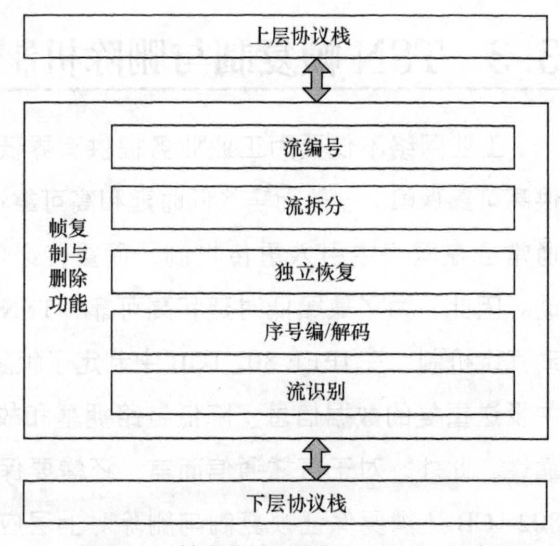

图 3-9　帧复制与删除功能组件示意

（1）流识别

并非所有的业务流都需要执行 FRER 功能，因此，时间敏感网络需要在多业务场景下识别需要执行 FRER 的业务流，流识别通过服务访问点（SAP）为上层协议提供服务，如图 3-10 所示。流识别通过 SAP 与上层和下层协议栈进行通信。每个流识别单元均有一个独立的 SAP 与下层协议栈通信，同时提供一组与上层协议栈通信的 SAP。

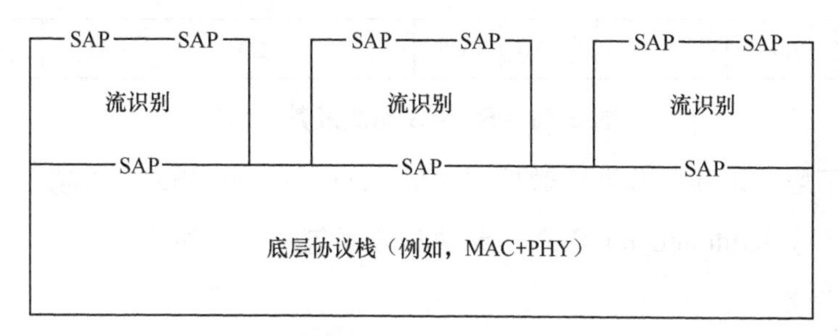

图 3-10　流识别通过 SAP 为上层协议提供服务

在 IEEE 802.1CB 中，流识别从流和数据帧层面定义了两个与 FRER 相关的重要子参数，具体描述如下。

① Stream_handle：用于区分数据包所属业务流的标记值。节点根据数据帧的目的地址、VLAN ID、Priority 等信息，判断数据帧是否需要经过 FRER 功能组件处理，如果需要进行处理，则为其分配一个 Stream_handle 子参数，该 Stream_handle 子参数决定了数据帧会经过哪些 FRER 组件的处理，所有具备 FRER 功能的节点必须具备流识别功能。

② Sequence_number：用于表示一个复合流中所传输数据包序号的无符号整数值。Sequence_number 子参数与数据帧的复制及删除相关。在数据发送端，对数据包按序进行编号，并将 Sequence_number 编码至数据帧中；在数据接收端，根据 Sequence_number 子参数判定数据帧是不是之前接收包的复制品，如果是，则删除。

对于采用 FRER 的业务流，必须通过流识别或序号编解码将两个子参数的值清晰地在数据包中进行定义。

（2）序号编 / 解码

序号编 / 解码主要是将 Sequence_number 子参数的值插入数据包或从数据包中提取并修改该参数值，主要包括以下内容。

① 通过修改数据包参数的方式将 Sequence_number 子参数值插入数据包，使对端的编号功能能够将该子参数提取出来，通常通过冗余标签（R-TAG）将 Sequence_number 子参数编码到数据包中；R-TAG 格式及其封装如图 3-11 所示，其中协议类型字段为 0XF1C1，表示该数据帧为特殊的复制数据帧。由此可知，R-TAG 是在 TSN 数据帧结构中插入的。

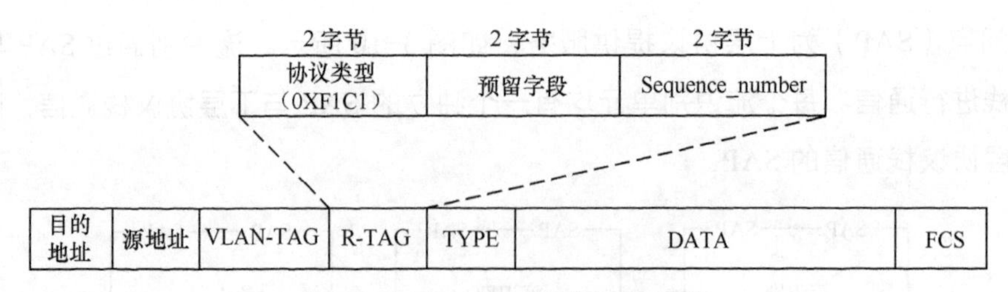

图 3-11 R-TAG 格式及其封装

② 提取从下层协议栈接收到的数据包中的 Sequence_number 子参数值。基于流识别，流编号组件能够将 Sequence_number 子参数从数据包中解封并移除。

（3）独立恢复

独立恢复是一个辅助功能，其目的是实现 FRER 高稳定性的目标，用于探测某个成员流发生的传输错误或故障。独立恢复通过检查其所接收到的属于成员流的数据包序号，如果该序号重复，则将该数据包丢弃（其 Sequence_number 子参数表明这个数据包与先前接收到的数据包重复）。

（4）流拆分

流拆分允许复制的数据包在不同的路径上传输，实现相同数据帧在不同路径上的分离传输，就像把原有的一条流拆分成多条数据流。对于经过协议栈的数据包，流拆分并不对数据包的各个部分进行改动，只对包进行复制和发送。其主要流程如下。

① 流拆分功能组件从上层接收数据包，该数据包有 Stream_handle 子参数的值，即该数据包已经进行了相应的编号。

② 基于接收到的数据包，流拆分功能复制多个数据包，并且为每个复制的数据包分配一个 Stream_handle 子参数，每个复制包赋予的 Stream_handle 子参数都不能与原数据包的 Stream_handle 子参数值相同；经过此操作，从逻辑上将原来的一条业务流分成两条或多条内容相同的成员流。

③ 将原始数据包和多个复制包发送给下层协议栈进行转发。

（5）流编号

流编号主要包含 3 个子功能，即流序号生成子功能、序号恢复子功能和潜在错误检测子功能。流序号生成子功能是对来自上层协议的数据包进行的操作，用一系列连续的值为来自上层协议业务流的数据包 Sequence_number 子参数赋值，并将其发送到下层协议栈。序号恢复子功能是对来自下层协议栈的数据包（可能属于多条业务流）进行操作，

检查接收到数据包的序号，监视计数器变量以检测传递给它的流的潜在错误，以体现“序号恢复子功能”的作用。

3.4 TSN 管理与配置协议

在实际应用中，通常会使用多个 TSN 设备组网进行数据传输，根据业务需求、应用场景和部署模式的不同，选择不同的时间敏感网络协议、机制和能力，若采用人力配置，不仅网络运维管理不方便，而且在海量节点组网的情况下，将会严重影响组网效率和部署进度，难以满足生产应用需求。因此，为了进行高效的网络管理和配置，TSN 工作组制定了一系列的管理和配置协议，满足分布式、集中式等不同管理需求。

本节将重点阐述 IEEE 802.1Qcc 提出的多种配置模型，对各配置模型的关键功能及机制流程进行介绍，并对全集中式配置架构中用户 / 网络配置信息的模式及类型进行介绍。

3.4.1　协议概述

当网络拓扑或网络中的节点状态发生变化时，发送方需要在网络中进行相应的管理或注册信息的发送，这将会造成网络拥塞，进而导致网络时延和负荷的增加，降低网络的传输效率。在更为严格的工业应用中，需要更高效、易使用的配置方式，以获得终端节点、网桥节点的资源及每个节点的带宽、数据负载、目标地址、时钟等信息，并汇集到中央节点进行统一进程调度，以获得最优的传输效率。IEEE 802.1Qcc 在 SRP 的基础上提出了 SRP 增强模式。在这种模式下，系统通过减小预留消息的大小与频率（放宽计时器），在链路状态和预留变更时触发更新指令。SRP 增强模式使网络管理趋于集中化，使系统基于全局信息集中管控的方式提高了网络的管理和配置效率。

IEEE 802.1Qcc 提出了以下 3 种 TSN 下的用户网络配置模型（管理和控制 TSN 的配置模型），即完全分布式配置模型、集中式网络 / 分布式用户配置模型和完全集中式配置模型。

3.4.2　完全分布式配置模型

在该模型下，TSN 以完全分布的方式配置，没有集中的网络配置实体。分布式网络配置使用 SRP 来执行，该协议沿着流的工作路径传播 TSN 用户 / 网络配置信息。随着业务需求在每个网桥中传播，网桥的资源管理在本地有效执行，这种本地管理仅限于网桥了解的信息，

未必包括整个网络的全局信息。随着用户需求通过网络设备进行传播，从发送节点（Talker）到接收节点（Listener）不需要使用任何集中式配置实体，每个网桥都会在本地验证其是否具有充足的、可以满足拟传输业务流需求的资源，并相应地配置必要的 QoS 策略。

完全分布式配置模型如图 3-12 所示。实线箭头表示用户 / 网络配置信息，基于相应的用户 / 网络接口（UNI）协议，实现配置信息在发送节点 / 接收节点（用户）和网桥（网络）之间的传播。虚线箭头表示在网络中传播配置信息的协议（例如 SRP），此协议携带 TSN 用户 / 网络配置信息及特定的网络配置的附加信息，实现用户配置信息在网桥节点中的传播。

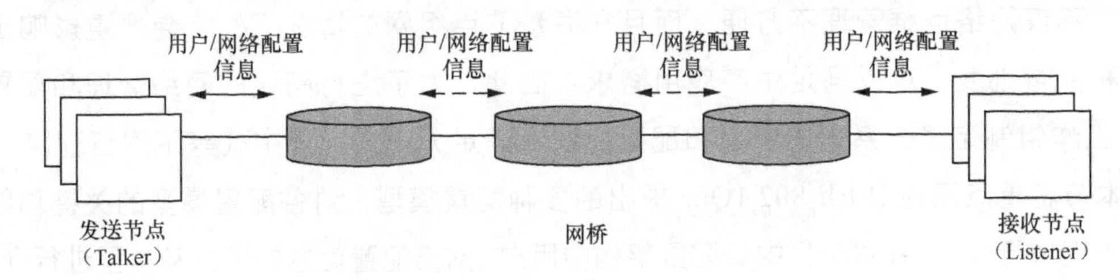

图 3-12　完全分布式配置模型

3.4.3　集中式网络 / 分布式用户配置模型

在工业应用中，为了提供确定性时延的业务传输，更多采用 IEEE 802.1Qbv 提出的 TAS 机制，通过门控列表的设置保证业务传输的确定性。集中式网络 / 分布式用户配置模型如图 3-13 所示。实线箭头表示用户和网络之间交换配置信息的 UNI 协议，虚线箭头表示网络中的边缘网桥节点和集中式网络配置（CNC）之间传输业务需求信息的协议，点状线箭头表示用于配置网络中各网桥设备节点的远程网络管理协议。

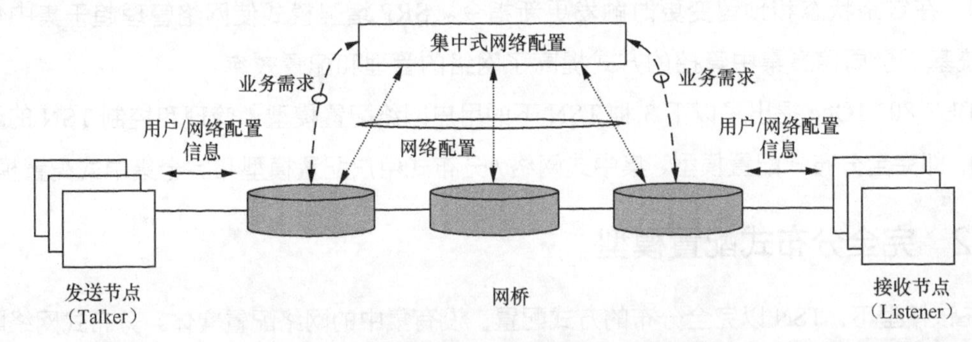

图 3-13　集中式网络 / 分布式用户配置模型

在集中式网络 / 分布式用户配置模型中，CNC 的作用是采集网络中网桥节点的状态、

功能等信息，并进行全局优化决策，完成对网桥节点的功能配置，从而保障业务的端到端传输。在物理实现上，CNC 可以作为独立的功能单元，也可以存在于网络中的终端或网桥设备上。CNC 掌握网络拓扑和每个网桥的状态、功能信息，从而为集中式的路径规划、门控编排等复杂技术提供决策信息和算力支撑。CNC 获取与终端节点连接的边缘网桥地址信息，并将这些边缘网桥作为代理方来传递收发节点的业务要求、资源需求和状态等信息，而不是将信息传播到网络内部，因此有效降低了信令开销。CNC 应根据业务需求对网桥的 TSN 功能进行配置，此时，CNC 为管理客户端，每个网桥为管理服务器。CNC 使用远程管理来发现物理拓扑、检索网桥功能，并在每个网桥中配置相应的 TSN 特性。需要注意的是，CNC 并不对发送方和接收方进行配置。

3.4.4　完全集中式配置模型

完全集中式配置模型增加了集中式用户配置（CUC）功能网元，用于用户及业务需求的集中式配置，提升用户业务配置效率。完全集中式配置模型如图 3-14 所示。实线箭头表示用于 CUC 和 CNC 之间交换配置信息的 UNI 协议，虚线箭头表示用于 CNC 与网桥节点间配置的远程网络管理协议，点状线箭头表示用户终端（UE）与 CUC 之间的业务需求交互和业务信息配置。CNC 与 CUC 可作为软件功能模块融合部署在专用服务器上，也可以采用嵌入式系统部署于网络中的终端或网桥设备上。

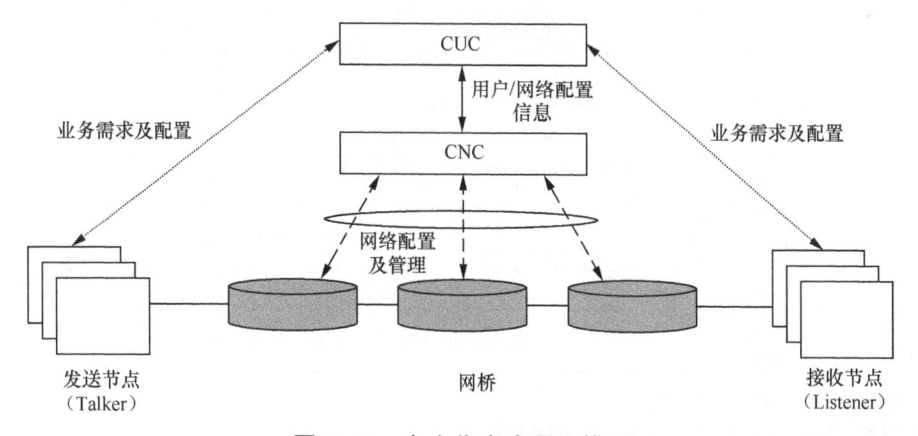

图 3-14　完全集中式配置模型

在完全集中式配置模型中，CUC 的功能是发现终端、检索终端和收集用户 / 业务需求，并在终端中配置 TSN 特性。在这个模型中，CUC 和终端之间使用相应的配置协议来检索终端功能和需求，并配置终端，CUC 和终端间的配置协议在 IEEE 802.1Qcc 中未作要求，由实现者根据需求来选用。CNC 的功能则与集中式网络 / 分布式用户模型中 CNC 的功能类似，使用远程管理来发现物理拓扑，检索网桥功能，并在每个网桥中配置 TSN 特性；完全集中式配置模型支持的 TSN 功能配置也与集中式网络 / 分布式用户模型所支持的 TSN 功能配置相同。另外，完全集中式配置模型中的 CNC 还增加了与 CUC 连接的北向接口——UNI，可实现用户需求及业务信息在 CUC 和 CNC 之间的传递、交互。

3.4.5 网络接口协议

1. NETCONF 协议基本概念

NETCONF 是一种基于可扩展标记语言（XML）的网络管理协议，它提供了一种可编程的、对网络设备进行配置和管理的方法。用户可以通过该协议设置参数、获取参数值、获取统计信息等。NETCONF 报文使用 XML 格式，具有强大的过滤能力，并且每一个数据项都有一个固定的元素名称和位置，这使同一厂商的不同设备具有相同的访问方式和结果呈现方式，不同厂商之间的设备也可以经过映射 XML 得到相同的效果。

NETCONF 协议层次示意如图 3-15 所示。RFC 6241 将 NETCONF 的协议架构分为 4 层，从下而上分别是安全传输层、消息层、操作层和内容层。

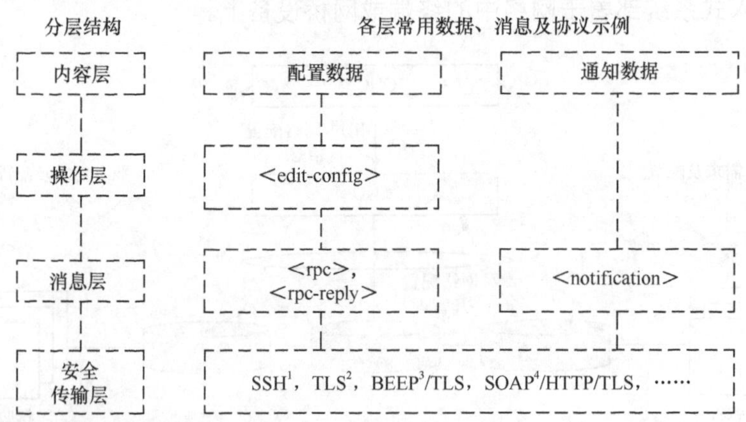

注：1. SSH（Secure Shell，安全外壳）。
2. TLS（Transport Layer Security，传输层安全协议）。
3. BEEP（Blocks Extensible Exchange Protocol，块可扩展交换协议）。
4. SOAP（Simple Object Access Protocol，简单对象访问协议）。

图 3-15　NETCONF 协议层次示意

安全传输层的目的是为信息的发送提供具有安全保障的连接服务，常用的协议包括SSH、TLS等。消息层基于远程程序调用（RPC）定义了设备调用和请求的消息框架，网管发出<rpc-req>，网络设备回复<rpc-reply>。操作层定义了一组用来配置、复制、删除设备命令及获取设备信息的基本操作，这些基本操作都是在XML语言下被调用的，包括配置及运行数据命令<get>；获取配置数据命令<get-confifig>；配置网络设备的参数<edit-confifig><delete-confifig>，支持增删改等常用参数编辑操作；复制配置到目的地命令<copy-confifig>，目的地可以是文件或者是正在运行的配置等；对配置进行锁定或解锁的指令<lock/unlock>，防止多进程操作导致配置冲突或失败等情况。内容层由管理数据内容、配置内容的数据模型定义，用来描述要配置、删除或者获取的数据。YANG模型就是内容层的数据模型描述语言。

2. RESTCONF协议基本概念

RESTCONF协议是一个RESTful风格的API，用于访问概念数据仓库（仓库中保存着由YANG语言定义的数据），即前端接收到的用户请求统一由一个后台来处理并返回给不同的前端。RESTCONF使用HTTP方法提供了一个应用框架和元模型。

NETCONF协议定义了配置数据存储和一系列的创建、获取、更新、删除（CRUD）操作，可用于访问数据存储。YANG语言定义了数据存储内容，操作数据，自定义协议操作，通知事件的语法和语义。RESTful可以操作用于访问数据存储中的分层的数据。RESTful API可以被用来创建对NETCONF数据存储的CRUD操作，包含YANG定义的数据。可以通过一个简化的方式来完成HTTP的RESTful的设计，且与NETCONF协议操作不相关，用户不需要为了使用RESTful风格的API而具备任何NETCONF储备知识。

配置数据和状态数据被公开作为可检索的资源并使用GET方法。资源代表配置数据可以通过DELETE、PATCH、POST和PUT方法被修改。数据模型的特定的协议操作被定义为YANG的“rpc”通过POST方法调用。数据模型指定通知事件，并被YANG定义为“通知”，并可以被访问（TBD推送方式）。

REST API的主要优势为“平台无关性”。由于所有的通信都是通过HTTP运用Web服务基础设施进行的，RPC呼叫具有“机器无关性”，而且还具有成熟定义的数据格式——尤其是当使用XML或者JSON的时候。REST APIs也可以很容易地被Web浏览器中的AJAX调用模块使用，因此，常被用于互联网单页App的应用场景中。

3. YANG 模型基础

数据模型的作用是描述一组具有统一标准的数据，并用明确的参数和模型使数据呈现标准化、规范化。YANG 是一种“以网络为中心的数据模型语言”（Network-Centric Data Modeling Language），由 IETF 于 2010 年 10 月（也就是 NETCONF 终稿发布前的一年）在 RFC 6020 中提出。

YANG 模型是由无数的叶子、列表、叶列表、容器组成的描述整个设备的一种树形结构。YANG 模型主要定义了叶节点（Leaf）、列表节点（List）、叶列表节点（Leaf-list）和容器节点（Container）这 4 种类型的数据节点。YANG 模型除了定义 4 种主要的数据节点，也引入了组（Grouping）、分支（Choice）和派生类型（Typedef）等功能定义语句。YANG 使用模块和子模块进行数据建模。模块是 YANG 语言中的基本单位，每个模块能够定义一个完整的模型，或者对当前数据模型做额外扩展。模块中可以包含任意多个子模块，并且能够为一个模块提供相关定义，但是每个子模块只能属于一个模块。一个模块的定义和信息能够从外部的模块中导入，也可以从子模块中导入。

总而言之，YANG 模型是一种树形结构的建模语言，具有自己的语法格式和语法结构，可以用来定义网络元素及元素间的关系，并模拟所有的元素成为一个系统；YANG 模型还可以与 XML 格式进行无缝转换，YANG 数据模型的 XML 特性提供了一种自表述数据的方式，控制器元素和采用控制器北向 API 的应用能以一种原生格式与数据模型一起调用，并创建针对所提供功能的更简单的 API，从而降低了控制器元素和应用开发的难度。因此，YANG 模型在定义方式、组织方式上较为灵活。

第4章

5G-TSN 协同架构

5G 作为新一代移动通信技术，具有大带宽、低时延、高可靠连接及多业务传输能力；TSN 作为工业以太网的演进方向，具备确定性时延及可靠性保障能力。这两种网络均被设计为支持多业务混合承载的基础网络，二者的协同实现了有线与无线融合的确定性通信技术，能够实现与多种工业现场通信技术的融合，并能保证工业数据的端到端传输的可靠性，现已成为工业互联网的重要网络关键技术，受到产业界和学术界的共同关注。

工业业务对传输时延、抖动及可靠性等具有严格的要求，尤其是工业控制类业务，需要由支持有界的时延和抖动、极其严格的丢包率和可靠性保证的网络承载。网络具有确定性时延这一特征对工业业务数据传输尤为重要，这意味着整个系统的可行与可靠，是工业系统安全可控的基础。虽然 5G 在 R16 中针对低时延和超高可靠技术方面有了较大的提升，但在满足工业实时类、工业自动控制类业务确定性传输需求方面仍面临诸多挑战。因此，3GPP 在 R16 中提出了 5G-TSN 桥接网络架构，将 TSN 引入蜂窝移动通信系统中，进而提升了 5G 网络的确定性时延保障能力。然而，5G 与 TSN 传输方式不一、资源协议各异、管控机制不同，如何实现 5G 与 TSN 互联互通及高效协同是当前研究的热点和难点。

本章将从系统层面介绍 5G 与 TSN 协同架构，4.1 节分析了 5G 与 TSN 协同需求，分析了二者协同对垂直行业带来的影响；4.2 节重点阐述了 3GPP 提出的 5G-TSN 协同架构，并在 4.3 节重点介绍了因支持 TSN 功能，5G 新增网元和核心网增强网元功能。

4.1 5G-TSN 协同需求

“工业 4.0”时代将数字化应用于企业范围内的工业生产，从机器、设备和人员之间获取及交换数据。工业互联网的应用与发展，将传统的生产网络转变为智能网络。通过使用更庞大的网络，各个局部网络将演变成共享信息的网络系统，以提高工业生产效率。在工业现场中，工厂需要设备来进行生产和监测过程，设备通过传感器和控制器与工厂系统进行交互，供应商为工厂提供设备和解决方案，并与工厂紧密合作，以满足工厂的需求并支持其业务目标。此外，设备、工厂和供应商之间的快速通信也提高了工业生产的灵活性，使大规模定制能够满足客户在数量、质量、设计和配置方面的需求。工业控制系统不同层面业务的实时性要求不同，因此在不同层面部署的解决方案也有所差异，应运而生的 KRANEN 自动化系统不仅支持对工控协议细粒度的访问控制，而且可以满足

各层次对实时性的要求。自动化领域信息系统金字塔架构示意如图 4-1 所示。

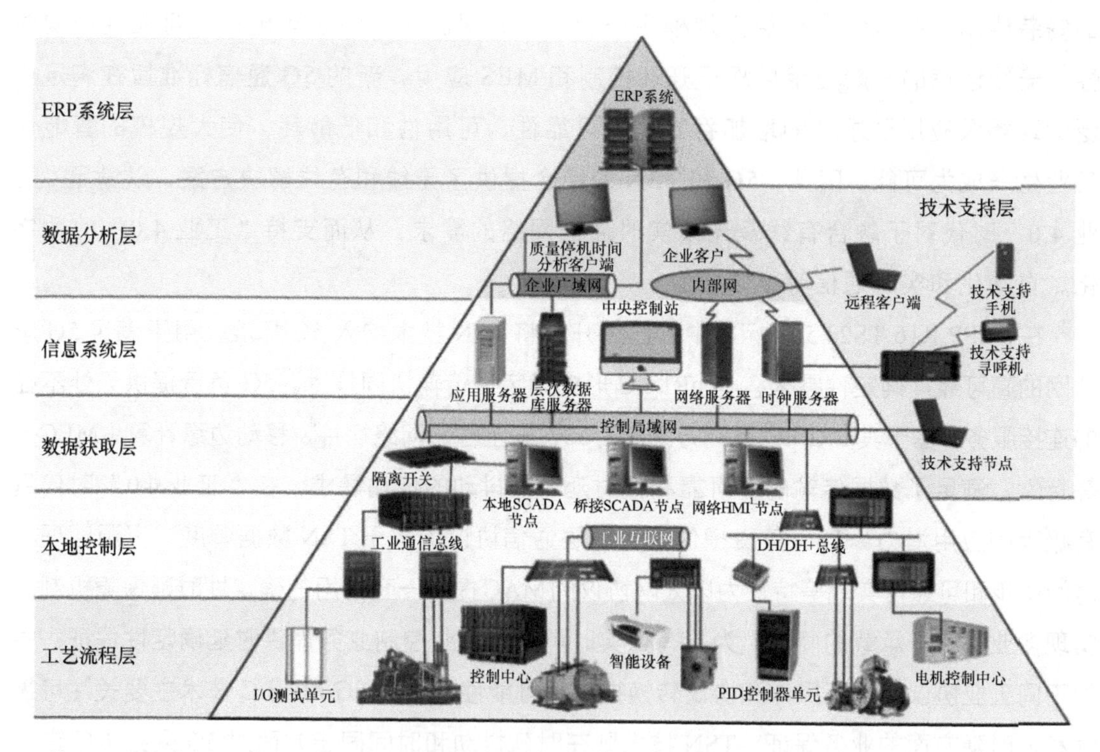

注：1. HMI（Human Machine Interface，人机接口）。

图 4-1　自动化领域信息系统金字塔架构示意

智能生产网络的性能依赖于一定范围内的通信质量。在工业生产中，应用在智能生产网络中的通信需要满足严格的要求，例如，高可靠性、高吞吐量、实时传输、低时延和低抖动等。满足上述要求的同时还面临其他问题，例如，无处不在的连接需求如何被满足？彼此孤立的专有协议如何互通？为了解决上述问题，在工业互联网中已引入多种通信技术，例如，现场总线和基于以太网的解决方案，虽然这些解决方案解决了某种特定的要求，但只能实现在物理层相互兼容，这将导致大量的协议和冗余硬件的存在，使“工业 4.0”时代所需的互联难以实现。为了克服这类问题，技术引入了 IEEE 802.1 TSN 以太网标准，用于实时确定性的、企业范围内的、低时延的工业通信。与现有的工业以太网协议相比，TSN 不仅在物理层上兼容标准的 IEEE 802.3 以太网，而且还兼容网络层、链路层、应用层；此外，它也是指定以太网桥接网络的 IEEE 802 标准的一部分。除了上述对通信网络的要求和对兼容性的需要，“工业 4.0”

的通信网络还必须支持移动和灵活的无线通信。工业生产中的无线通信系统需要更低的安装成本，并能够实现更大规模生产设施的升级。由于缺乏可用性、可靠性和实时性，无线通信的一般应用局限于开环控制和 MES 应用。新的 5G 通信标准旨在满足广泛的现场级应用要求，即增加吞吐量、可靠性、可用性和低能耗，使大规模的智能化工业生产成为可能。因此，5G 和 TSN 的结合提供了无线和有线解决方案，以满足“工业 4.0”时代对于融合有线及无线实时通信网络的需求，从而支持“工业 4.0”的数字化、自动化和实时通信等要求。

在 3GPP R16 TS23.501 标准中，已经开始将 TSN 技术纳入 5G 标准，用于满足 5G 承载网的高可靠、确定性需求，与 uRLLC 形成确定性传输协同技术。5G 负责提供无处不在的连接服务，基于其 uRLLC 系列方案和 QoS、安全性、网络切片、移动边缘计算（MEC）等特性，满足了数据传输的高可靠和低时延、低抖动的传输需求，在“工业 4.0”时代具有极大的应用潜力。TSN 负责提供统一底层通信协议，基于 TSN 数据调度、资源管理、时间同步和可靠性实现等特性为以太网协议的MAC提供一套通用的确定性时延保障机制，实现多业务统一承载的同时，为具有强实时需求的工业控制业务提供时延确定性保证，并为不同工业协议间的互操作和协议转换提供了可能性。相比 5G uRLLC 技术主要关注可靠性和低时延方面的业务保证，TSN 技术则在时延抖动和时间同步方面对 5G 网络进行进一步的增强。3GPP R17 提出 TSN 增强架构，即实现 5G 核心网架构增强，控制面设计支持 TSN 相关控制面功能；实现 5G 核心网确定性传输调度机制，而不依赖于外部 TSN；通过用户平面功能增强实现终端间的确定性传输；实现可靠性保障增强；实现工业以太网协议对接；支持多时钟源技术。

传统的工业控制大部分在设备边缘进行直接控制，竖井式特征导致多设备间的协同协作难以实现，无法满足智能工厂的生产需求。借助 5G-TSN 协同传输技术，网络不仅能够支持移动类型智能工业设备，而且还能够实现工业数据的确定性、低时延传输与高可靠保障，实现感知、执行与控制的解耦，实现了控制决策的集中，为大规模设备间的协同协作提供了有力的技术支撑。因此，5G-TSN 在工业控制领域中的应用主要体现在智能工厂中跨产线、跨车间实现多设备协同生产需求。少人化、无人化是未来智能工厂的典型特征，随着机器视觉等人工智能技术的发展和成熟，大量的重复性劳动将会由机械臂、移动机器人来承担，在复杂的生产环境中，需要多个机械臂及移动机器人间相互

配合才能完成产品的生产及装配，保障多机器间时序性和生产节拍将非常重要，5G-TSN 不仅能满足设备移动性要求，还能为不同设备间具有严格时序要求的数据提供确定性时延保障。此外，5G-TSN 也为基于云的集中化控制提供了可能。原先分布式的控制功能将集中到具有更强大计算能力的控制云中，实现了“控制大脑”的集中，依托 5G-TSN 提供的确定性时延保障能力，能够实现云化控制与边缘执行器和传感器间的数据及时交互，并能够支持视频等大带宽业务与工业控制业务的同时传输，将机器视觉等新兴应用与传统工业控制相结合，一方面有利于生产协同，另一方面满足智能化生产的需求。

综上所述，5G-TSN 能够为工业互联网、车联网等应用提供全新的、可靠的服务质量保障，具体包括以下内容。

（1）端到端确定性业务体验

在工业互联网和车联网场景下的应用系统中，典型的闭环控制过程周期可能低至毫秒级别，这种应用系统不仅对可靠性有着极高的要求，还对业务数据传输有很严格的确定性要求。端到端的极致高可靠、低时延业务体验的保障是一个系统性工程，依赖于整个 5G 网络系统中新空口和核心网在内的各环节的性能优化和系统整体处理效率的提升。TSN 技术在现有以太网的基础上增加了时间片调度、抢占、流量监控及过滤等一系列流量调度特性，能够根据业务流量的特点配合使用相关特性，可以确保流量的高质量确定性传输。TSN 技术与 5G 网络的传输融合，能够更为有效地保证 5G 网络的端到端的高可靠、低时延、确定性传输。

（2）提升多设备之间的精密协作

与有线的 TSN 不同，5G-TSN 将以业务为中心全方位构建信息生态系统。此外，结合 OPC—UA 技术，将为异构系统信息的传输和交互提供统一的信息描述模型。5G-TSN 解决数据确定性传输和差异化 QoS 保障问题，OPC UA 则提供一套通用的数据解析机制，用于业务系统端设备，解决数据交换和系统互操作的复杂性问题。以智能工厂为例，生产设备、移动机器人、自动导引车（AGV）等智能系统内部均存在异构网络连接，并且各个系统可能会通过不同的方式接入 5G-TSN，以实现这些设备间的密切协同和无碰撞作业。5G-TSN 能够为多设备间信息传输提供差异化 QoS 保障和时序安排，不仅能做到异构系统间的数据互联互通，还能根据业务的时序性要求做到数据精准转发，切实提高设备间的协同操作能力。

（3）多业务统一承载、差异化传输质量保证

5G-TSN 全面赋能垂直行业新业务模式。以智能工厂为例，工业增强现实可以通过音/视频实现生产环境远程感知，以及在线生产指导。远程控制可以用于实现远程人机交互。在恶劣环境下使用机器人有助于实现安全生产。此外，大量的设备维护、原材料及产品数据信息都需要通过传感器、射频识别和智能终端等方式上传到云端。上述业务涉及的音/视频、控制信号、物联网数据的传输会采用不同的传输机制和质量标准。虽然分片技术可以用来实现不同业务之间的差异化，但是目前的分片技术仅可以在空口和核心网实现，对于承载网则没有特定的技术方案。5G-TSN 能够基于统一管理和配置架构，实现网络资源的集中管理和按需调度，同时配合精确时间同步、流量调度等功能，为不同类型的业务流量提供智能化、差异化的承载服务。TSN 技术与 5G 承载网融合部署，能够为 5G 端到端切片提供更好的服务质量保障。

4.2 3GPP 提出的 5G-TSN 协同架构

4.2.1 协同架构概述

3GPP R16 提出的 5G-TSN 协同架构如图 4-2 所示。为了减少 TSN 机制引入对 5G 系统的影响，3GPP R16 提出了将 5G 系统整体作为 TSN 网桥，主要在核心网侧进行了功能实体的增加和增强，通过在 5G 系统两端（网络侧和终端侧）的边缘增加 TSN 转换器，实现 5G 系统对于 TSN 协议的支持。对于 5G 系统而言，在 5G 核心网用户面和控制面增加新的功能实体，可以实现跨域业务参数交互（时间信息、优先级信息、包大小及间隔、流方向等）、端口及队列管理、QoS 映射等功能，支持跨 5G 与 TSN 的时间触发业务流端到端确定性传输。

为了适配 TSN，5G 网桥需要满足 IEEE 802.1 Qcc 定义的对于 TSN 集中化配置模型中网桥的要求，通过 MAC 寻址支持以太网流量，并支持 TSN 的管理和配置；支持 IEEE 802.1AS 协议，能够实现与 TSN 交换设备间基于 gPTP 的时间同步；支持 IEEE 802.1Qbv 协议，能够实现基于 TAS 的调度整形机制，保证服务的流量差异化，从而实现 UPF 与 UE 之间的多种业务流量的共网高质量确定性传输。

如图 4–2 所示，为了实现 5G 与 TSN 的适配，获取 TSN 配置信息及相关业务信息，5G 核心网在控制面和用户面都进行了部分网元功能的增强。

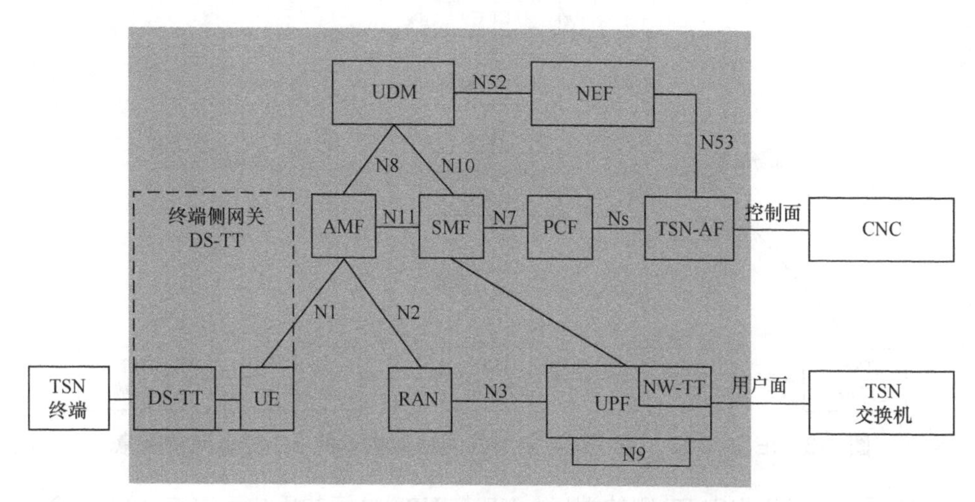

图 4-2　3GPP R16 提出的 5G-TSN 协同架构

在控制面，5G–TSN 新增了 TSN 应用功能实体（TSN–AF），主要完成以下 3 个方面的功能: 首先，与 TSN 域中 CNC 实体的交互，实现 TSN 流传递方向、流周期、传输时延预算、业务优先级等参数与 5G 的交互与传递；其次，与 5G 核心网中 PCF、SMF、AMF 等实体的交互，实现 TSN 业务流关键参数在 5G 时钟下的修正与传递，并结合 TSN 业务流优先级配置相应的 5G QoS 模板，实现 5G 内的 QoS 保障；最后，TSN–AF 将与 UPF 网关及终端侧转换网关交互，实现 5G–TSN 网桥端口配置及管理功能。

在用户面，为避免 TSN 协议对 5G 新空口造成过多影响，5G 系统边界增加了协议转换网关：在 UPF 中新增网络侧 TSN NW–TT，在 5G 终端侧增加了设备侧 TSN DS–TT。NW–TT 和 DS–TT 支持 IEEE 802.1AS、IEEE 802.1Qcc 及 IEEE 802.1Qbv 等 TSN 的核心基础技术协议。UPF 增加了对 5G 域和 TSN 域时钟信息交互及监控功能，实现跨域的时钟信息同步；在此基础上，UPF 需要实现基于精准时间的调度转发机制，提供桥接的二层服务，实现快速的数据包处理和转发。

IEEE 802.1Qcc 完全集中式网络架构下的 5G 逻辑网桥示意如图 4–3 所示。从系统整体角度来看，5G 网络被视为一个 TSN 网桥，由 DS–TT 和 NW–TT 提供基于精准时间的 TSN 数据流驻留和转发机制。

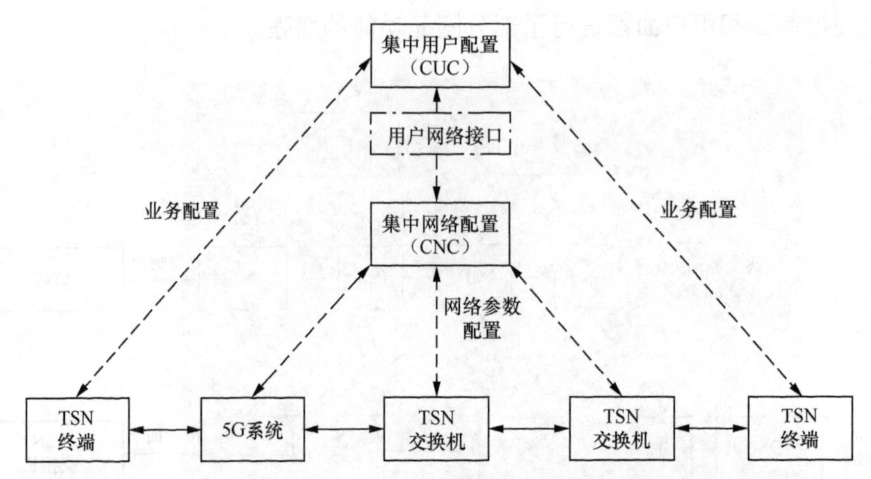

图 4-3　IEEE 802.1Qcc 完全集中式网络架构下的 5G 逻辑网桥示意

每个 5G 网桥由 UE/DS-TT 侧的端口、UE 与 UPF 之间的用户面隧道（PDU 会话），以及 UPF/NW-TT 侧的端口组成。其中，UE/DS-TT 侧的端口与 PDU 会话绑定，UPF/NW-TT 侧的端口支持与外部 TSN 连接。UE/DS-TT 侧的每个端口可以绑定一个 PDU 会话，连接在一个 UPF 的所有 PDU 会话共同组成一个网桥；在 UPF 侧，每个网桥在 UPF 内有单个 NW-TT 实体，每个 NW-TT 实体包含多个端口。5G 系统可以充当多个网桥，用 UPF 区分，网桥 ID 与 UPF 的 ID 具有关联关系。多个 5G-TSN 网桥组网示意如图 4-4 所示。

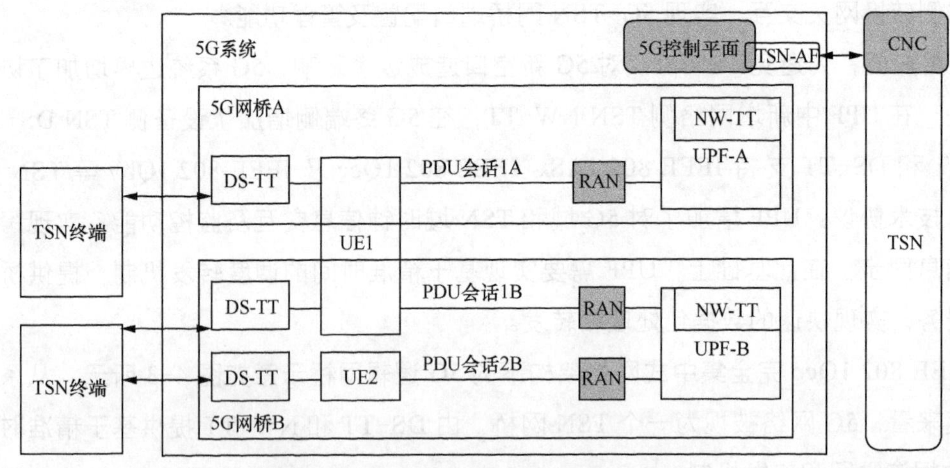

图 4-4　多个 5G-TSN 网桥组网示意

除了用户面的集成，5G-TSN 还支持与现有的网络管理系统（NMS）的集成，通常使用简单网络管理协议（SNMP）或管理信息库（MIB）等协议。

4.2.2　5G 系统新增网元

5G-TSN 在控制模式和通信信令方面存在较大差异，为了确保时间敏感业务流在不同网络中都具有类似的服务质量保障，需要将相关业务流在 TSN 中的业务参数向 5G 系统进行传递。同时，在数据平面上，5G 与 TSN 协议类型及数据帧结构都不相同，为了实现跨网数据传输，需要在 5G 网络边缘构建支持 TSN 协议的网关。因此，本节将从控制面和用户面两个维度，介绍为了支持 TSN 而新增的 5G 系统网元。

1. 控制面新增网元：时间敏感网络—应用功能（TSN-AF）实体

TSN-AF 是 5G 控制面新增的核心网网元。该网元主要实现与 TSN 集中式网络配置器 CNC 间的信令交互。总的来说，TSN-AF 具备 3 个方面的功能：首先，与 TSN 域中 CNC 的交互，实现 TSN 流相关参数，如流传递方向、流周期、传输时延预算、业务优先级等参数的交互与传递；其次，与 5G 核心网 PCF、SMF、AMF 等实体交互，实现 TSN 业务流关键参数在 5G 时钟下的修正与传递，并结合 TSN 业务流优先级配置相应的 5G QoS 模板，实现 5G 系统内的 QoS 保障；最后，TSN-AF 将与 UPF 及 DS-TT 交互，实现 5G-TSN 网桥端口的配置及管理。

在不同场景中 TSN-AF 分别执行以下不同的功能。

在周期性确定性业务通信场景中，TSN-AF 与 CNC 交互之后可以获取 PSFP 参数，并使用它们计算业务模式参数（如参考入口端口的突发到达时间、周期性和流向），并将这些参数通过 PCF 转发给 SMF，之后再由 SMF 提供给 5G 接入网络。如果 TSN 流属于同一业务类别，终止在同一出口端口中，且具有相同的周期性和兼容性的突发到达时间，TSN-AF 可以启用 TSN 流的聚合，即，TSN-AF 为多个 TSN 流计算一组参数和一个容器，以使 TSN 流聚合到相同的 QoS 流。在这种情况下，TSN-AF 为聚集的 TSN 流创建一个时间敏感通信（TSC）辅助容器。SMF 将用 TSC 辅助容器绑定策略与计费控制（PCC）规则。SMF 基于每个 QoS 流导出时间敏感通信辅助信息（TSCAI）并将其传递给 AMF。

在 5GS 网桥信息上报到 TSN 的通信场景中，TSN-AF 计算得出每个端口对每个通信量类别业务的网桥延迟并准备上报。计算网桥时延时，TSN-AF 需要由用户终端在 PDU

会话建立时提供给网络的终端侧 TSN 转换器（DS-TT）驻留时间、在用户终端和终止 N6 接口的网络侧 TSN 转换器（NW-TT）之间的每个业务类别的最小时延和最大时延。通过 TSN-AF，5G-TSN 网桥可以进一步向 TSN 提供其功能，包括单个端口和拓扑信息，信息也被报告给 5GS 网桥。TSN-AF 还存储 DS-TT 的端口和 PDU 会话之间的绑定关系、NW-TT 端口的信息（NW-TT 根据业务转发信息将业务转发到适当的出口端口），以上信息需要全部经过 TSN-AF 传输到 CNC 进行 TSN 网桥注册和修改。

在端到端通信场景中，为了保障融合网络的 QoS，需要 TSN-AF 和 PCF 执行 TSN QoS 流量类别和 5G QoS 配置文件之间的 QoS 映射。TSN-AF 可以决定 TSN QoS 参数（即优先级和时延），还可以与 CNC 交换端口和网桥管理信息。

2. 用户面新增网元：NW-TT 及 DS-TT

为了支持 TSN 协议而不对 5G 系统内部网元进行较大的改动，避免 TSN 协议对 5G 系统造成过多影响，3GPP 在 5G-TSN 网桥结构的用户面新增了两个协议转换网关，即在 UPF 中增加了 NW-TT，在 5G 终端侧增加了 DS-TT，实现与 TSN 的协议适配。

在 5G 网络中，DS-TT、NW-TT 主要实现以下两个功能：一方面，支持 IEEE 802.1Qbv 提出的调度机制、IEEE 802.1Qci 提出的 PSFP 和报文缓存和转发机制，以满足多种类别流量对网络可用带宽和端到端时延的不同要求，将由时延关键类 GBR 来保障；另一方面，DS-TT 和 NW-TT 侧分别实现 TSN 与 5G 时钟的同步，NW-TT 接收来自 TSN 域的 gPTP 报文，并在 gPTP 报文头加上时间戳；通过 UPF 将 gPTP 报文通过 5G 网络空口发送给 DS-TT；DS-TT 根据接收的 gPTP 报文的时间和时间戳信息，计算 gPTP 报文在 5GS 内的驻留时间，并设置 gPTP 报文头进行时延补偿，完成本地时钟和网络侧 TSN 域时钟的同步，以及与 TSN 终端站的时间同步。由此，实现了 5G-TSN 的跨域时钟信息交互及监控功能，完成了跨域时钟信息的同步，并提供桥接的二层服务，实现了数据包的快速处理和转发。

4.2.3 5G 系统网元功能增强

5G 系统新增网元主要完成 TSN 协议实现、与 TSN 控制器间的信令交互。然而，在 5G 网络内部，为了对来自 TSN 域的时间敏感型业务提供可靠的服务质量保障，仍然需要现有网元进行功能增强，以实现 5G 系统对 TSN 业务的感知和资源管控。

1. 控制面功能增强网元：PCF、AMF、SMF

PCF 作为 5G 核心网决策中心，在 5G-TSN 融合网络中主要实现对 TSN 业务的策略决策和通知下发。TSN 业务的 QoS 需求（例如，TSN 业务流特征、TSCAI 突发时间、周期、流向、优先级、时延、带宽等）通常通过 TSN-AF 传递给 PCF，然后 PCF 基于用户的签约和业务流的需求，为不同等级的用户 / 业务分配合适的 5G QoS 策略，例如，针对 TSN 业务流、TSN 时间同步消息流分别指定满足各自传输需求的 QoS 流策略。

5G 核心网 SMF 和 AMF 网元通过控制面信令交互，获取 PCF 下发的业务 QoS 需求（例如 5QI），一方面，AMF 获取的业务 QoS 需求通过 N2 接口携带给 RAN。这样，RAN 可以根据需求进行相应的资源分配和调度，以满足不同业务流的 QoS 需求。另一方面，SMF 通过 N4 接口将这些 QoS 需求携带给 UPF。在 UPF 和 UE 之间，不同 QoS 需求的业务流会被映射到适当的 PDU 会话和 QoS 流中，实现对不同业务流的差异化 QoS 调度。此外，SMF 还可以与 TSN-AF 建立连接，以交互 5GS 网桥信息。这些桥信息包括时延、与相邻 TSN 节点的拓扑关系等，以及端口配置信息。通过将这些信息转发给相应的 UE 和 UPF，SMF 能够保证业务流量在共网中的高质量传输。

2. 用户面功能增强网元：UPF

UPF 增加了对 5G 域和 TSN 域时钟信息交互及监控功能，实现跨域的时钟信息同步；在此基础上，UPF 需要实现基于精准时间的调度转发机制，并支持以太网 PDU 会话类型，在 UE 和 TSN 域之间承载以太网帧，提供桥接的二层服务，实现快速的数据包处理和转发。在实际组网中，NW-TT 可与 UPF 合设，也可分开部署。

AMF、UDM 功能辅助 SMF、UPF 等网元实现对 TSN 业务的 PDU 会话管理，以及与 DS-TT 间的 TSN 参数和策略互通。

4.2.4 5G-TSN 网桥管理

为了实现在协同架构下 TSN 业务流端到端的顺利传输，TSN 域的 CNC 需要与 5G 系统进行通信，为数据在两个网络中的转发建立相应的逻辑控制通道。由 4.1 节中的介绍可知，当前 3GPP 提出的 5G-TSN 协同架构，其本质是将整个 5G 系统当作一个 TSN 的逻辑网桥，为了实现与 TSN 域网桥节点或终端节点的通信，需要在 5G 两侧的网关，即 NW-TT 和 DS-TT 侧完成相关 TSN 网桥信息的配置，主要包含以下流程。

1. 网桥预配置

网桥预配置分为两个方面：一方面，5G 网桥根据自身存储的数据网络名称（DNN）、流量类别、VLAN 信息为承载当前 TSN 业务的 PDU 会话选择适当的 UPF，同时，UPF 确定网桥 ID 和 UPF/NW-TT 侧端口；另一方面，TSN-AF 预先配置 QoS 映射表，用于查询 PDU 会话所对应的 TSN QoS 参数。

2. 网桥信息上报

在整个协同架构中，CNC 需要掌握整个网络的物理拓扑结构和各个网桥节点能力的完整信息，并对复杂的业务信息集中计算出与业务流对应的调度信息（传输路径、资源需求和调度参数），来配置交换设备。因此，CNC 需要了解 5G 网桥的必要信息。例如，网桥 ID、DS-TT 和 NW-TT 端口上的预定流量配置信息、5G 网桥的出口端口、流量类别及其优先级等。

其中，网桥 ID、NW-TT 中以太网的端口号可以在 UPF 上预先配置。在 PDU 会话建立期间，UPF 为 PDU 会话分配在 DS-TT 上的以太网端口号，并存储在 SMF 中。SMF 通过 PCF 将相关 PDU 会话的 DS-TT 和 NW-TT 中的以太网端口号和 MAC 地址提供给 TSN-AF。

另外，UE 将在 UE 和 DS-TT 内、UE 和 DS-TT 端口之间转发数据包所用的 UE-DS-TT 驻留时间，并将其传递给 TSN-AF 用于更新网桥时延。

TSN-AF 接收上述信息将其注册或更新到 TSN。

3. 网桥 / 端口管理信息交换

为 TSN-AF 与 DS-TT/NW-TT 之间传输标准化的特定于端口的配置信息，5G 系统需要提供端口管理信息容器（PMIC），该容器内详细地定义了 TSN 数据业务的转发要求。

当端口信息从 TT 端口转发到 TSN-AF 时，终端侧的 DS-TT 端口向用户终端提供 PMIC，激发用户终端发起 PDU 会话将该信息转发到 SMF，SMF 再将 PMIC 和相关以太网端口号一同转发到 TSN-AF；网络侧的 NW-TT 端口则将 PMIC 提供给 UPF，由 UPF 将信息转发 SMF 再到 TSN-AF。

当端口信息从 TSN-AF 转发到 TT 端口时，TSN-AF 需要提供 PMIC，并将 PDU 会话的 MAC 地址和即将要被管理的以太网端口号提供给 PCF，后者将 MAC 地址转发给 SMF，由 SMF 对比 MAC 地址是否与以太网端口号相关，并触发 PDU 会话修改过程，将 PMIC 转发到 NW-TT/DS-TT。

4.3　基于 SDNC[1] 的 5G-TSN 协同架构

虽然 3GPP 已经针对 5G-TSN 网桥架构进行了定义，但其本质是试图将 TSN 的时间同步、时延感知调度等机制引入 5G 系统中，强化 5G 系统对时间敏感业务的支持，其更多关注点在于 5G 系统在网络边缘如何感知和获取 TSN 域的信息，如何进行 QoS 映射，从而实现有效的时间敏感业务的承载，而 5G 网络信息（如资源利用率、信道状况等）对于 TSN 是不可感知的，这使当前 5G-TSN 网桥架构无法进行有效的跨域联合资源管理和统一资源调配。因此，基于 SDNC 与承载分离的基本原理，提出了一种信息集中感知、集中控制的 5G 与 TSN 协同组网架构，能够实现跨域网络信息的收集、分析并做出统一决策，便于集中管控 5G 网络与 TSN 的资源，从全局角度根据时间敏感业务流及其他工业业务流的 QoS 要求灵活、合理地进行路径规划和资源调度，在保障不同业务 QoS 的同时，提高网络资源的利用率。

4.3.1　面向 5G-TSN 跨域管理的 SDN 控制器

基于 SDN 的 5G-TSN 协同架构与功能规划如图 4-5 所示。与 TSN 集中式网络架构相比，图 4-5 所提出的协同架构取消了 CNC 配置，将 CNC 功能中的集中决策、配置的功能合并到 SDNC 中。此外，为了不对现有 5G 系统的核心网架构进行改动，SDNC 只对 5G 网络中增加的网关设备进行控制（DS-TT 及含 NW-TT 功能的 UPF），并不直接对 5G 核心网中其他网元和基站设备造成影响。

对于 SDNC 中的具体功能说明如下。

- 网络及业务信息采集模块。该模块一部分与应用层相连，接收来自 TSN 域中 CUC 的用户需求和业务需求，包括用户等级、业务 QoS 要求、业务传输方向等；另一部分用于底层网络信息的采集，包括信道信息、网络拓扑、网络资源信息及队列信息（队列中数据包数目及发送速率）等。

1. SDNC（Software Defined Network Controller，软件定义网络控制器）。

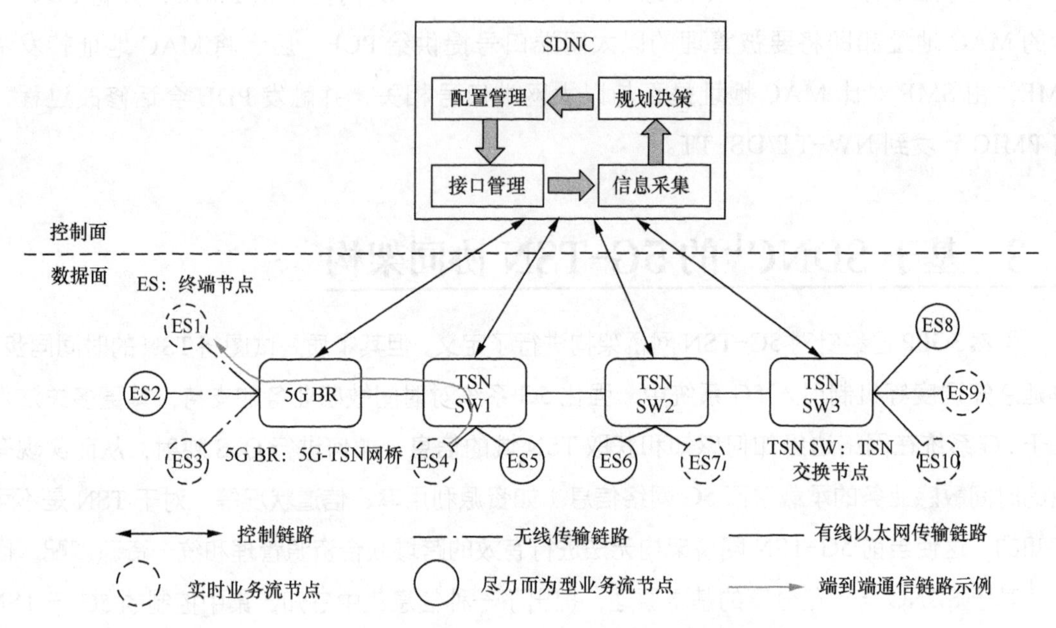

图 4-5 基于 SDN 的 5G-TSN 协同架构与功能规划

- 规划决策模块。基于 SDNC 所采集的业务、网络和用户信息，规划决策模块主要完成跨域数据转发规则的制定，包括路径规划策略、带宽分配策略、队列管控策略及资源调度策略。通过基于全局信息的决策规划，实现资源端到端的预留，从而保证时间敏感业务流的高可靠、低时延等确定性传输需求。
- 配置管理模块。基于规划决策模块得到的全局优化结果，SDNC 需要将决策结果转换为网络交换设备能理解的消息命令，对带宽信息、门控时间信息、队列管控信息等下发到相应的交换设备，实现基于优化结果的设备配置和执行。在配置模型方面，为实现与现有 TSN 交换设备的兼容，可在 OpenFlow 协议的基础上，考虑基于 YANG 模型的策略配置。
- 接口管理模块。用于管理南向接口，实现数据采集监控信息与决策配置信息的有序传递。接口管理模块支持周期性触发和事件触发。

在 SDNC 模块中，最重要的就是规划决策模块，而其中更重要的是基于全局信息的跨域资源管理和调度，这是 5G-TSN 协同网络对时间敏感业务支持能力（网络容量）及业务保障质量（时延与可靠性）的核心关键策略，也是规划决策模块的主要功能。

4.3.2　5G-TSN 协同关键技术

5G-TSN 旨在解决 5G 网络在垂直行业领域中对网络可靠性、实时性和安全性的需求。5G-TSN 涉及的关键技术包括时间同步、QoS 映射流量调度、网络切片等，这些技术需要被规范化和标准化，以确保 5G-TSN 的互操作性和可靠性，下面分别对 5G-TSN 协同技术进行概述说明。

1. 跨网时钟适配技术

时钟适配，也称为时间同步，是 5G-TSN 技术中非常重要的一环。在 5G-TSN 中，不同的设备需要在相同的时间点进行数据交换和通信，因此需要高度精确的时间同步。由于网络中的不同设备可能来自不同的供应商，具有不同的性能，运行不同的软件版本，它们的时钟频率和精度也会存在差异。如果这些时钟不同步，则会导致数据丢失、通信中断等问题。

时钟适配技术能够解决时间同步问题。它主要通过使用同步协议，将多个网络设备同步到同一个时间源。在 5G-TSN 中，时钟适配技术通常采用 IEEE 1588 协议来实现时间同步。这个协议定义了一种精确时间同步机制，可以在微秒级别内对时钟进行同步。

另外，5G-TSN 中还需要实现时钟漂移和抖动的补偿，以确保时间同步的稳定性。时钟漂移是指设备时钟相较于网络中的精确时间源的偏移量随时间变化的情况，而时钟抖动是指时钟在短时间内的频率波动，这些都会影响时间同步的准确性。因此，时钟适配技术还需要采取一些措施来对时钟漂移和抖动进行补偿和校正，以确保网络中的设备时钟始终与网络中的精确时间源保持同步。

2. 异构网络 QoS 映射技术

5G-TSN QoS 映射技术是将 5G 网络中的 QoS 要求映射到 TSN，以确保 5G 网络的服务质量要求在 TSN 中得到满足。5G-TSN QoS 映射技术需要将 5G 网络中的服务质量要求映射到 TSN 中的时间感知流量类别（TSN Traffic Class），并将其与 TSN 中的优先级和时间敏感度相关联，从而实现端到端的服务质量保证。

在 5G-TSN QoS 映射技术中，需要进行不同层次的映射。首先，需要将 5G 网络中的 QoS 映射到 IP 层面的差异化业务代码点（DSCP）值。其次，需要将 DSCP 值映射到 TSN 中的时间感知流量类别。最后，需要将 TSN 中的时间感知流量类别映射到 TSN 中的优先级和时间敏感度。这种技术可以支持工业互联网、车联网等多种应用场景，在保证 5G 网络高可靠、低时延的同时，还可以满足不同业务类型的服务质量要求，提高系统的整体性能和用户体验。

3. 流量调度与资源协同技术

在 5G-TSN 中，流量调度技术是实现网络中不同业务流量的优先级控制和差异化服务质量保证的关键技术之一。传统以太网的流量调度机制采用先进先出（FIFO）队列，无法满足实时性要求高的业务需求。5G-TSN 采用时间片调度技术，将时隙分配给不同类型的业务流量，从而实现对实时性要求高的业务流量进行优先处理。

在时间片调度中，每个时隙分为发送和接收两个阶段。发送阶段的开始时间和结束时间在网络中所有设备上是同步的，这样可以保证不同设备之间的数据传输同步。在接收阶段，数据将在时隙的剩余时间内传输，直到下一个时隙开始。通过这种方法，可以优先处理对实时性要求高的业务流量，并且能够提高网络的吞吐量和稳定性。

此外，5G-TSN 还采用抢占技术，实现对低优先级业务流量的中断，从而确保及时处理高优先级业务流量。流控技术则用于限制网络中不同类型业务流量的发送速率，防止网络拥塞，同时还可以根据业务需求限速。最后，过滤技术用于对不符合规定的数据包进行过滤，从而确保网络中只有符合规定的业务流量得到处理。

资源协同技术主要解决的是异构网络资源的协同利用问题。在 5G-TSN 应用场景中，不同类型的数据流需要在不同的网络资源上传输。资源协同技术主要包括两个方面。一方面，资源分配和调度。通过集中管理和调度网络资源，保证不同类型的数据流能够在适当的网络资源上传输。例如，通过网络流量调度机制，将高速网络带宽优先分配给视频流，将低时延网络带宽优先分配给控制信号等。另一方面，网络拓扑优化。通过优化网络拓扑结构，网络资源得到更加高效的利用。例如，通过拓扑优化技术将网络资源更加紧密地连接在一起，减少资源浪费，提高网络利用率。不同的应用场景对网络资源的需求也不尽相同，因此需要进行资源协同以实现最佳的网络性能。

4. 5G 网络切片技术

网络切片是 5G 系统中的一项关键技术，能够有效提升 5G 网络的时延、吞吐量、丢包率等性能，可以为 TSN 业务提供服务质量保证。通过将网络资源按照业务需求进行分隔、隔离和保障的技术，网络切片可以将一条物理网络资源切分为多条逻辑网络资源，为不同业务提供独立的虚拟网络。

在 5G-TSN 中，网络切片技术可以进一步优化网络资源利用率和业务质量保障。通过在 TSN 中融合网络切片，可以实现对不同类型业务流量的差异化服务，以满足不同业务对网络性能和服务质量的不同要求。例如，对于实时性要求高的控制类业务，可以通过网络切片实现低时延和高可靠性传输，同时确保数据的顺序性和完整性；对于采集和运维类业务，可以通过网络切片实现更大的带宽和更灵活的网络资源分配，从而满足大规模数据传输和处理的需求。

同时，网络切片技术也可以为不同场景下的网络安全提供保障。通过将网络资源分配给不同的网络切片，可以对网络资源进行有效的隔离和保护，避免不同业务流量之间的干扰和攻击。总之，5G-TSN 中的网络切片技术是实现 5G 网络业务差异化服务和网络资源优化利用的重要技术，可以满足不同业务对网络性能和服务质量的不同要求，从而提高 5G 网络的整体性能和可靠性。

第 5 章

5G-TSN 跨网时间同步机制

时间同步是实现数据确定性传输的基础。TSN 域制定了 IEEE 802.1AS 协议，在精确网络时间协议（PTP）的基础上，针对设备间高精度时间同步需求，制定了通用精确网络时间协议（gPTP）。一方面，5G 网络间的时间同步更多的是为了基站和终端间数据收发时的时隙或帧同步，其同步精度难以满足 TSN 域内设备间的时间同步要求；另一方面，5G 网络与 TSN 时间同步的方法和机制完全不同，而当前将 5G 网络作为 TSN 网桥，必然要求 NW-TT 与 DS-TT 间需要跨空口完成时间同步，这样才能实现跨 5G 与 TSN 的端到端数据确定性传输。

本章介绍了 5G 和 TSN 的时间同步机制，以及边界时钟补偿和时钟信息透明传输两种跨 5G-TSN 的时间同步方案。

5.1 TSN 时间同步机制概述

在 TSN 技术中，时间同步是标准簇中其他机制实施的基础。为实现具有严格确定性时限的实时通信，TSN 要求网络中的所有设备具备共同的时间参考信号，这就需要网络中的所有节点（包括工业控制器、机器人等终端设备和交换机等网络设备）的时钟严格同步。通过时间同步，所有的网络设备都处于同样的时间基准，能够按照时间触发的方式在预定的准确时间点按需执行相应操作。

TSN 采用的时间同步方案通过网络自身传递时间参考信号，使各网络节点都与中央时钟源实现时间同步。这种通过网络分发时钟信号进行时间同步的方案，通常是采用 IEEE 1588 精确 PTP 标准来实现的，利用以太网帧来进行时间同步信息在网络中的分发。基于 IEEE 1588 规范，IEEE 802.1 TSN 工作组进一步制定了 IEEE 1588 在 TSN 中使用的行规，即 IEEE 802.1AS 协议。该协议所定义的 gPTP 行规，主要实现了 IEEE 1588 同步架构进一步的通用化，使 PTP 不仅限于应用在标准以太网中，更适用于汽车或工业自动化场景。

针对数据处理与传输路径中带来的时延，gPTP 规定测量每个网桥内的帧驻留时间（包括从网桥入口到出口所经历的端口接收、处理、排队和传输时间信息所需的时间）和每一跳的链路时延（即数据在两个相邻网桥之间链路上的传播时延）。然后，TSN 将根据所计算出的时延信息，确定网络中的最优主时钟（GM），同时得到以 GM 为根节点且包含所有与之同步的端设备的时钟生成树，采用主从方式逐跳实现设备间的时间同步。而网络中任何不具备 gPTP 时间同步能力的设备都将被排除在 TSN 时间域的边界之外。

在 IEEE 1588 提出精确网络时间协议的基础上，TSN 工作组制定了 IEEE 802.1AS 协议，简化了精确网络时间协议以适应在工业、汽车等垂直领域的应用。本节将重点介绍 TSN 中的时钟端口定义、最佳主时钟选择和同步原理。

5.1.1　IEEE 802.1AS 基本概念

为了传输更大带宽的音 / 视频流并且满足汽车内低时延、高可靠性传输的要求，TSN 工作组定义了一种独立于 TCP/IP 协议族的通信协议实现方法。TSN 采用 IEEE 802.1AS，即通用精确网络时间同步协议来实现精准时间同步，IEEE 802.1AS 是在 IEEE 1588v2 协议的基础上，结合在以太局域网中传送时间敏感业务的高精度时间同步要求进行了精简和修改，细化了 IEEE 1588v2 在桥接局域网中的实现，确保了收发终端之间的严格时间同步。

和其他校时协议不同的是，gPTP 通过约束网络内的节点，可以达到纳秒级的精度（6 跳以内任意节点间最大时钟误差不超过 1μs），因此在车载、工业控制等对实时性要求较高的领域得到了广泛应用。

gPTP 基于主从模式工作，从站节点接收主站节点的时间同步信息，保持与主站节点的时间同步。一个广义精密时间同步系统通常被称为一个 gPTP 域，它由一个或多个时间感知系统和链路组成，这些时间感知系统可以是任何网络设备，满足 IEEE 802.1AS 协议的要求并按照协议进行通信，例如，网桥、路由器和终端站。gPTP 域定义了 gPTP 消息通信、状态、操作、数据集和时间刻度的范围，gPTP 域的域号应为 0。gPTP 域可以分为多个独立的时间子域，每个子域有且仅有一个主时钟。

当建立时间同步生成树时，与端口相关的状态机或与时间感知系统相关的状态机会为时间感知系统的每一个端口分配端口状态，IEEE 802.1AS 中的端口共有以下 4 种。

① 主端口：在一条 gPTP 通信路径上，距离从节点更近的时间感知系统的端口。一个时间感知系统可以有多个主端口。

② 从端口：时间感知系统中距离根节点最近的 PTP 端口。一个时间感知系统只能有一个从端口，且不会通过从端口发送 Sync 或 Announce 消息。

③ 禁用端口：时间感知系统中端口操作、端口支持和可访问变量不都为真的 PTP 端口。

④ 被动端口：时间感知系统上端口状态不为主端口、从端口或者禁用端口的端口。

有了不同的端口状态以后，可根据组网要求设置每一个时间感知系统的端口状态，构建网络拓扑结构。TSN 主从同步架构中端口状态示意如图 5-1 所示，显示了时间感知系统中的一个主从层次结构。主时钟端口状态都是主端口，而所有其他时间感知系统都只有一个从端口。时间同步生成树由时间感知系统和不含被动端口的链路组成。

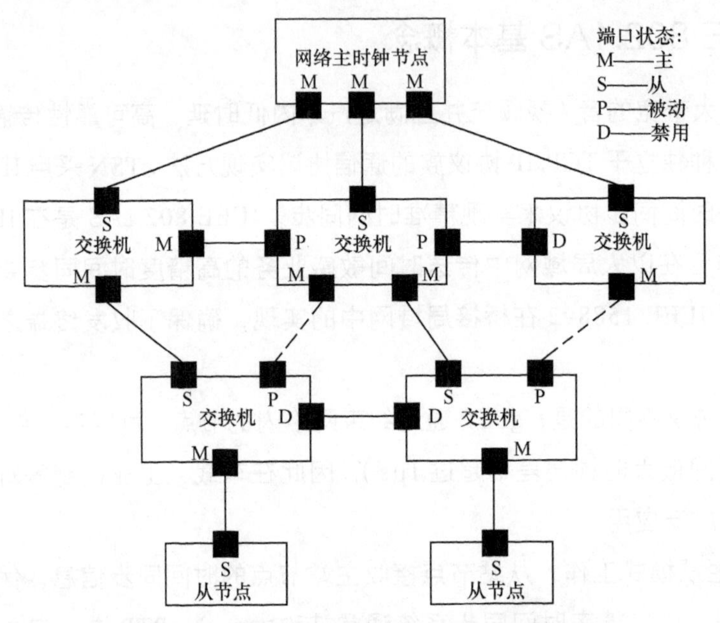

图 5-1 TSN 主从同步架构中端口状态示意

gPTP 不仅对用于时间同步的端口类型进行了定义，也定义了端口的其他状态，具体包括以下 6 种状态。

① 初始化：表示该端口正在初始化数据、硬件或通信口。如果时钟的一个端口处于初始化状态，其他所有端口都应处于初始化状态。在初始化状态，端口不发送和接收任何 PTP 消息。

② 故障：表示端口有故障。处于故障状态的端口除了必须响应的管理信息，不发送和接收任何 PTP 消息。故障端口的动作不应影响其他端口。如果故障不能限制在故障端口内，则该时钟的所有端口应均为故障状态。

③ 不可用：表示端口不可使用（例如网管禁止）。处于不可用状态的端口不能发送任何 PTP 消息，除了必须响应的管理信息，也禁止接收其他 PTP 消息。不可用端口的动作不应影响其他端口。

④ 侦听：表示端口正在等待接收 Announce 消息。该状态主要用于将时钟加入时钟域时，处于侦听状态的端口除了 Pdelay_Req、Pdelay_Resp、Pdelay_Resp_Follow_Up 消息和其他必须响应的管理消息和信令，不发送其他 PTP 消息。

⑤ 预主用：处于这个状态的端口的行为和主用端口一样，但是它除了 Pdelay_Req、Pdelay_Resp、Pdelay_Resp_Follow_Up 消息和管理消息和信令，不发送其他 PTP 消息。

⑥ 未校准：表明域内发现一个和多个主端口，本地时钟已经从中选择一个并准备跟踪。该状态是一个过渡状态，可用于进行跟踪前的预处理。

基于 IEEE 802.1AS 的 TSN 同步网络示意如图 5-2 所示。主时钟通过主端口发送同步消息，网桥节点通过从端口接收同步消息并通过主端口向下一级节点转发。终端节点只有一个从端口，并通过该端口从网桥节点接收同步消息。最终，网络中的所有节点都能与主时钟保持同步。

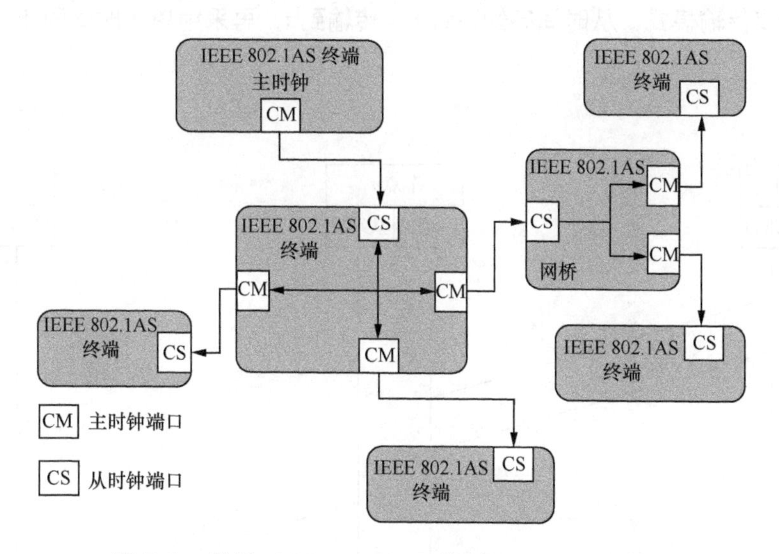

图 5-2 基于 IEEE 802.1AS 的 TSN 同步网络示意

TSN 中时间感知设备可以分为两种类型的节点，这两类节点都必须满足传输时间同步信息的要求。

① 终端：这类设备可以是系统内的主时钟，也可以是被校时的从时钟。

② 网桥：这类设备可以是系统内的主时钟，也可以仅仅是个中转设备，连接网络内的其他设备。作为中转设备，网桥需要接收主时钟的时间信息并将该信息转发出去。但在转发信息时，需要校正链路的传输时延和驻留时间，并重新传输校正后的时间。

5.1.2 gPTP 时间同步工作原理

gPTP 的时间同步方式为：主时钟向所有直接连接的节点发送时间同步信息，各个节点通过增加通信路径所需的传播时间来校正接收到的同步时间。如果该节点是作为中转设备的网桥，则它必须将已更正的时间信息（包括对转发过程中时延的更正）转发给它连接的所有节点，以此实现整个 gPTP 域内的时间同步。

gPTP 定义了单步模式和双步模式两种时间同步传输协议的方式：单步模式即只发送 Sync 消息进行时间同步；而双步模式则是在 Sync 消息之后再发送一个 Follow_Up 的消息，从而能够记录在 Sync 消息产生时的时间戳，并由 Follow_Up 消息携带。

gPTP 时间同步原理示意如图 5-3 所示，有 3 个相邻的节点，分别为节点 i−1、i 和 i+1。采用双步时间同步传输模式，从时间感知系统 i−1 传输到 i，再采用单步时间同步传输模式传输到 i+1。

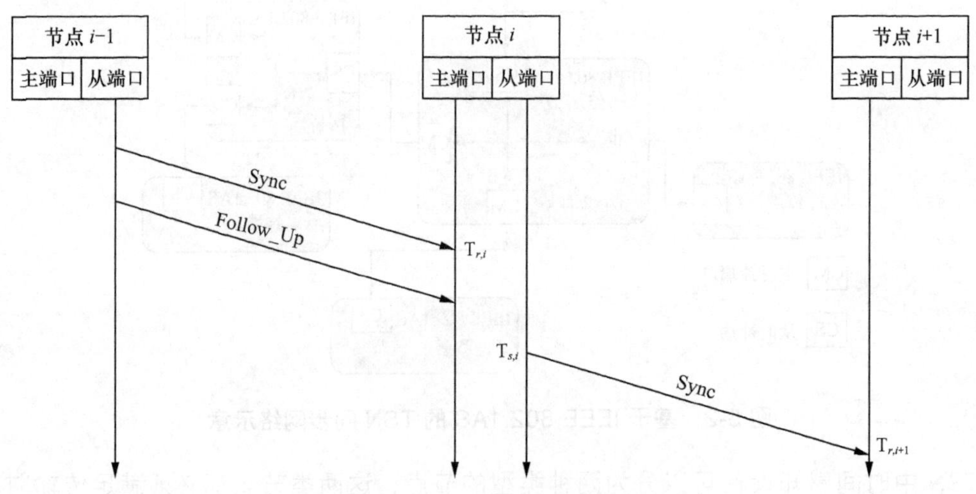

图 5-3 gPTP 时间同步原理示意

gPTP 时间同步的具体过程如下。

（1）节点 i 从 i−1 接收同步消息

节点 i−1 在本地时间 $T_{s,i-1}$ 时刻，从它的主端口发送一个 Sync 消息给时间感知系统 i 并记录发送时间戳。节点 i 从端口接收该 Sync 消息后记录本地接收时间戳 $T_{r,i}$。随后，时间

感知系统 i-1 发送一个对应的 Follow_Up 消息给系统 i，并携带以下信息。

① 精确原始时间戳 O：主时钟节点发送同步消息的起始时间戳。

② 校正域 C_{i-1}：节点 i-1 转发该 Sync 消息时的本地时间 $T_{s,i-1}$ 与精确原始时间戳的差值。

③ 比率系数 r_{i-1}：当前时间感知系统中的主时钟频率和本地时钟频率的比值，在每个时间感知系统中都是同步锁定的。

（2）节点 i 向 i+1 发送同步消息

在节点 i-1 发送的 Follow_Up 信息被接收后，节点 i 在本地时间 $T_{s,i}$ 时刻向系统 i+1 发送一个新的 Sync 消息。然后计算 C_i，即对应于 $T_{s,i}$ 的同步时间与精确原始时间戳的差值。要进行这种计算，它必须计算 $T_{s,i-1}$ 和 $T_{s,i}$ 之间的时间间隔，以主时钟时基表示。该间隔等于以下量的总和：

① 节点 i-1 和 i 之间的链路传播时延，以主时钟时基表示；

② $T_{s,i}$ 和 $T_{r,i}$ 之间的差异（即驻留时间），以主时钟时基表示。

$$C_i = C_{i-1} + D_{i-1} + \left(T_{s,i} - T_{r,i}\right) r_i \tag{5-1}$$

其中：C_i 为校正值；C_{i-1} 为上一次接收的 Sync 消息的校正域值；D_{i-1} 为当前时间感知系统 i 从端口测量的路径传播时延；$\left(T_{s,i} - T_{r,i}\right)$为节点 i 的驻留时间；r_i 为主时钟与节点 i 的频率之比。

$$r_i = r_{i-1} \times nr_i \tag{5-2}$$

这里的 r_{i-1}是最近接收到的 Sync 消息里的主时钟与节点 i 的频率之比，nr_i 是邻接比率系数，即节点 i-1 的频率与 i 的频率之比。

节点在接收同步消息后，可以计算本地时钟与主时钟之间的差异，从而实现网络中精准的时间同步。式中表明节点 i 的时钟为 $T_{r,i}$，经过计算后，转换为主时钟时刻为

$$\mathrm{GM}\left(T_{r,i}\right) = O + C_{i-1} + D_{i-1} \tag{5-3}$$

采用点对点时延机制的链路传播时延测量信息交互示意如图 5-4 所示，gPTP 还提出了使用点对点时延机制用于测量链路上传播时延的方法。仍然以相邻两个节点 i 和 i+1 来阐述传播时延测量过程中的信息交互过程及时间计算方法，具体如下。

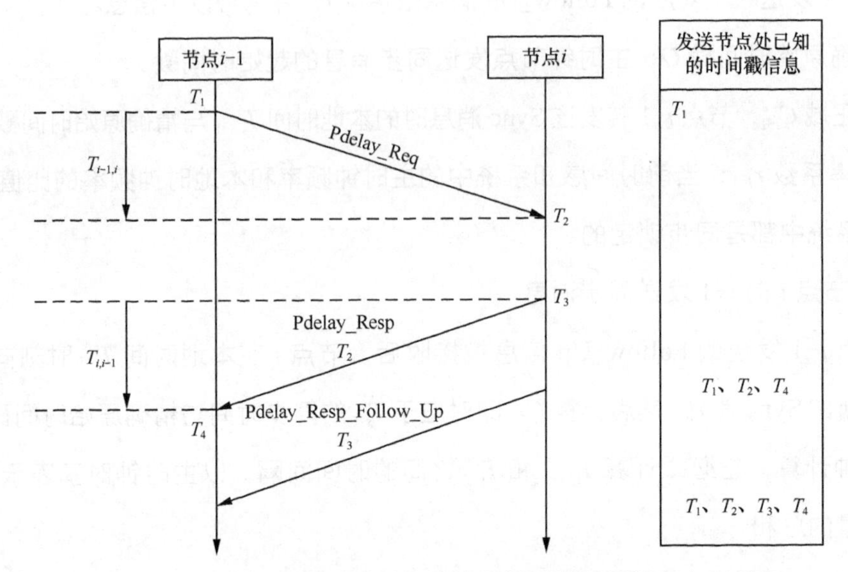

图 5-4　采用点对点时延机制的链路传播时延测量信息交互示意

① 传播时延测量从发起方即节点 i-1 发送时延请求消息 Pdelay_Req 到 i，并生成时间戳 T_1。

② 应答方节点 i 接收到 Pdelay_Req 消息，记录接收时间 T_2。

③ 在 T=T_3 时刻，节点 i 发出 Pdelay_Resp 消息并且记录时间戳 T_3。在 Pdelay_Resp 消息中携带 T_2，在 Pdelay_Resp_Follow_Up 消息中携带时间 T_3。

④ 节点 i-1 接收到 Pdelay_Resp 消息时生成时间戳 T_4。

由此得到了两个时间感知系统共存有 4 个时间戳，传播时延 D_i 为

$$D_i = \frac{(T_4 - T_1) - nr_i \times (T_3 - T_2)}{2} \tag{5-4}$$

其中，（T_3-T_2）×nr_i 是为了将其转化为时间感知系统的时间尺度。

5.1.3 gPTP 中的最佳主时钟选择方法

gPTP 中的主时钟既可以默认指定，也可以通过最优主时钟算法（BMCA）动态选择。其中，gPTP 中的 BMCA 定义了底层的协商和信令机制，用于标识 TSN 局域网内的主时钟，其实现原理如下。

① gPTP 的从节点接收到不是由自己发出的 Announce 消息，可以立即使用。

② 一旦 BMCA 选定某节点为主时钟，该节点会立即进入主时钟状态，没有预主用状态。

③ 不需要未校准状态。

④ 所有节点都参与最佳主时钟的选取，即便它不具备成为主时钟的能力。

在 gPTP 域中，某个节点被选举为主时钟，此节点的本地时钟将作为整个 gPTP 域的主时钟基准时间，即时基。Sync 消息让每个时间感知系统都和主时钟同步。在同步过程中，每个时间感知系统的从端口接收并更新同步信息，然后通过主端口转发更新后的同步信息，即 Sync 消息是从主时钟出发，经由各个网桥分发到所有从节点，采用的是逐级传输的模式，而不是端到端的模式。

5.1.4　gPTP 中的改进与增强

在通信网络中，有诸多因素影响高精度时间同步，主要包括链路不对称、网桥节点的驻留时间不确定、时戳采样点差异性等。为了克服这些不确定因素带来的影响，gPTP 做了相应的改进，以提升时间敏感网络的时间同步精度性能。

（1）链路不对称

在通常情况下，接收和发送节点采用不同的链路会造成传播时间在两个方向上的不同，称为链路的时延不对称，任何未校正的不对称都会在传输的同步时间值中引入误差，在多跳网络中，该误差会进一步累积，进而严重影响网络的时间同步精度。

为了消除时间感知系统中的链路不对称问题，gPTP 做了相应的增强和改进。

① 传输时延分段测量可减少平均误差，消除多跳链路误差累积。

② 中间转发节点可以计算报文的驻留时间，保证校时信号传输时间的准确性。

③ 如果已知链路不对称，可以将该值写在配置文件中：对于终端设备，在校时的时候会把该偏差考虑进去；对于网桥设备，在转发的时候，会在 PTP 报文的校正域中补偿对应的差值。

（2）网桥驻留时间

对于网桥设备，从接收报文到转发报文所消耗的时间（中间可能经过缓存），称为驻留时间。该值具有一定的随机性，从而影响校时精度。

gPTP 要求网桥设备必须具有测量驻留时间的能力，在转发报文的时候将驻留时间累加在 PTP 报文的校正域中，下一节点在测量时间同步时，能够根据校正域中各跳的驻留时间进行补偿，从而减小驻留时间对时间同步精度的影响。

（3）时间戳采样点

前面提到的 T_1、T_2、T_3、T_4 等时刻的采用，常规的做法是在应用层采样，时间戳采样示意如图 5-5 所示。在发送端，报文在应用层（PTP 校时应用）产生后，需要经过协议栈缓冲，然后才发送到网络上；在接收端，报文要经过协议栈缓冲，才能到达接收者（PTP 校时应用）。然而，由于协议栈缓冲和处理带来的时延是不固定的，并且操作协同调度导致的时延是不确定的，这两方面的“不确定性”都会对时间同步精度造成影响。

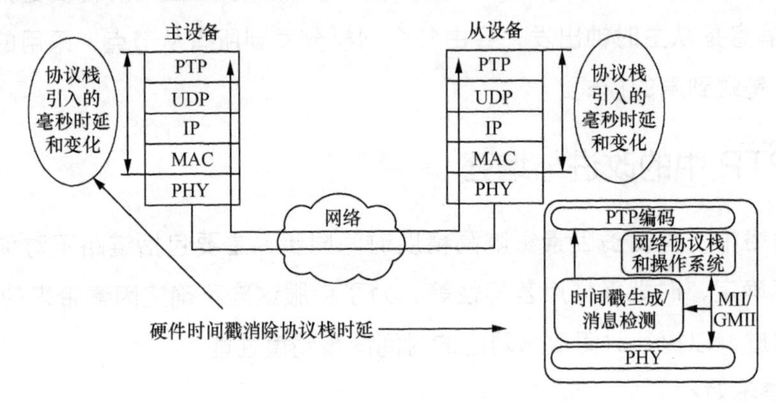

图 5-5 时间戳采样示意

为了达到高精度的时间同步，必须消除软件带来的不确定因素，这就要求必须把时间采集点尽量靠近物理层传输介质。因此，gPTP 做了如下改进。

① gPTP 采用数据链路层，即 MAC 层作为时间采集点：在发送方，当报文离开 MAC 层进入物理层（PHY）的时候记录当前时刻；在接收方，当报文离开 PHY 刚到达 MAC 层的时候记录当前时刻。这样可以消除协议栈带来的不确定性。

② gPTP 采用硬件时间戳的方式提升时间精度：MAC 时间戳可以通过软件的方式打开，也可以通过硬件的方式打开，硬件方式可以消除系统调度带来的不确定性，会比软件方式更加精确。

5.2 5G 网络时间同步机制概述

5G 系统整体包括核心网、接入网和终端部分，其中：核心网与接入网之间需要用户平面和控制平面的接口连接；接入网与终端部分之间通过无线空口协议栈连接。5G 接入网架构需要重点考虑接入网基站间的连接架构，以及接入网与核心网的连接架构这 2 个方面的

问题。

相较于 4G，5G 通信网络技术对系统性能要求更高。为了支持 5G 数据快速传输，3GPP 提出了 5G NR 技术标准，5G NR 下采用了更加灵活的无线帧结构、子载波参数配置，并引入新型的同步及同步信号块（SSB）对接收信号进行解调，SSB 由主同步信号（PSS）、物理广播信道（PBCH）和辅同步信号（SSS）组成，PSS 序列和 SSS 序列组成了 SS 序列。

5.2.1　5G 网络同步架构

因为 5G 采用了大规模 MIMO、CA 等技术，对于时间同步的精度和可靠性均提出了新的要求，所以需要在 5G 网络部署新的高精度时间同步组网方案。作为 5G 标准的关键技术，大规模 MIMO 技术能够极大地提升频谱效率和系统吞吐量，CA 能够将多个载波组合成一个数据通道以增强网络数据的容量。5G 时间同步网络架构如图 5-6 所示，主要包括时间同步源、同步信号承载、5G 通信网络同步信号接入 3 个部分。为了实现通信网络高精度的时间同步，可优化时间同步网中的 3 个部分。对于高精度时间同步源，可采用双频接收技术，即采用双频接收机同时接收两个频点的载波信号，提高卫星授时精度；在承载传输上，主要使用支持 IEEE 1588v2 协议的传输设备进行高精度时间源的传递。

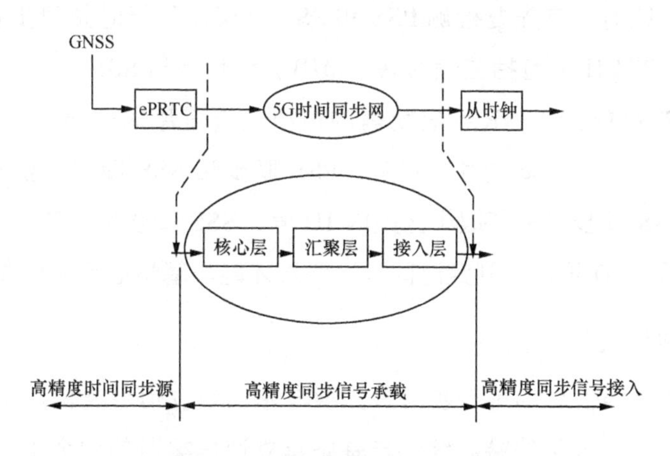

图 5-6　5G 时间同步网络架构

在 5G 时间同步通用网络架构中，IEEE 1588v2 协议主要应用于同步承载部分，实现在地面链路进行高精度时间源信号的传送。基于 IEEE 1588v2 协议的时间同步承载网络架构如图 5-7 所示。首先，需要在本地核心层节点配备一主一备两套高精度的时间服务器，可以同步获取卫星上的高精度时钟源信息，作为标准时间参考信号的输出。同时，在同步承载网络中，将 OTN 网元、智能城域网等设备设置为 IEEE 1588v2 时钟中的边界时钟（BC）模式，设置为 BC 模式的网元的一个端口作为从时钟，与上级时钟节点保持同步，其他端口则作为下一级边界时钟网元的主时钟，通过多级 BC 网元实现对高精度时间服务器的输出时间源信号进行跟踪和逐点恢复，最终传递至 5G 基站。

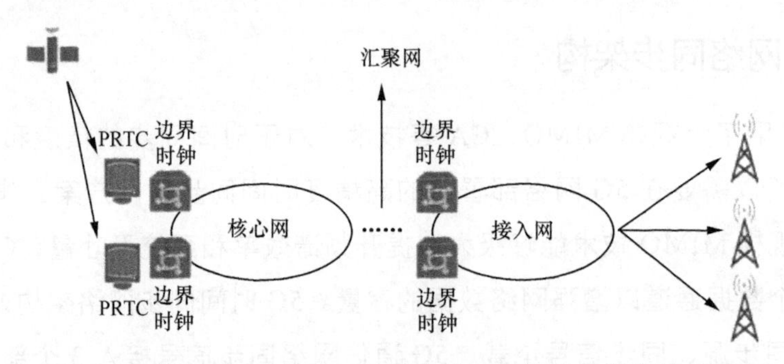

图 5-7 基于 IEEE 1588v2 协议的时间同步承载网络架构

5.2.2 5G 空口时间同步方法

NR SSB 包括 PSS、SSS 和 PBCH。PBCH 中包含解调参考信号（DM-RS）。用户终端在接入 NR 系统时，首先要检测 PSS 和 SSS 以获得下行时频同步和 PCID，然后对 PBCH 进行解码。PBCH 中包括主信息块（MIB）和其他与 SSB 传输时间有关的信息。MIB 中携带了用户终端接入 NR 系统所需的最小系统信息的一部分。若干 SSB 组成了 SSB 突发集，SSB 突发集是周期性传输的。PSS 同步和 SSS 同步是获取小区 ID 必不可少的两个步骤，PSS 同步用来获取小区组内 ID 号，SSS 同步用来获取小区组 ID 号，只有正确检测到这两个 ID 号，达到定时同步，终端才能与基站进行信息交互。

1. 5G 下行同步流程

用户终端获取资源信息的第一步就是先要与基站建立信息通信连接，基站获取到相应的资源信息后，再分发给终端。终端与基站建立通信渠道的这个步骤就是下行同步。经过下行同步过程，确定小区 ID 号后，终端建立与基站的通信连接，完成资源信息交互。为了保证获取资源信息的准确性和流畅性，系统为每个基站小区分配了不同的 ID 号，通过该 ID 号确定用户终端身份信息后，才被允许接入到该小区，这样还可以防止非该小区的资源请求进入到小区。下行同步检测概述如图 5-8 所示。SSS 同步检测后可以获取小

区标识 PCI，完整的下行同步还包括对 PBCH 信道承载的 MIB 和 DM-RS 进行解调，本节主要研究 PSS 同步、SSS 同步检测算法。

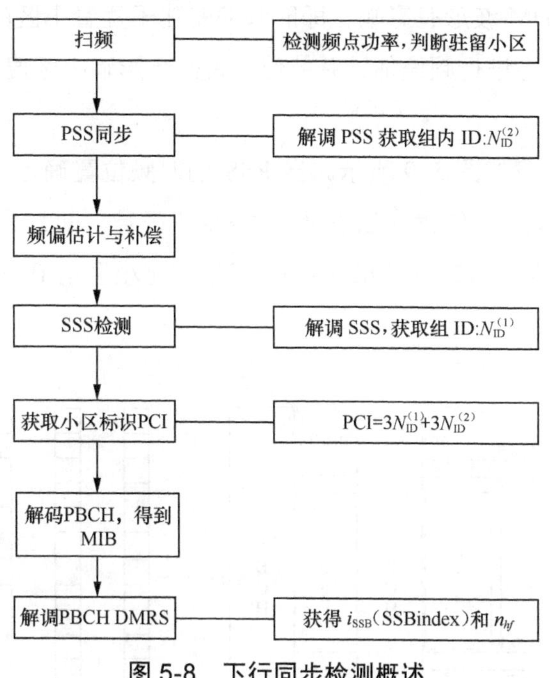

图 5-8　下行同步检测概述

（1）扫频

5G 基站发射 SSB，向四周覆盖各个方向，终端从周期性发射的 SSB 中通过频率搜索找到小区信号的子载波频点，然后判断该频点是否有小区驻留。搜索遵循的原则为：先在终端之前驻留过的小区 GSCN 载波频点上进行搜索，若搜索不成功，则进行全频段的搜索，找到用户终端能够支持频段范围内所有存在的小区。

（2）PSS 同步

PSS 生成序列仅有 3 组，且只与组内 ID 号相关联，而 SSS 生成序列与组内 ID 号和组 ID 号都有关联。因此，通常先进行 PSS 检测，先一步获取组内 ID 号，简化后续 SSS 检测的计算复杂度。利用 PSS 序列互相关特性进行解调，得到组内 ID 号和粗同步位置 pos。定时粗同步检测完成后得到粗同步位置 pos，粗同步位置 pos 只是一个大概的位置，并不精确。5G NR 的 OFDM 系统由 CP 和有效数据组成，同步相关的原理是将做线性卷积的数据转换为做循环卷积的数据，所以得到的粗同步位置 pos 处于 CP 范围。

（3）频偏估计与补偿

5G NR 下行同步传输使用了 OFDM 波形，OFDM 技术具有多载波调制的特点，时偏、频偏的微小变化对 OFDM 波形有影响，即时频偏变化干扰着小区的搜索进程，因此在粗同步检测后要对接收信号进行频偏估计并补偿，否则会影响小区搜索之后的解码流程。

（4）SSS 检测

SSB 时频域结构示意如图 5-9 所示。当 PSS 的时频位置确定后，SSS 的时频位置也随之确定，时域上 PSS 所在位置往后挪两个 OFDM 符号，即为 SSS 序列的位置。利用 SSS 相关特性解调出长度为 127 的 SSS 序列，可以得出小区组 ID 号。

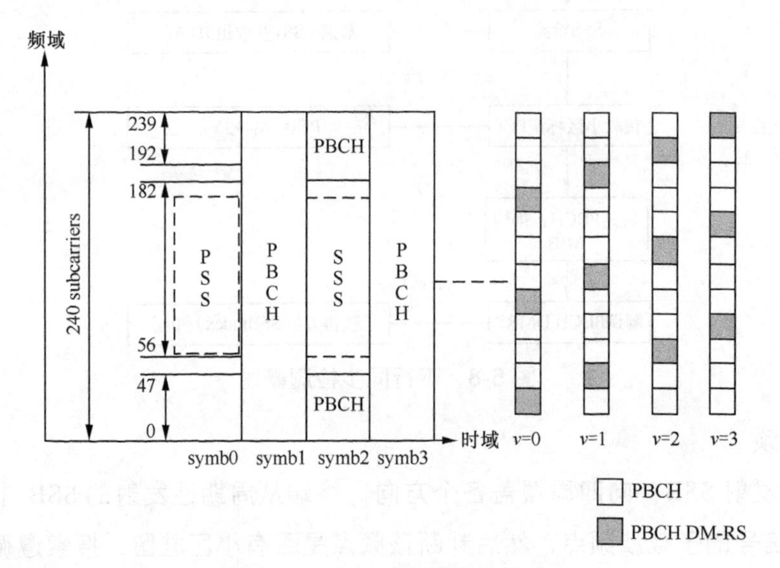

图 5-9　SSB 时频域结构示意

（5）获取小区标识 PCI

获取完整的物理小区标识后，可以得到 SSB 的子载波间隔和频点。5G 的 SSB 架构灵活，无法判断 PSS 和 SSS 在频域上的起始 RB 位置，需要解调 PBCH。

（6）解码 PBCH，得到 MIB

基站将 SSB 向四周进行传播，确保其覆盖各个方向的小区，接收端进行波束扫描时，可能发现有的小区被多个波束覆盖，每个波束都是独立的，即每个波束都有自己的 PBCH 信道，解调 PBCH 可以得到对应波束的 MIB 和 DM-RS。

（7）解调 PBCH DMRS

在 5G NR 系统中，邻近的小区应该尽量避免使用相同的频率，这样可以避免同频小

区 PBCH 信道上的 DM-RS 发生干扰。通过解调 PBCH 的 DM-RS 可以得到 SSB 的索引 i_{SSB} 和半帧信息 n_{hf}，$n_{\text{hf}}=0$ 表示前半帧，$n_{\text{hf}}=1$ 表示后半帧。PBCH 解调完成后，终端可以接入对应的基站小区，建立资源传输通道。

2. PSS 同步检测算法

主同步信号检测是下行同步的核心步骤，因此对同步检测算法提出了更高的要求，在保证检测精度的同时，还能降低运算量，帮助系统准确、快速地捕获小区 ID。常规的 PSS 同步检测算法主要包括滑动互相关算法、分段互相关算法和对称自相关算法，滑动互相关算法的运算量高，分段互相关算法的抗噪性有限，对称自相关算法的峰值有一定下降，综合分析常规 PSS 同步检测算法的性能后，根据 PSS 序列的共轭对称特性，本书提出了频域差分累加 PSS 改进算法。此外，为了更加精确地找到同步位置，还采用了 PSS 精同步算法。

基站发出的基带信号记为 $s(n)$，$n=0, 1, 2, \cdots, L-1$，接收端接收的信号记为 $y(n)$

$$y(n)=h(n)s(n)e^{\frac{\mathrm{j}2\pi\varepsilon n}{N}}+w(n) \tag{5-5}$$

公式（5-5）中，$w(n)$ 记为传输过程中的噪声，$w(n)$ 属于一种平稳的高斯白噪声，其中均值为 0，方差记为 σ^2。$h(n)$ 为信道冲激响应，ε 为归一化载波频偏，N 为逆傅里叶变换的点数。搭建 $\mu=1$，SCS = 30kHz，采样率 122.88MHz 的仿真环境，所以时域上，分配给一个 OFDM 符号的长度是 4096，PSS 序列具有共轭对称特性，选择对半帧 PSS 信号进行分析，半帧 PSS 信号的长度是 614400，为了降低计算复杂度，对接收的半帧 PSS 信号进行 16 倍下采样，其长度变为 38400，PSS 序列所在的时域 OFDM 符号长度变为 256。

3. SSS 检测算法

PSS 序列与 SSS 序列的频域长度、频域位置相同，时域上相差一个 OFDM 符号。接收端得到的频域 PSS 记为 $R_{\text{PSS}}(k)$，本地预存的 PSS 序列记为 $S_{\text{PSS}}(k)$，PSS 信道估计数值结果记为 $H_{\text{PSS}}(k)$

$$H_{\text{PSS}}(k)=\frac{R_{\text{PSS}}(k)}{S_{\text{PSS}}(k)} \tag{5-6}$$

接收端 SSS 序列 $r_{\text{sss}}(n)$ 进行傅里叶变换后记为频域 SSS 序列 $R_{\text{SSS}}(k)$，对其信道均衡后结果记为 $Y_{\text{SSS}}(k)$

$$Y_{\mathrm{SSS}}(k)=\frac{R_{\mathrm{SSS}}(k)}{H_{\mathrm{PSS}}(k)} \tag{5-7}$$

对信道均衡后的序列与本地预存的 336 组 SSS 序列进行多次互相关计算，相关结果记为

$$C(i)=\sum_{k=0}^{126}Y_{\mathrm{SSS}}(k)S_{i,\mathrm{SSS}}^{*}(k), i=0,1,\cdots,335 \tag{5-8}$$

i 为 SSS 序列的序列号，取最大值即可得到小区组 ID，相关结果记为

$$N_{\mathrm{ID}}^{1}=\arg\max\left(\left|C(i)\right|^{2}\right) \tag{5-9}$$

4. 同步信号设计

同步信号包括 PSS 和 SSS。NR 设计了 3 个 PSS 序列，PSS 序列的 ID 为 $N_{\mathrm{ID}}^{(2)}\in\{0,1,2\}$。每个 PSS 序列对应 336 个 SSS 序列，SSS 序列的 ID 为 $N_{\mathrm{ID}}^{(1)}\in\{0,1,\cdots,335\}$。

每个 NR 物理小区的标识为 $N_{\mathrm{ID}}^{(cell)}$，由 PSS 序列 ID 和 SSS 序列 ID 的组合共同确定，即 $N_{\mathrm{ID}}^{(cell)}=3N_{\mathrm{ID}}^{(1)}+N_{\mathrm{ID}}^{(2)}$。于是，NR 共支持 1008 个 PCID。相比之下，LTE 的 PCID 数只有 504 个，NR 可以提供更大的小区部署灵活性。

（1）PSS

最大长度序列（MLS）也叫 m 序列，是长度为 N=2n−1 的周期性二进制序列。其中，n 为产生 m 序列的生成多项式的阶数。m 序列经过循环移位后仍然是 m 序列。通过不同的循环移位，一个 n 阶多项式共可产生 2n−1 个长度为 2n−1 的 m 序列。m 序列具有以下主要伪随机噪声（PN）的属性。

- 平衡性：任何长度为 N=2n−1 的 PN 序列包含 2n−1 个“1”和 2n−2 个“0”。
- 自相关：理想的归一化自相关函数为

$$r(i)=\begin{cases}1, i=1\\ -1/N, 1\leqslant i<N\end{cases} \tag{5-10}$$

NR PSS 序列是由长度为 127 的 m 序列经二进制相移键控（BPSK）调制后得到的。3 个 PSS 序列中，第一个 PSS 序列采用以下 7 阶多项式生成：$g(x)=x^{7}+x^{4}+1$。

生成 PSS 序列所用的初始值为 $x(0)$= 0、$x(1)$= 1、$x(2)$= 1、$x(3)$= 0、$x(4)$= 1、$x(5)$= 1、$x(6)$= 1。其中，第 2 个和第 3 个 PSS 序列由第一个 PSS 序列通过两个不同的循环移位 $\{[N/3],[2N/3]\}=\{43,86\}$ 得到。

LTE PSS 采用长度为 63 的 Zadoff-Chu 序列。相比 Zadoff-Chu 序列，m 序列的抗频偏能力较好，不存在 Zadoff-Chu 序列所具有的时间偏离和频率偏移模糊问题。另外，NR PSS 的序列长度比 LTE PSS 序列长度多了一倍，这也使 NR PSS 具有更优的检测性能。

（2）SSS

NR SSS 序列 $d_{sss}(n)$ 是由长度为 127 的 Gold 序列经 BPSK 调制后得到的，其定义为

$$\begin{aligned} & d_{sss}(n)=\left[1-2y_0\left((n+m_0)\bmod 127\right)\right]\left[1-2y_1\left((n+m_1)\bmod 127\right)\right] \\ & 0\leqslant n<127 \end{aligned} \tag{5-11}$$

其中，y_0 和 y_1 是两个为长度 127 的 m 序列。m 序列 y_0 和 y_1 的生成多项式分别为

$$\begin{aligned} g_0(x)&=x^7+x^4+1 \\ g_1(x)&=x^7+x+1 \end{aligned} \tag{5-12}$$

初始值为 $x(0)=1$、$x(1)=0$、$x(2)=0$、$x(3)=0$、$x(4)=0$、$x(5)=0$、$x(6)=0$。循环移位 m_0 和 m_1 由 NR PSS 序列 ID，$N_{\text{ID}}^{(2)}\in\{0,1,2\}$ 和 NR SSS 序列 ID，$N_{\text{ID}}^{(1)}\in\{0,1,\cdots,335\}$ 来确定。

$$m_0=15\left\lfloor\frac{N_{\text{ID}}^{(1)}}{112}\right\rfloor+5N_{\text{ID}}^{2};m_1=N_{\text{ID}}^{(1)}\bmod 112 \tag{5-13}$$

Gold 序列具有良好的自相关和互相关特性。Gold 序列的互相关特性与 m 序列的互相关特性相同。虽然 Gold 序列的自相关特性不如 m 序列的自相关特性好，但当采用相同阶数的生成多项式时，生成的 Gold 序列数量要远远多于 m 序列数量，这也是 NR SSS 采用 Gold 序列的主要原因。

当用户终端在接入 NR 系统时，首先要检测 PSS 获取时间同步和频率同步并获得 $N_{\text{ID}}^{(2)}$ 的信息，然后利用获得的 $N_{\text{ID}}^{(2)}$，进一步检测 SSS 获取小区 ID 的剩余信息，即 $N_{\text{ID}}^{(1)}$ 的值。

5. 时间同步

当用户终端检测到某个 SSB 时，将从该 SSB 获取定时信息，以达到下行时间同步的目的。获取的定时信息包括系统帧号（SFN）、半无线帧索引、半无线帧中的时隙索引和时隙中的 OFDM 号索引。

PBCH 传输时间间隔（TTI）为 80ms。由于在一个 TTI 内共有 8 个无线帧（10ms），以及每个 SSB 突发集的传输限制在半无线帧（5ms）之内，在一个 PBCH TTI 内有 16 个可能传输 SSB 突发集的位置。因此，一个 SSB 突发集在 PBCH TTI 内的位置需由系统帧号的 3 位最低比特位（LSB）和 1 位半无线帧索引指示。

确定了帧和半无线帧的位置之后，用户终端需进一步获知该 SSB 在 SSB 突发集中的位置，以推算出 SSB 在无线帧中的时隙和 OFDM 符号位置。一个 SSB 突发集包含多个 SSB，每个 SSB 在 SSB 突发集中的排列顺序，以及半无线帧中的时隙数量决定了该 SSB 在半无线帧中的具体时隙和在该时隙中的 OFDM 符号位置。为此，每个 SSB 携带了该 SSB 在 SSB 突发集中的索引号，即 SSB 时间索引。根据 SSB 时间索引，用户终端就可结合 NR 标准规定的 SSB 在半无线帧中的位置，推断出该检测到的 SSB 在半无线帧中的时隙索引以及在该时隙中的 OFDM 符号索引。

由于不同频率范围内一个 SSB 突发集的最大 SSB 个数不同，表示 SSB 时间索引所需的比特数也不同。当 L=4 时，SSB 时间索引仅为 2bit；当 L=8 时，SSB 时间索引为 3bit。若 L=4 或 8 时，SSB 时间索引（2bit 或 3bit）通过 PBCH 的 DM-RS 序列来携带。用户终端可以在不解码 PBCH 的情况下获得 SSB 时间索引。将 SSB 时间索引放在 PBCH 有效载荷之外也有利于实现 PBCH 的软合并，因为这些 SSB 虽然时间索引不同，但它们携带相同的 PBCH 有效载荷。对于频率在 6GHz 以上的频段，当 L=64 时，SSB 时间索引为 6bit，其中，SSB 时间索引的 3 位 LSB 通过 PBCH 的 DM-RS 序列来携带，而 SSB 时间索引的 3 位最高比特位（MSB）携带在 PBCH 的内容中，用户终端需通过解码 PBCH 以获得 SSB 时间索引。

5.3 5G-TSN 时间同步方案

在 5G R17 中，时间同步预算（5G 系统在时间同步消息路径上的入口和出口之间的时间误差）被设置为 900ns。时间同步消息流经过空口两次，因此空口之间的同步误差不应超过 450ns，该时间精度受基站处的时间对齐误差、用户终端处的帧定时误差和传播时延的影响。5G 时间域内基站给用户终端或工业设备进行时间同步时，基本步骤为：用户终端进行下行同步、解码 SIB9 获取时间信息，以及进行传播时延补偿。其中，下行同步用户终端会通过检测 PSS、SSS 来完成时频同步。

在 5G 中，PSS、SSS 会与物理广播信道进行耦合，组合为同步信号块并通过波束成形与波束扫描等方式传输，以扩大覆盖范围。下行同步时首先会对 SSB 中的 PSS 进行检测获得定时信息和频偏估计值，然后才能检测 SSS 并解码 PBCH。由于检测 PSS 时用户终端没有任何有关下行同步的先验信息，需要根据同步栅格的搜索步长进行扫描，而 SSS 的时频位置相对 PSS 是固定的，因此检测 SSS 的复杂度低于检测 PSS 的复杂度。在检测 PSS 时，载波频率偏移 CFO 和传播损耗也会导致同步性能下降，因此需要采取有效的方法提高检测 PSS 时的性能。另外，基站与用户终端或工业设备间的无线链路容易受到多径的影响，传播时延预估计的不准确性对同步的误差有较大影响，影响 5G-TSN 系统的协调运作，因此需要合理的时间同步方案和准确的估计补偿传播时延，才能保证用户终端时间的精度满足正常运行的要求。

5.3.1　5G-TSN 时间同步系统机制

5G-TSN 的关键技术之一就是基于 5G 系统的时间同步，支持时间关键业务的端到端时间同步。网络中设备节点间的时间同步是实现确定性时延传输的基础和关键，然而，5G 和 TSN 属于不同的时间域，两个网络均有各自域内的主时钟，因此，如何实现两者的时间同步成为 5G 与 TSN 协同传输的首要关键问题。对于如何实现跨网时间同步，主要有两种方案，一种是 BC 补偿方案，另一种是时钟信息透明传输方案。BC 补偿方案示意如图 5-10 所示，时钟信息透明传输方案示意如图 5-11 所示。

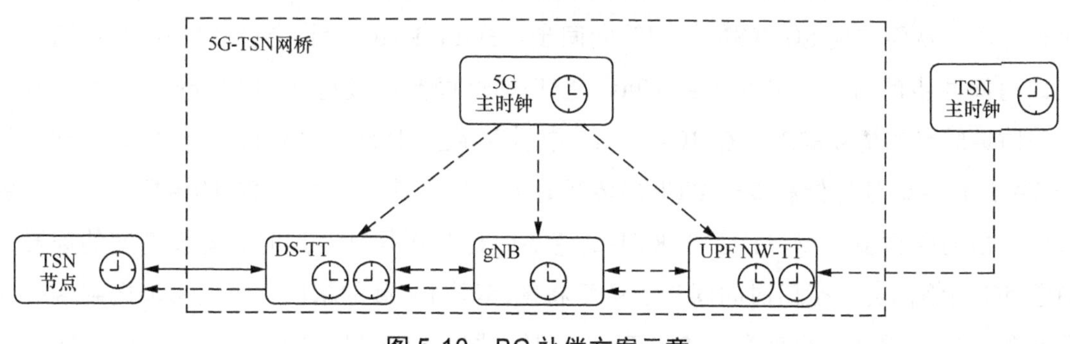

图 5-10　BC 补偿方案示意

5G 系统与 TSN 域分属两个不同的同步系统，两个同步系统之间彼此独立。5G 系统作为逻辑 TSN 网桥，5G 主时钟与 UE、gNB、UPF、NW-TT 和 DS-TT 实现了时间同步。5G 系统边缘的 TSN 转换器需要支持 IEEE 802.1 AS 的相关功能，用于 TSN 系统和 5G 系统之间的互通。

对于 BC 补偿方案，5G 网络中终端侧及网络侧的网关处将能同时感知到两个时间域的时钟消息，边界网关将测量两个时钟间的误差，通过将测量值补偿到 5G 时钟信息上，使得 5G 和 TSN 两个不同的网络能够处于同样的时间基础，实现 5G 核心网设备及 5G 基站的精准时延转发功能。对于该方案而言，两个时钟间误差测量的精度及误差更新的频度，成为跨网时间同步的关键。

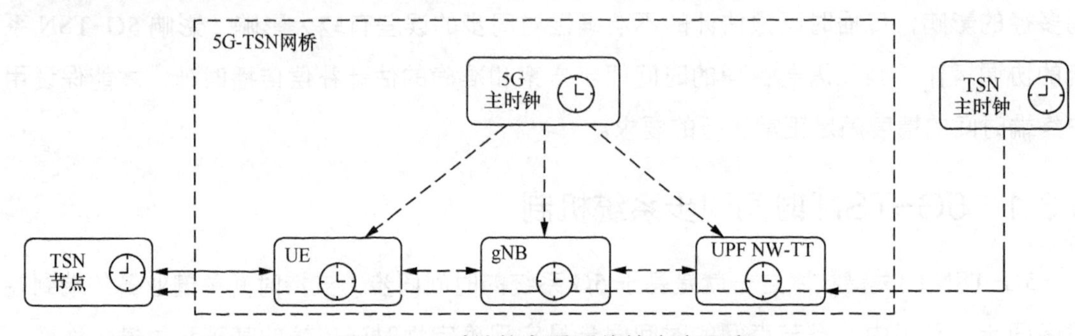

图 5-11　时钟信息透明传输方案示意

对于时钟信息透明传输方案，将 TSN 域内时间同步消息，即 PTP 消息，在 5G 域内进行透明传输。但是，在传输链路上经过每一个节点时，都需要在该节点的停留时间进行标记，即记录进入该节点入口和离开该节点出口的时间戳，并将时间戳消息填入 PTP 事件消息的修正字段，TSN 设备时钟收到 PTP 消息后可根据驻留时间对累积误差进行补偿，从而实现 5G-TSN 跨网时间同步。3GPP R16 中引入空口时间同步增强，将空口时间同步的时钟粒度减小到 10ns，空口时间同步精度可达到 250ns 内。为了满足空口时钟同步的精度需求，在 3GPP R17 中引入了空口授时传播时延补偿技术，支持基于 TA 的传播时延补偿和基于 RTT 的传播时延补偿，其中，基于 TA 的传播时延补偿是针对一般时钟精度的场景，基于 RTT 的传播时延补偿是针对高时间同步精度的场景。对于 5G 网络而言，空口时间同步的精度将影响其时间戳的精度，进而影响端到端时间同步的精度。因此，目前在跨 5G-TSN 的时间同步方案研究中，仍然以 BC 补偿方案为主。

5.3.2　5G-TSN BC 补偿

将整个 5G 系统视为 IEEE 802.1AS“时间感知系统”。其中，5G 系统边缘的 TSN 转换器（TT）需要支持 IEEE 802.1AS 操作，而 UE、gNB、UPF NW-TT 和 DS-TT 与 5G GM（即 5G 内部系统时钟）同步。5G-TSN 高精度时间同步示意如图 5-12 所示。

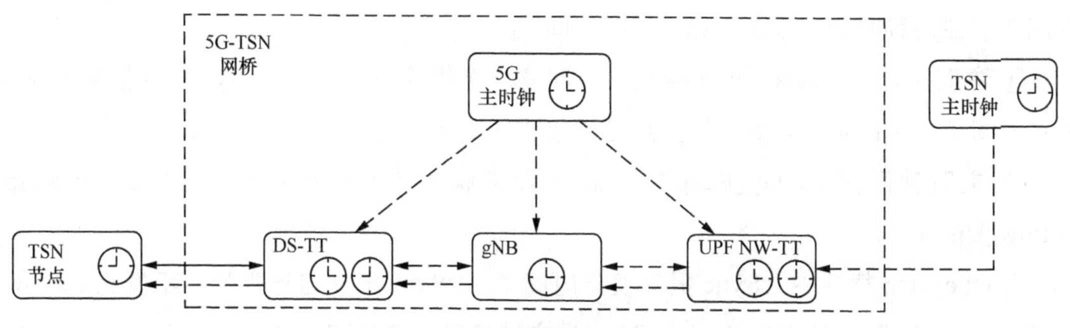

图 5-12　5G-TSN 高精度时间同步示意

1. NW-TT 侧时间同步

5G 网络作为一个桥与外部的 TSN 连接，仅 5G 系统边缘处的 NW-TT 和 DS-TT 需要支持 IEEE 802.1AS，在 TSN 时钟域，NW-TT 的同步方案如下。

gPTP 的时间同步方法和 IEEE Std 1588-2019 一致，从主时钟之间交互同步报文并记录报文的收发时间，通过计算报文的往返时间差来计算主从之间的往返总时延，假设网络是对称的，那么这个单向的时延就是主从之间的时间偏差，从时钟按照偏差来调整本地时间就可以实现与其主时钟的时间同步。PTP 定义了时延请求机制和端到端时延机制两种传播时延测量机制。IEEE 802.1AS 采用的是端时延机制，NW-TT 侧时间同步过程如图 5-13 所示。

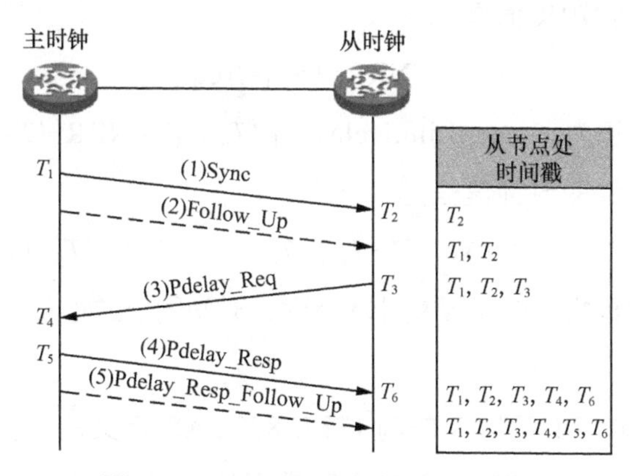

图 5-13　NW-TT 侧时间同步过程

① 主时钟向从时钟发送 Sync 报文并记录发送时间 T_1；从时钟收到报文后，记录接收时间 T_2。

② 主时钟发送 Sync 报文后会紧接着发送一个携带有 T_1 的 Follow_Up 报文。

③ 从时钟向主时钟发送 Pdelay_Req 报文用于发起反向传输时延的计算，并记录发送

时间 T_3；主时钟收到该报文后记录接收时间 T_4。

④ 主时钟收到 Pdelay_Req 报文后，回复一个携带有 T_4 的 Pdelay_Resp 报文并记录发送时间 T_5；从时钟接收到该报文后记录接收时间 T_6。

⑤ 主时钟回复 Pdelay_Resp 报文后会紧接着发送一个携带有 T_5 的 Pdelay_Resp_Follow_Up 报文。

在 One-step 模式中，Sync 报文发送时间 T_1 由 Sync 报文自己携带，不发送 Follow_Up 报文，T_5 和 T_4 的差值由 Pdelay_Resp 报文携带不发送 Pdelay_Resp_Follow_Up 报文；在 Two-step 模式中，Sync 发送时间 T_1 由 Follow_Up 报文携带，T_4、T_5 分别由 Pdelay_Resp 和 Pdelay_Resp_Follow_Up 报文携带。

此时，从时钟就有了 $T_1 \sim T_6$ 这 6 个时间戳，那么总时延为（T_4-T_3）+（T_6-T_5），假设网络是对称的，那么

$$\text{meanLinkDelay}=[(T_4-T_3)+(T_6-T_5)]/2 \quad (5-14)$$

也可以表示为

$$\text{meanLinkDelay}=[(T_6-T_3)-(T_5-T_4)]/2 \quad (5-15)$$

这个计算方式是基于 initiator 和 responder 的频率是一致的，如果二者的频率不一致，则引入 NRR，NRR 是主从之间的频率比。其中 Requestor 设备的频率是 freq，Responder 设备的频率是 fresp，则 NRR 值是

$$\text{NRR}=\text{fresp}/\text{freq} \quad (5-16)$$

meanLinkDelay 修正为：$\text{meanLinkDelay}=[(T_6-T_3)\times\text{NRR}-(T_5-T_4)]/2$ （5-17）

从时钟相对于主时钟的时钟偏差为

$$\text{Offset}=T_2-T_1\,[(T_6-T_3)\times\text{NRR}-(T_5-T_4)]/2 \quad (5-18)$$

NRR 通过端到端时延机制交互报文计算得到，时间同步过程及 NRR 计算公式如图 5-14 所示。

位于 5G 系统边缘的 TT 可以完成与 IEEE 802.1AS 定义的时间同步功能，例如，基于 gPTP 实现 DS-TT 和 NW-TT 与 TSN 主时钟间的时间同步。

NW-TT 收到下行 gPTP 消息后，会为每个 gPTP 事件（Sync 消息）创建入口时间戳（TS_i），并将在 gPTP 消息 playload 内接收到的累积 rateRatio（在 Sync 消息中进行一步操作，或在 Follow_up 消息中进行两步操作），计算以 TSN 主时钟时间（根据 IEEE 802.1ASTM 中的规定）表示的来自上游 TSN 节点（gPTP 实体）的链路时延。然后，NW-TT 按照 IEEE 802.1ASTM

中的规定计算新的累积 rateRatio（例如 5GS 的累积 rateRatio），并修改 gPTP 消息 payload（在 Sync 消息中进行一步操作，或在 Follow_up 消息中进行两步操作）。

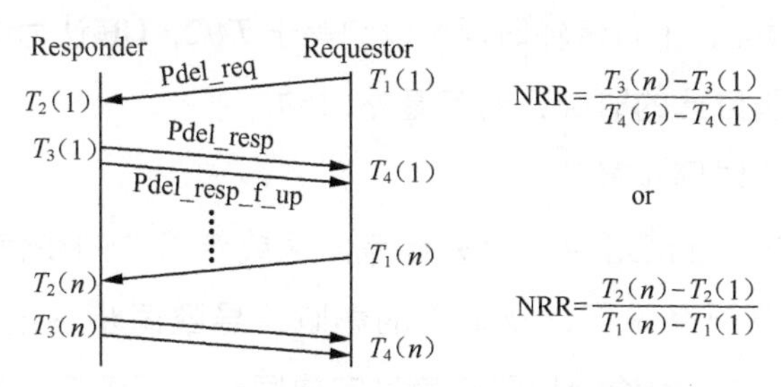

图 5-14　时间同步过程及 NRR 计算公式

然后，UPF 通过用户平面将 gPTP 消息转发给用户终端，用户终端接收 gPTP 消息并将其转发到 DS-TT。然后，DS-TT 为外部 TSN 工作域的 gPTP 事件（Sync 消息）创建出口时间戳（TS_e）。TS_i 和 TS_e 之间的差异被视为计算出的在 5G 系统中花费的以 5GS 时间表示的 gPTP 消息的停留时间。然后，DS-TT 使用 gPTP 消息有效负载中包含的 rateRatio（用于一步操作的 Sync 消息或用于两步操作的 Follow_up 消息）携带的值，将 5GS 内的停留时间转换为 TSN 主时钟时间，并修改发送给下游 TSN 节点的 gPTP 消息的 payload。

2. 空口侧时间同步

（1）空口同步流程

此外，为了适应 TSN 的高精度时间同步需求，在 NR 引入了高精度的参考时间发送机制，可以有广播消息（SIB9）或者专用的 RRC 消息（DLInformationTransfer 消息）发送，时间粒度从 10ms 增强到了 10ns。

5G RAN 和 UE 之间还需要实现高精度的空口授时机制。5G 空口授时示意如图 5-15 所示。

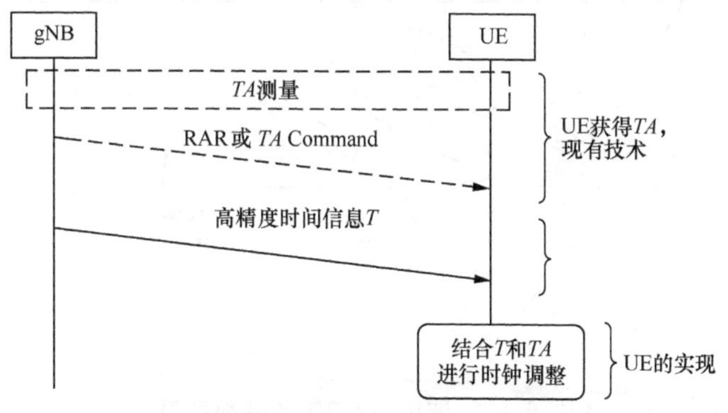

图 5-15　5G 空口授时示意

以参考帧边界为参考时刻，基站告知测试终端（TUE）该帧边界所对应的高精度时间信息 T，可以通过广播或单播的方式发送 T；考虑到下行传输时延，基站与 UE 对参考帧边界的认知存在误差，下行传输时延可以约等于 $TA/2$，UE 认为参考帧边界的时钟实际为（$T+TA/2$），据此调整自己的时钟，对齐基站时钟。

（2）多波束联合定时同步算法

用户终端通过检测下行链路中的相关参考信号或专用的同步信号完成定时同步。在检测 PSS 时会受到载波频率偏移以及噪声的影响，导致同步性能下降甚至无法建立同步。为了用户终端能够快速地检测到同步信号完成同步，保证后续系统信息块（SIB）或 RRC 消息的传送，下面提出一种联合多波束的定时同步的算法。为了支持多波束操作，尤其是在高频段的情况下，5G 引入了 SSB，它包括一个 PSS、一个 SSS 和一个 PBCH。下行链路会周期性传输 SSB，L 个 SSB 组成的同步广播块集合会依赖波束传输，L 的最大值取决于工作频段，毫米波频段最大值为 64。同步广播块集合被限制在一个 5ms 的半帧内并定期传输，并且其中的 SSB 之间的时域位置是相对的。波束与 SSB 的映射关系如图 5-16 所示，gNB 在一个无线电帧中为 SSB 定义了多个候选位置，每个 SSB 对应于在一个特定方向上辐射的波束，每个 SSB 可以通过一个唯一编号来识别，而识别哪个 SSB 取决于 UE 所在的位置。

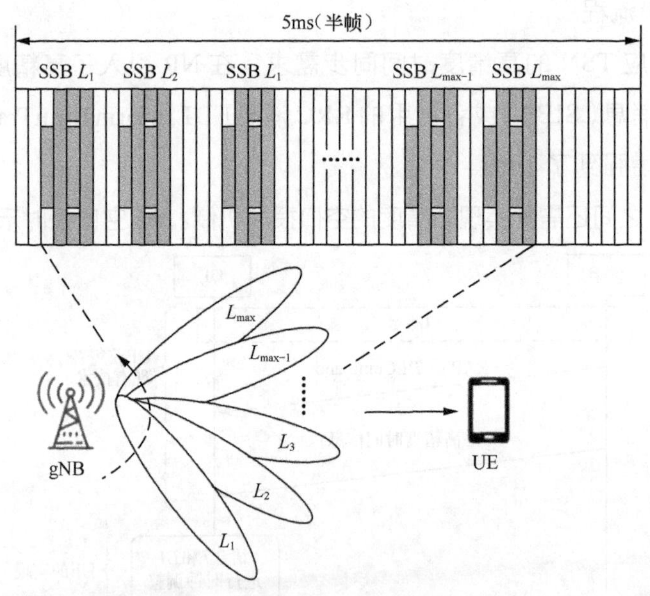

图 5-16　波束与 SSB 的映射关系

从测量的角度来看，UE 会扫描检测不同波束，从而能够识别出信号强度最强的 SSB，同时也能根据时域关系推导其他 SSB。根据波束中各个 SSB 时域位置的相对确定，通过联合多个 SSB 进行定时，将能充分利用波束的能量与时域特性。通常会根据周期执行同步，但当测量的参考信号接收功率或接收质量低于正常范围时，会立即触发新的波束扫描和同步，以保证 UE 移动过程中的可靠性。

（3）时间同步消息传输

5G-TSN 融合网络时间同步机制与 IEEE 802.1AS 中规定的时间同步消息的传播流程保持一致，5G-TSN 融合网络时间同步消息传输机制如图 5-17 所示。时间同步消息在时间感知系统间逐跳传输，这种机制能够在复杂的网络拓扑结构中确保每个时间感知系统均能同步到主时钟。

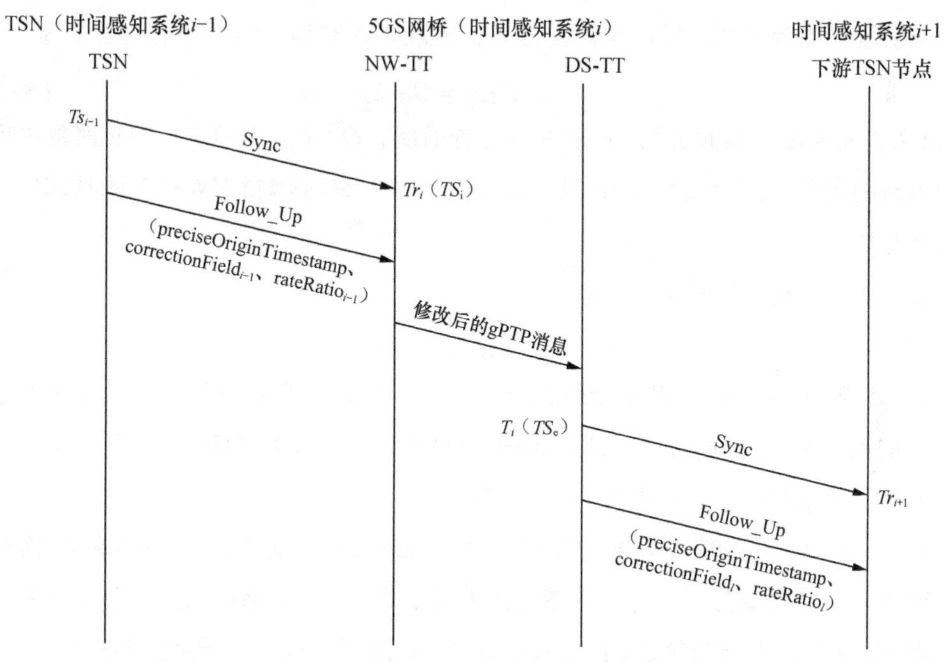

图 5-17　5G-TSN 融合网络时间同步消息传输机制

图中有 3 个时间感知系统，按顺序分别是 TSN、5GS 网桥和下游 TSN 节点，TSN 中与 5GS 网桥相邻的是时间感知系统（i−1），5GS 网桥和下游 TSN 节点相应设为时间感知系统 i 和（i+1）。gPTP 消息在 3 个系统间按顺序逐级传递，采用 IEEE 802.1AS 标准中规定的双步模式。在进行时间同步消息传输前，默认已经完成了上面提到的链路传播时延测量工作，具体过程如下。

① TSN 到 5GS 网桥 gPTP 消息传输过程。

TSN 在本地时间 Ts_{i-1} 向 5GS 网桥的 NW-TT 端口发送 Sync 消息，请求进行时间同步。NW-TT 端口接收到 Sync 消息后，以本地时间记录 Sync 消息进入 5GS 网桥的时间戳 TS_i。随后，TSN 向 5GS 网桥发送双步模式中的 Follow_Up 消息，并携带以下信息。精确原始时间戳、校正域 C_{i-1}、比率系数 r_{i-1}。

② 5GS 网桥内部同步消息传输过程。

在 5GS 网桥内部，NW-TT 接收到 TSN 发送的 gPTP 消息后，进行时钟校正和 gPTP 消息的修改，并将经过修改和添加的 gPTP 消息经过 UE 传输到 DS-TT。NW-TT 模块中校正时钟、修改 gPTP 消息的具体步骤如下。

首先，NW-TT 从端口接收到 TSN 的 Follow_Up 消息后，提取其中的精确原始时间戳和 C_{i-1} 字段，结合链路传播时延测量结果，校准本地时钟，时钟校准表达式为

$$\mathrm{GM}(Tr_i) = O + C_{i-1} + D_{i-1} \tag{5-19}$$

$\mathrm{GM}(Tr_i)$ 表示在本地时钟为 Tr_i 时的主时钟时间；O、C_{i-1} 分别为 gPTP 消息中携带的精确原始时间戳和时间感知系统 $(i-1)$ 校正域；D_{i-1} 为 5GS 网桥 NW-TT 的从端口测量的链路传播时延。

其次，通过时基转换方法，计算 r_i

$$r_i = r_{i-1} \cdot nr_i \tag{5-20}$$

公式（5-20）中，r_{i-1} 为时间感知系统（$i-1$）的同步信息中携带的比率系统；r_i 为 5GS 网桥的比率系数；nr_i 为时间感知系统（$i-1$）时钟频率与 5GS 网桥时钟频率之比。计算出 r_i 后，将 gPTP 消息中原有的 r_{i-1} 替换为 r_i。

最后，NW-TT 在 gPTP 消息的后缀字段中加入 Sync 消息进入 5GS 网桥的时间戳 TS_i。NW-TT 模块完成处理流程后，将 gPTP 消息以 PDU 会话的形式发送到 UE，gPTP 消息采用 5G QoS 流进行传输。UE 接收到 gPTP 消息后，进一步转发给 DS-TT。

③ 5GS 网桥到下游 TSN 节点的同步消息传输过程。

DS-TT 模块收到 gPTP 消息后，计算并更新校正域，并向后面的时间感知系统发送 gPTP 消息，具体流程如下。

首先，DS-TT 向时间感知系统（$i+1$）发送 Sync 消息，并记录 gPTP 消息离开 5GS 网桥的时间戳 TS_e。TS_i 与 TS_e 的差值即为以 5GS 本地时钟表示的 gPTP 消息在 5GS 网桥

中的驻留时间。

其次，计算并更新校正域。利用从 NW-TT 收到的 r_i、链路传播时延和 5GS 网桥的驻留时间计算时间感知系统 i 的校正域 C_i，计算公式为

$$C_i = C_{i-1} + D_{i-1} + (TS_e - TS_i) \cdot r_i \tag{5-21}$$

C_i 表示时间感知系统 i 的校正域。

最后，更新 gPTP 消息，用上述步骤中运算得出的时间感知系统 i 的校正域和 r_i 替换原信息中的对应字段，并删除 gPTP 消息后缀字段中的 TS_i。修改完成后，形成 Follow_Up 消息，发送到时间感知系统（i+1）。

第6章

适配 TSN 的 5G 网络技术增强

5G-TSN 协同传输构建了无线与有线融合的确定性网络，能够为具有高实时性要求的业务提供确定性传输保障。然而，TSN 作为有线网络，其在低时延、高可靠传输保障能力方面比 5G 更具有优势。因此，跨 5G 与 TSN 的数据传输在时延、抖动、可靠性保障方面，面临的最大挑战来自 5G，尤其是 5G 空口时变带来的不确定性会对跨网确定性传输造成极大的影响。当前，5G 网络的商用版本基本以 R15 为主，在时延保障方面仅提供空口最优 10ms 的保障，对于工业控制等高实时需求的业务而言，5G 网络在时延、可靠性保障方面的能力还需进一步提升。若 5G 网络的整体时延居高不下，那 5G-TSN 协同带来的确定性传输保障能力也会在实际应用中大打折扣，无法真正满足工业控制等实际场景的需求。因此，本章主要从 5G 网络低时延、高可靠能力增强、5G 本地组网及移动性管理等方面介绍适配 TSN 的 5G 增强技术。

本章内容安排：6.1 节介绍对适配 TSN 的 5G 低时延通信技术，主要从标准角度介绍了对改进 5G 空口时延性能的 uRLLC 灵活帧结构、免授权上行调度、半持续传输增强与子时隙反馈等技术；6.2 节重点从信道和编码技术增强两个维度介绍了适配 TSN 的 5G 高可靠传输技术；6.3 节则结合 5G-TSN 桥接网络的特点，介绍了适配 TSN 的本地组网技术；5G-TSN 协同实现了无线确定性技术，而随着机器人、AGV 等工业智能设备的引入，移动性也将成为 5G-TSN 协同传输中需要考虑的问题，因此，6.4 节探讨了适配 TSN 的 5G 移动性管理机制。

6.1 适配 TSN 的 5G 低时延通信增强技术

低时延是工业控制、车联网等诸多垂直应用的急迫需求，5G 及其演进系统也一直致力于降低空口时延，进而为无线通信深度赋能垂直行业提供更多场景。对于 5G-TSN 协同传输而言，5G 系统低时延和高可靠通信能力是端到端确定性传输的关键。因此，不管在 5G uRLLC 标准方面，还是在前沿技术研究方面，都致力于针对 5G 低时延技术的研究。

6.1.1 5G 低时延通信技术

1. 灵活帧结构设计

5G 网络支持和 4G 网络相同的结构配置，即一个无线帧分为 10 个子帧，每个子帧

分配 1ms。但上下行时隙配比会直接影响 TDD 系统中数据与信令的传输间隔，故与 LTE 系统一个子帧包括两个时隙的固定配置相比，5G NR 支持更灵活的帧结构配置与更短的上下行转换周期，可以在 1、2、4 个时隙中灵活切换以及配置上下行配比，大幅降低帧对齐时延与反馈时延。5G 帧结构还支持 0.5ms、1ms、2ms、2.5ms、5ms 和 10ms 共 6 种配置周期和双周期配置。同时，5G 通过灵活的帧结构为低时延业务提供 2ms 单周期、2.5ms 单周期和 2.5ms 双周期 3 个配置方案，满足 eMBB、mMTC、uRLLC 三大场景对时延和上下行业务的多种需求。5G 典型帧结构配置如图 6-1 所示。

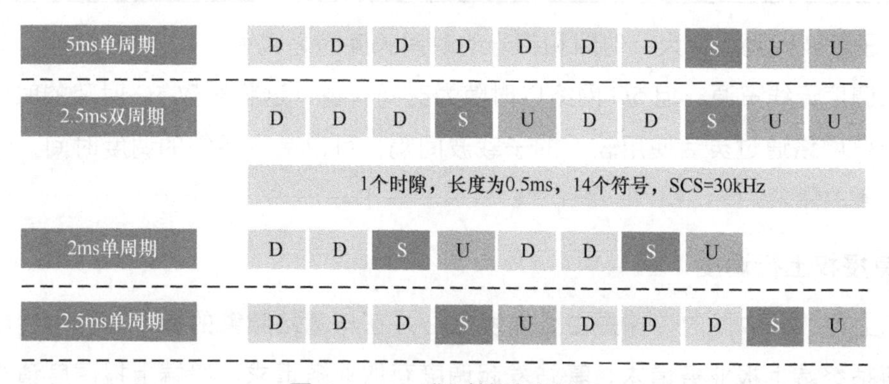

图 6-1　5G 典型帧结构配置

在子载波间隔方面，为了满足更低时延的需求，5G NR 除了支持目前 LTE 系统广泛采用的 15kHz，还支持了如 30kHz、60kHz、120kHz、240kHz 等更高的子载波间隔来缩短符号 / 时隙的长度。不同子载波间隔下的 5G 帧结构如图 6-2 所示，3GPP 38.211 Table 4.3.2-1 5G 帧结构中时隙、符号对应见表 6-1。

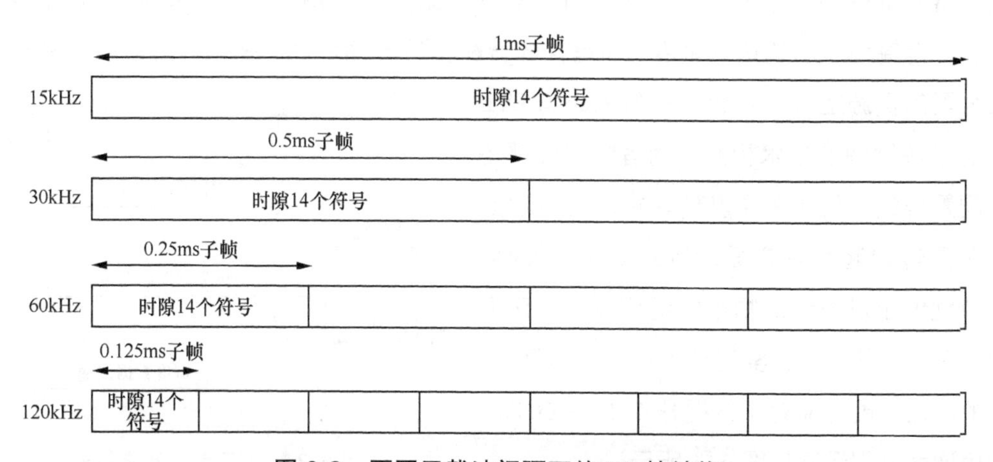

图 6-2　不同子载波间隔下的 5G 帧结构

表 6-1　3GPP 38.211 Table 4.3.2-1 5G 帧结构中时隙、符号对应

U	N_{symb}^{slot}	$N_{slot}^{frame,u}$	$N_{slot}^{subframe,u}$
0	14	10	1
1	14	20	2
2	14	40	4
3	14	80	8
4	14	160	16

随着子载波间隔的增大，时隙和符号的时间长度随之减短。4G 网络以子帧 1ms 为时间单位来调度无线资源，但 5G 网络以时隙为时间单位，这将导致 5G 时隙的时间长度为 1/2ms。5G 网络通过灵活使用较大的子载波间隔，可以减少系统的调度时间，适配不同低时延业务的需求。

2. 免授权上行调度

传统上行业务数据的传输是由终端发起，并在与基站频繁的信令交互中完成的，主要过程包括终端上报业务请求、基站发起调度获取业务请求、终端上报调度请求、基站基于调度请求发起上行调度、终端基于上行调度传输数据等，但对于上行突发的小包业务来说，复杂的上行数据传输过程会导致上行数据的空口传输时延较长，尤其对于 uRLLC 特定场景下的低时延业务，调度时延甚至会导致业务无法在低时延的要求内完成传输，传输次数被压缩到 1 次，无法获得自适应重传机制的增益，降低传输资源的使用效益。针对 uRLLC 低时延的需求，5G NR 引入免调度传输技术，即基站无须等待终端发起上行传输请求后的指令调度，而是预先分配上行传输资源，终端可以根据业务需求，在预分配的资源上直接发起上行传输。与 LTE 系统的半持续调度技术相似，两者的资源都是预先配置好的，但是免调度传输技术在资源配置、灵活传输起点等方面，针对 uRLLC 的低时延特性做了进一步的物理层优化设计。研究表明，在理想状态下，实现免授权上行调度后，系统的时延性能比原有系统提升 40% ～ 60%。上行免调度流程示意如图 6-3 所示。

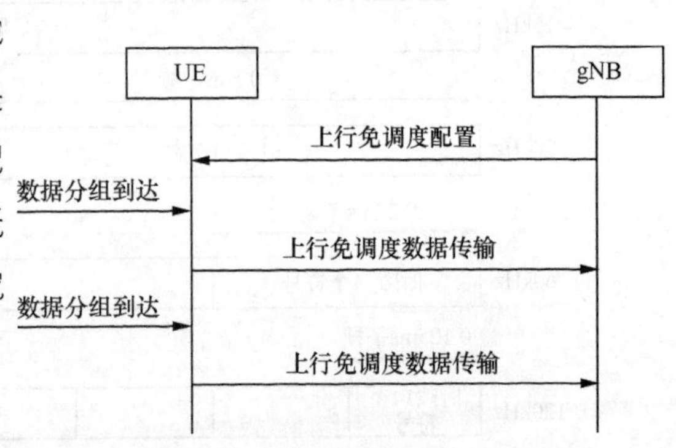

图 6-3　上行免调度流程示意

按照配置与激活模式的不同，上行免调度方案可以分为以下两种类型。

Type1：与 LTE 半持续调度技术类似，Type1 的免调度重传传输参数的配置以 PUSCH-Config 为基础，部分参数基于 ConfigureGrant-Config 进行传输性能的进一步优化，包括时域资源、频域资源、解调用参考信号、开环控制、调制编码方案、重复次数和 HARQ 进程数等来确定周期性的 PUSCH 预留资源。当有新数据到达时，终端可以在最近预留的资源上直接进行上行传输，省去了发送调度请求（SR），以及接收 UL_grant 的时间。

Type2：Type2 采用两步式资源配置方式，首先，以 ConfigureGrant-Config 为基础来配置免调度重传传输参数，例如时域资源的周期、开环控制、波形、重复次数和 HARQ 进程数。然后，PDCCH 通过 DCI 指示上行免授权的激活，并同时指示调度信息，如时域资源、频域资源、DM-RS 和调制与编码策略（MCS）等。终端在收到激活信令授权配置的 PUSCH 传输资源后，可以使用这些资源进行上行数据的传输，该过程免去了发送 SR 及接收 UL_grant 的时间。同样，PDCCH 通过 DCI 指示上行免授权的去激活，就可以释放上行免调度的 PUSCH 资源。当终端收到上行授权激活信令且未收到去激活时，将会一直在此次上行授权所指定的资源进行上行传输。基于授权的上行调度和两种免授权上行调度的示意如图 6-4 所示。

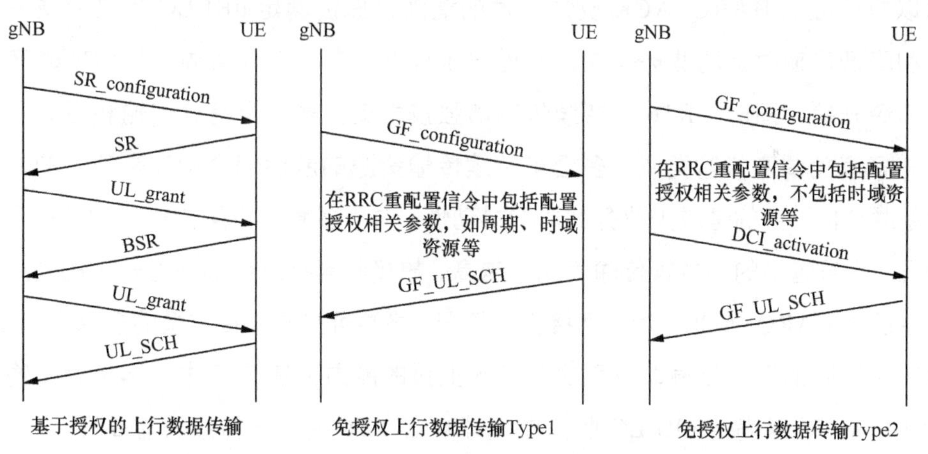

图 6-4　基于授权的上行调度和两种免授权上行调度的示意

与 Type1 相比较，Type2 的优势在于具有动态资源激活 / 去激活和部分资源参数重配置的灵活性，但是其局限性在于额外的下行控制信息激活过程也引入了额外的时延。据此分析，两种免授权调度类型可以适配不同的业务类型。例如，Type1 可以用于时间敏感的 uRLLC 业务，Type2 可以用于需要具备时效性的 VoIP 业务。

免调度传输技术在简化上行数据的传输过程、提供预先分配的传输资源的同时，也降低了预分配资源的使用效率。因为5G NR为避免产生通信干扰，基站为多个终端用户单独预先配置上行资源，不做动态调度。而对于不确定性业务，没有业务需求时就会造成传输资源浪费。一般来说，基站会根据终端发起的上行业务的到达特性（如周期和抖动）和传输时延需求等来确定资源传输参数（如免调度传输资源的周期），并调度传输资源。但是对于uRLLC低时延业务来说，周期设置过长可能大幅增加资源等待的时延。所以，为了减少不必要的冗余资源配置并满足低时延、低抖动的业务需求，5G NR系统在重复传输的基础上引入了灵活传输起点，在降低资源等待时延的同时提高了上行系统资源使用的效率。具体来说，终端发起上行业务之后，基站会根据其到达特性来配置免调度资源周期，并且可以在一个周期内重复配置一定次数的上行资源，终端也可以在这些重复资源上灵活发起上行业务传输，即使业务发生抖动，也能在较小的时间范围内发起传输，无须等到下一个资源周期。

3. 半持续传输增强与子时隙反馈

R15沿用了LTE系统中的半持续传输技术，而R16在此基础上进行了对半持续传输技术以及相应的HARQ-ACK反馈技术的增强，保证满足uRLLC场景中减少到达时间抖动和降低传输时延的业务需求，并进一步降低控制小包业务周期性传输时产生的下行控制信令开销。同时，R16半持续传输增强技术支持多套半持续传输和短周期半持续传输。与多套免调度传输类似，多套半持续传输资源的激活信令设计是独立的，而去激活可以是联合的，目的是减少业务到达的抖动性。对于多套半持续传输的时域资源直接重叠的情况，序号越小的半持续传输优先级越高，故接收半持续传输序号较小的先进行半持续传输并反馈HARQ-ACK。对于间接重叠情况，终端可接收间接重叠的多套半持续传输。一个时隙内接收的下行传输数目取决于终端上报的能力。在R15中，半持续传输的最小周期为10ms，难以满足uRLLC业务的需求。在R16中，半持续传输的最小周期扩展到1ms。

一个时隙内支持多次反馈HARQ-ACK的必要性如图6-5所示。NR R15支持一个slot上最多有一个PUCCH承载HARQ-ACK，这并不能满足uRLLC业务的反馈时延。如图6-5（a）所示，终端在接收到下行业务PDSCH1之后，在上行时隙1进行了HARQ-ACK的反馈，而终端随即又收到了另一个下行业务PDSCH2并需要尽快反馈HARQ-

ACK。按 R15 NR 的反馈机制，如果 PDSCH2 相应的 HARQ-ACK 也在上行时隙 1 反馈，就只能在上行时隙 1 靠后的资源中操作，给终端留有足够的反馈处理时间。同时，若 PDSCH1 的 HARQ-ACK 在该 PUCCH 时隙资源上传输，PDSCH1 的 HARQ-ACK 反馈将向后延迟；若 PDSCH1 的 HARQ-ACK 在下一个 PUCCH 时隙资源上传输，PDSCH 2 的 HARQ-ACK 反馈将向后延迟。因此，在 R15 中，终端在一个时隙内只能传输一个承载 HARQ-ACK 的 PUCCH 的限制，这增大了下行业务的反馈时延。因此，R16 支持在一个上行时隙中提供多次 HARQ-ACK 的反馈，如图 6-5（b）所示，这样，PDSCH1 和 PDSCH 2 的 HARQ-ACK 可以在同一个时隙中传输，保证了 HARQ-ACK 的随时反馈，满足 uRLLC 下行业务的反馈时延要求。

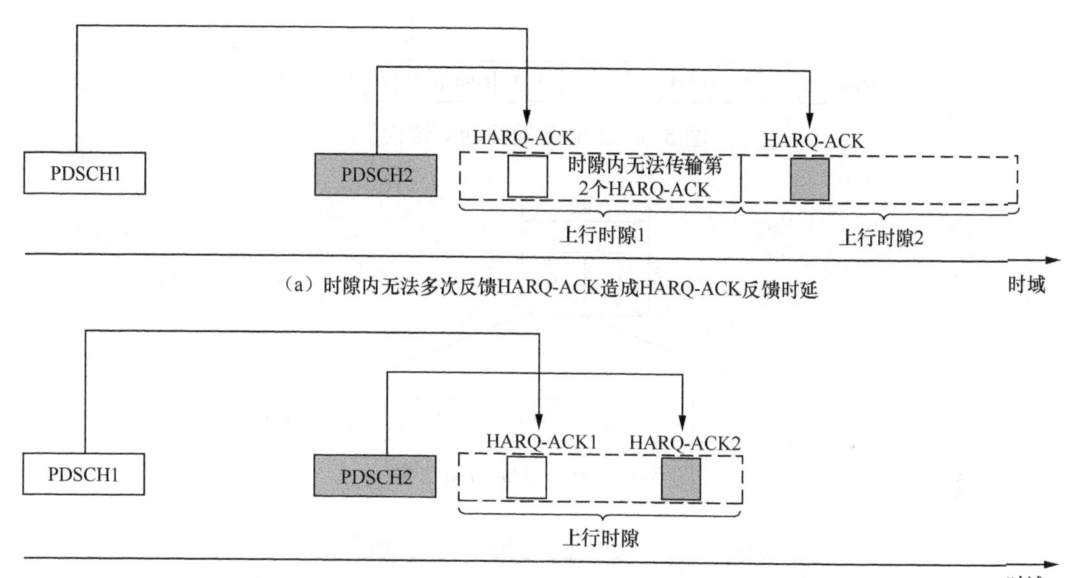

图 6-5　一个时隙内支持多次反馈 HARQ-ACK 的必要性

6.1.2　适配 TSN 业务的确定性时延保障技术

1. 支持确定性时延的灵活时隙设计

在 5G 中，普遍采用 2.5ms 双周期的帧结构，2.5ms 双周期帧结构如图 6-6 所示。针对确定性的低时延业务，可以将帧结构调整为 0.5ms 或者 1ms 的单周期。以 1ms 的单周期为例，1ms 单周期帧结构如图 6-7 所示，该周期由一个全部是下行符号组成的下行时隙以及一个由上行符号和保护间隔（GP）组成的特定时隙构成。对于该单周期的帧结构，TSN 用户或终端设备能够通过快速混合自动重传机制在某一个子帧中接收解调下行信息，然后根据其类型在该子帧的上行符号时隙发送上行数据或者 ACK。这种方式要求 TSN 用户终端具备较高的处理能力，1ms 单周期 Grant-Based 数据传输过程如图 6-8 所示。由于 2.5ms 的双周期帧结构里下行符号与下一个上行符号之间间隔 1ms，因此 1ms 的单周期结构显著降低了终端的上行回馈时间，从而降低了用户面的时延。

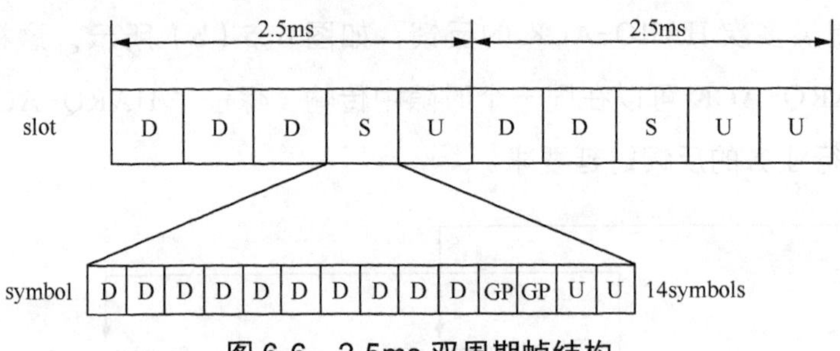

图 6-6　2.5ms 双周期帧结构

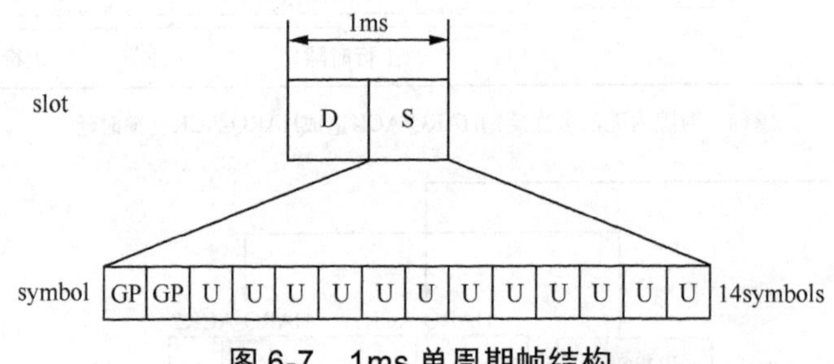

图 6-7　1ms 单周期帧结构

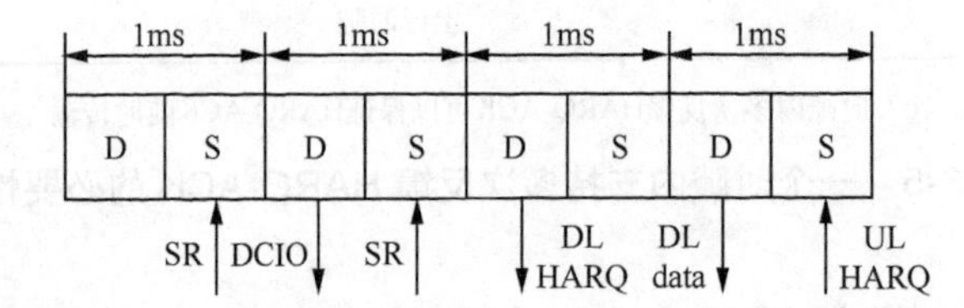

图 6-8　1ms 单周期基于授权调度的数据传输过程

2. 基于 5G MEC 的业务低时延高速转发技术

5G 超低时延的实现，一方面要大幅度降低空口传输的时延，另一方面要尽可能减少转发节点，并缩短源到目的节点之间的“距离”。此外，实现 5G 低时延还需兼顾整体，从跨层考虑和设计的角度出发，使空口、网络架构和核心网等不同层次的技术相互配合，

使网络能够灵活应对不同垂直业务的时延需求。

（1）MEC 计算服务下沉以实现业务时延的降低

MEC 技术由欧洲电信标准组织（ETSI）提出，在靠近用户的网络边缘侧提供融合网络、计算、存储的云基础设施部署环境及网络和应用服务能力，将传统部署在云端的业务和服务功能迁移至移动网络边缘，缓存特定业务和热点内容、卸载用户端密集型计算和流量以及向用户开放网络的业务能力。5G 与 MEC 技术结合将计算、处理和存储推向移动边界，适应垂直行业网络个性化和计算本地化：一方面打破了传统的传输与业务分离的架构，把业务“下沉”到靠近用户的移动接入网，为移动边缘入口的服务创新提供了无限可能；另一方面通过将计算能力下沉到靠近接入网的边缘，海量数据可以得到实时快速处理，以减少时延。

（2）MEC 在 5G 网络中的部署位置

根据 ETSI 的定义，MEC 系统分系统级和主机级两个层次：MEC 系统级网管包含 MEC 编排器、运行支撑系统（OSS）、应用生命周期管理代理；主机级网管包含 MEC 主机和 MEC 主机级网管。随着 5G 和垂直行业的成熟商用，传统核心网集中式部署模式已不能满足新业务的需求，5G 网络原生采用云化建设，以中心 DC（大区中心机房）、区域 DC（省层面机房）、核心 DC（本地网核心机房）、边缘 DC（本地网汇聚机房）、接入局所 DC 和基站机房为基础架构的分层 DC 化机房布局模式成为各电信运营商传统机房改造演进的共同路线。其中，MEC 系统级网管需要协调不同 MEC 主机之间，以及主机与 5GC 之间的操作（例如选择主机、应用迁移和策略交互等），一般部署在区域 DC 或者中心 DC。MEC 主机部署方面应以业务为导向按需部署，并与 UPF 的下沉和分布式部署相互协同，在实际组网中，根据对操作性、性能或安全的相关需求，MEC 可以灵活地部署在从基站附近到中央数据网络的不同位置。MEC 部署拓扑示意如图 6-9 所示。

① MEC 部署在接入局所 DC。

该方式主要面向特定地点的中大型垂直企业，采用 MEC 和基站 CU 共机房，部署在基站后面，数据业务离用户更近，企业数据不出工厂就能够通过 5G 无线网络就近访问其应用，主要针对新型超低时延业务就近流量转发的需求场景，时延可控制在 1 ～ 10ms，而网络信令仍然可以在集中的核心网进行安全认证和控制，在实现传输时延降低的同时，可以保障企业数据在园区内。

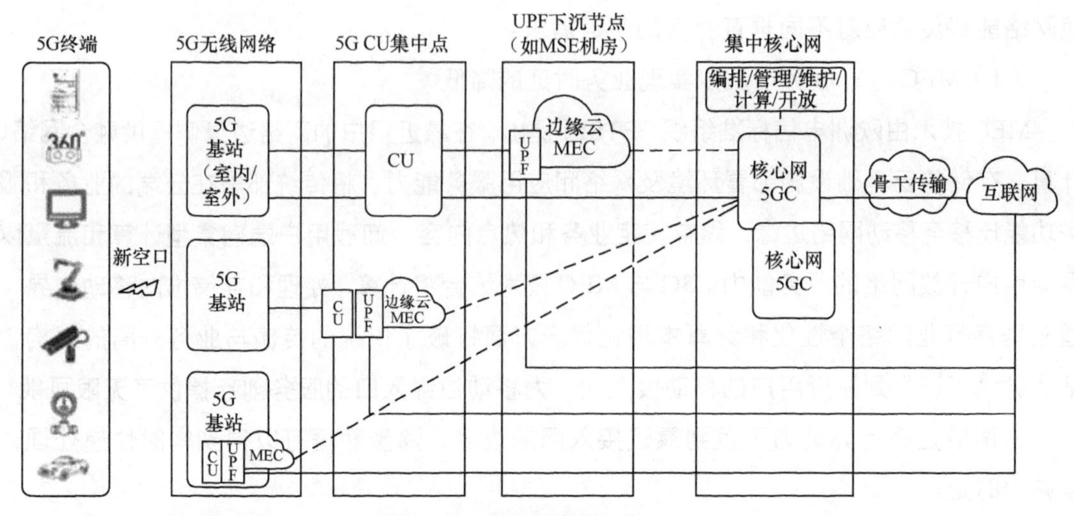

图 6-9　MEC 部署拓扑示意

② MEC 部署在边缘 DC。

此种模式 MEC 主要面向一些对成本敏感的中小型企业，一般部署在电信运营商的边缘机房，逻辑位置在 UPF/PGW-U 之后，会增加一部分回传网络的时延，但依然可为用户提供低时延、高带宽的服务。

（3）保障差异化确定性时延和可靠性的 5G MEC 转发优化方法

5G UPF 与 MEC 共同下沉至园区内部可降低业务的转发时延，面对生产控制业务、过程信息采集辅助等多种业务混合接入时，由于 MEC 服务器的计算资源是有限的，多业务通信质量和能效的平衡成为 5G MEC 本地多业务流量高效转发的难点。基于流量分类技术与节能策略，有学者在 5G 工业互联网场景下提出一种兼顾确定性时延和高可靠性的 5G MEC 低时延转发优化方法，可实现业务的绿色高效转发。

① 区分优先级的流量分类策略。

考虑到异构工业业务的差异化确定性时延和高可靠性需求，该研究设计了一种区分优先级的流量分类策略，提出一个基于 QoS 约束的优先级计算函数 Priority，对不同的工业业务进行优先级的划分与计算。任务的优先级计算函数 Priority 为

$$\text{Priority}=\frac{1}{t^{\max}+\alpha\cdot\text{Reliability}} \tag{6-1}$$

在公式（6-1）中，$t^{\max}$ 为终端产生的业务处理时间的最大容忍值；α 代表确定性

时延与可靠性两个属性的权重比例；Reliability 为终端产生的业务对可靠性的要求。Reliability 具体可由业务最大可容忍队列溢出概率 λ 和最大可容忍的传输出错率 ε 表示

$$\text{Reliability} = \lambda + \beta \cdot \varepsilon \tag{6-2}$$

其中，β 表示系统中可靠性要求对两种概率的权重比例，并且 $0<\alpha \leqslant 1$ 和 $0<\beta \leqslant 1$。在流量转发过程中，具有更高优先级值的业务流量将获得更多的通信资源。在业务卸载到 MEC 服务器中处理时，具有更高优先级值的业务流量可以获得更多的计算资源。

② 基于极值理论的流量缓存队列模型。

MEC 服务器的计算资源是有限的，因此 MEC 服务器中存在一个流量缓存区，用于存储每个终端已转发但尚未被 MEC 服务器处理的流量。$Q_i(t)$ 是时隙 t 第 i 个终端在 MEC 服务器中的流量缓存队列长度。为了解决业务流量积压造成的可靠性降低问题，引入极值理论（EVT），构造基于 EVT 的流量缓存队列模型。处理任务队列的可靠性时，传统的队列稳定控制理论将极端事件发生概率保持在预定义的阈值以下，实现保持任务队列的平均速率稳定性，即队列长度 $Q_i(t)$ 超过阈 q_0 值的概率小于规定概率 λ_0。然而，工业时间敏感类业务对时延和可靠性的要求更严格。为了解决这一问题，该模型对每个流量缓存队列长度施加概率约束。队列长度超过阈值的样本 $Q_i(t)>q_0$ 被看作是对极端事件统计，假设给定时隙内单个流量队列是独立分布的样本，当队列长度阈值 q_0 较大，队列超出量 $\mathrm{Z} \in \mathrm{Z}$ 的极值分布函数可以近似看作是一个广义帕累托分布函数（GPD）$G_{\sigma_i,\xi_i}(\mathrm{Z})$。每个流量缓存队列长度符合下述概率约束

$$\lim_{T\to\infty}\sum_{t=1}^{T}\left(Q_i(t)-q_0\right)\cdot \mathrm{I}_{\{Q_i(t)>q_0\}}\sum_{t=1}^{T}\mathrm{I}_{\{Q_i(t)>q_0\}} \leqslant \frac{\sigma_i}{1-\xi_i} \tag{6-3}$$

$$\lim_{T\to\infty}\sum_{t=1}^{T}\left(Q_i(t)-q_0\right)^2\cdot \mathrm{I}_{\{Q_i(t)>q_0\}}\Big/\sum_{t=1}^{T}\mathrm{I}_{\{Q_i(t)>q_0\}} \leqslant \frac{2\sigma_i^2}{(1-\xi_i)(1-2\xi_i)} \tag{6-4}$$

其中，σ_i 和 ξ_i 分别是第 i 个终端的流量缓存队列尾部分布 $G_{\sigma_i,\xi_i}(\mathrm{Z})$ 对应的尺度和形状参数。

③ 基于李雅普诺夫定理和 WoLF-PHC 的低时延转发优化方法。

针对流量队列长度超阈值概率，基于 EVT 对极端事件的统计量进行了表征，并对统计量施加了概率约束，确保队列可靠稳定。基于流量分类和节能策略，提出一个联合流

量转发、功率控制和计算资源分配的能耗最小化问题：首先，基于李亚普诺夫定理，将可靠性约束和广义帕累托分布约束转化为虚拟队列约束；然后，利用漂移惩罚函数将该随机优化问题变成一个上界最小化问题，采用最大似然估计法，通过最大化对数似然函数，确定超阈值模型（POT）的最佳 GPD 特征参数集 $d[\sigma,\xi]$，使上界最小化问题成为确定性问题；最后，利用强化 WoLF-PHC 学习算法解决该多元优化问题，在保证确定性时延和高可靠性的同时获得最优的能源效率。

3. 5G uRLLC 跨层跨域时延感知技术

在 5G uRLLC 时延确定性保障上，本部分针对面向工业互联网应用的 5G uRLLC 业务 QoS 需求的多样性，利用 5G 空域自由度优势，融合 mini-slot、滤波正交频分复用（F-OFDM）与空域自由度扩展 5G 信道划分维度，基于粒度理论对空时频资源进行动态切割，利用毫米波和大规模天线阵列的优势，设计了一种满足各种工业业务 QoS 需求的三维传输资源块图样池，并基于设计好的“时 — 频 — 空”三维资源图样，通过超图优化对不同粒度资源进行分配，设计出保障时间确定性业务突发的传输资源块分配方案。

（1）支持确定性时延的空时频粒度多域联合 uRLLC 帧结构

5G 毫米波具有大带宽、高速率、低时延等优势，可以满足工业互联网海量数据传输、实时控制等生产效率、安全保障方面的需求。由于毫米波载频大带宽的特点，5G 技术引入 mini-slot 的概念，实现低时延的数据通信，最大限度地减少对其他射频链路的干扰。F-OFDM 是一种新型的可变子载波带宽的自适应空口波形调制技术，可以将 OFDM 载波带宽划分成多个不同参数的子带，并对子带进行滤波，在子带间尽量留出较少的隔离频带。使用 F-OFDM 技术能为不同业务提供不同的子载波间隔和参数集，以满足工业应用场景中时间敏感工业业务的时频资源需求，实现灵活自适应的 5G 空口技术。利用 5G 毫米波和多天线技术，对发射与接收信号进行空域的处理，进一步拓展空域的自由度，以此支持工厂内的精准定位和高宽带通信，大幅提高远程操控领域的操作精度。考虑现有 5G NR 帧结构相对简单及未针对工业互联网不同 QoS 需求的时间敏感型 uRLLC 业务并存的情况，本研究融合了 mini-slot、F-OFDM 与空域自由度扩展 5G 信道划分维度，支持确定性时延的“时—频—空”三维资源示意如图 6-10 所示。

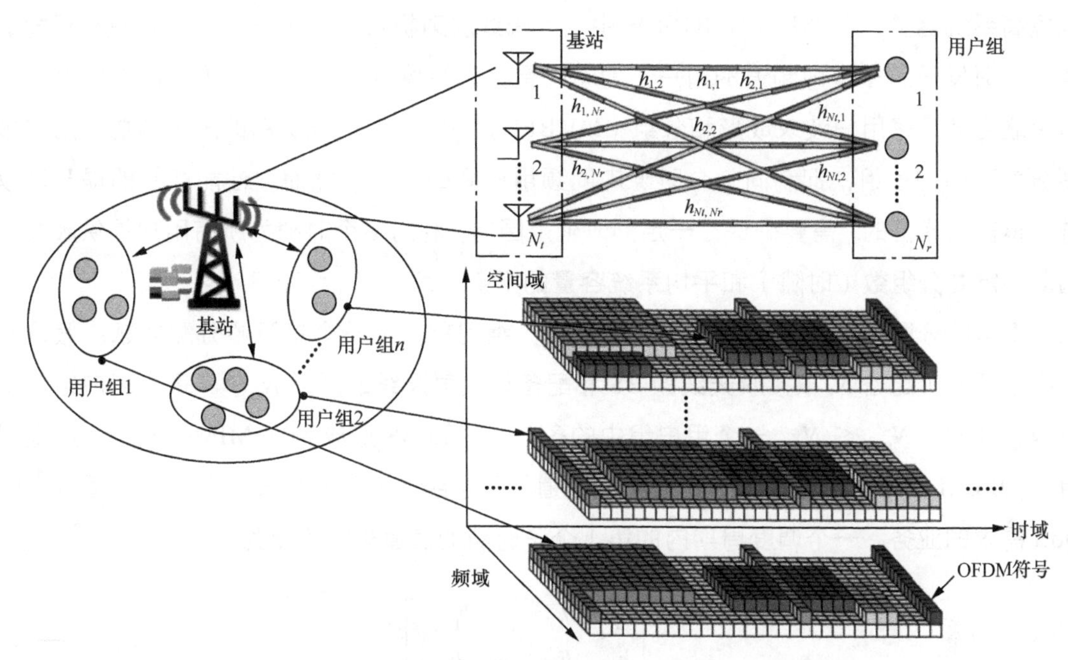

图 6-10　支持确定性时延的时—频—空三维资源示意

根据天线的波束张角以及 5G 网络节点的空间分布情况，将 5G 网络节点上波束方向视作是一个单位的空间资源。根据总频带宽度限制及传输速率要求将整个频带划分成特定数量且带宽相等的子信道，每个子信道就是一个单位的频率资源。根据 5G uRLLC 网络对时延的敏感性将时间分成不同的 mini-slot，每个 mini-slot 有特定数量的 OFDM 符号，每个 mini-slot 就是一个单位的时间资源。

在图 6-10 中，根据工业互联网中承载时间敏感型 uRLLC 业务的统计特性，智能设计业务候选传输资源块图样池，通过减小传输块时间间隔并根据不同业务的 QoS 需求和信道条件柔性分配传输块资源，满足工业互联网中各类 uRLLC 业务的差异化时延需求。

（2）基于图优化理论的三维资源联合优化算法

在工业互联网场景下，采用超密集组网方式可以满足多种工业业务终端同时接入的需求，也可以进一步提升 5G 网络单位面积的网络容量和用户体验速率，超密集网络技术也引入了同频干扰、多层网络共存等技术问题。因此，可以通过网络侧多天线技术形成的空域自由度，从频域、时域和空域等角度规避干扰和分配资源，解决干扰产生的通信资源多维度利用率下降的问题，提高通信的可靠性和系统吞吐量。

多用户多输入多输出（MU-MIMO）系统能够在多用户场景中通过利用空分多址技

术提高系统容量。在 MU-MIMO 系统中，多天线发射机可以利用一个公共频段将相同的信号同时发送给多个同频道的用户。为了在最大化系统性能和用户公平之间取得平衡，本书联合考虑多用户波束成形和分组（MUBFP）问题。为保证更高的波束增益，用户被划分为不同的小组，抑制同一个时隙内同频用户间的干扰。然而，性能增益的提升是以减小覆盖为代价的，需要确保在一定的时延范围内，利用多个时隙为所有用户提供服务。因此，需要分组数（时隙）和平均系统容量的平衡决策。

将问题分解为两个子问题，一个是用户分组问题，另一个是资源分配问题。假设系统中包括一个配备 N_r 根接收天线的 BS 和配备单发射天线的用户 N_t 个。每个用户组最多有 N_{max} 用户，$N_{max} \leqslant N_t$。一个用户组中的多个用户和 BS 形成 MU-MIMO 系统。这里利用 F-OFDM 技术将子载波划分为多个子信道，将系统带宽划分为多个子带，以适应不同 QoS 需求的业务。一个调度周期内的第 1 个子时隙的信道矩阵表示为

$$\boldsymbol{H}=\begin{bmatrix} h_{1,1} & h_{1,1} & \cdots & h_{1,N_t} \\ h_{2,1} & h_{2,2} & \cdots & h_{2,N_t} \\ \vdots & \vdots & \ddots & \vdots \\ h_{N_r,1} & h_{N_r,1} & \cdots & h_{N_r,N_t} \end{bmatrix} \tag{6-5}$$

其中，$h_{i,j}$ 表示第 i 根接收天线与第 j 根发射天线之间的信道增益。用户的分组遵循最小化组间干扰的原则，使属于同一组内的系统容量达到最大。使用弦距离来衡量两个用户之间的相关性，其定义为

$$\boldsymbol{d}(k,n)=\sqrt{1-\frac{\left|\boldsymbol{H}_k-\boldsymbol{H}_n\right|^2}{\left\|\boldsymbol{H}_k\right\|_2^2\left\|\boldsymbol{H}_n\right\|_2^2}} \tag{6-6}$$

其中，$d(k,n)$为用户 k 和用户 n 之间的弦距离，$\boldsymbol{H}_k$、$\boldsymbol{H}_n$ 分别为用户 k 和用户 n 的信道增益矩阵。由于发射端有 N_r 个天线，用户为单天线，故信道矩阵为一个 $N_r \times 1$ 的列向量。两用户的弦距离越大，相关性越小。这里采用平均链接准则的评估方法来衡量不同用户分组之间的弦距离。根据每个用户业务对应的通信需求，建立用户分组。当得到用户分组情况后，分别对各组进行资源分配。

假设网络中有 N 个三维资源块组，分配给 M 个用户组。$\rho_{k,n}$ 为 0-1 规划变量，用以

表示用户组是否分配到资源块 n。

$$\rho_{k,n}=\begin{cases}1, & \text{用户组}k\text{使用资源块}n\\0, & \text{用户组}k\text{不使用资源块}n\end{cases}$$

确定用户分组后，用户组的资源分配问题变成波束、时频资源块、功率分配的联合优化问题。这是一个非线性混合整数优化问题，传统的优化方法难以直接求解，因此将原优化问题分解为两个子问题：子问题一为固定波束分配下的时频资源块和功率分配问题；子问题二为固定时频资源块与功率分配的波束分配问题，利用启发式算法交替迭代求得最优的分配结果。时频资源块分配和波束分配都建模为带权最优匹配问题，计算得到二部图的权重矩阵后，采用图优化方法进行带权最优匹配问题。

联合优化算法通过放宽 0-1 变量的约束，并增加实数变量的维度，先求解实数变量将优化问题转化为二部图，再代入实数变量得到各边的权值，接着求解带权最优匹配，最后再进行变量的转化，得到优化问题的最优解。

6.2　适配 TSN 的 5G 高可靠通信技术

在通常情况下，蜂窝移动通信系统可以通过重传解决信道不可靠的问题，进而实现高可靠通信。然而，对于 5G-TSN 协同传输而言，不仅需要实现高可靠通信，还需要保障低时延，这导致传统通过重传提升传输可靠性的解决方案将不再有效。如何在兼顾低时延的同时实现高可靠通信，成为 5G 系统在适配 TSN 业务时面临的一项关键难题。

为了解决低时延和高可靠兼顾的问题，TSN 采用了主动冗余机制，在 IEEE 802.1CB 中提出了帧复制与删除机制，通过在一定程度上牺牲网络资源的有效性，保障了低时延与高可靠的数据传输。对于 5G 网络而言，TSN 的主动冗余机制虽有一定的参考意义，但由于空口的特殊性，在实现低时延与高可靠传输时，5G-TSN 协同传输也面临双重挑战：一方面是无线信道时变带来的影响，为了适应不同条件的无线信道环境，需要 5G 系统能够实现自适应的调制编码方式，通过低效但可靠的编码方式换取传输的可靠性；另一方面是无线资源稀缺，冗余传输或空口双连接技术必然会造成资源利用效率的降低，如何在传输可靠性和资源有效性之间做好平衡，成为 5G 网络需要考量的关键问题。

6.2.1 5G 高可靠通信技术

1. 低码率信道质量指示 /MCS 表

为了实现时延敏感关键业务数据的可靠性传输，一种可行的技术手段是为数据传输配置相应的调制编码方式从而有效适配无线信道的质量变化，即设计合理的信道质量指示（CQI）/MCS。虽然 uRLLC 与 eMBB 的评估场景和覆盖需求相同，但在 5G NR 设计之初，CQI/MCS 表格的设计主要满足了 eMBB 业务的需求，即实现 10% BLER，却无法满足可靠性要求更高的 uRLLC 业务需求。为了达到 uRLLC 业务 99.999% 甚至 99.9999% 的可靠性需求，只能通过重复或者重传等策略来实现。针对该问题，3GPP 相关标准在现有 CQI/MCS 表的基础上增加了低码率的配置，删除了高码率的配置，提出了更加高可靠的 CQI/MCS 来适配 uRLLC 业务的高可靠性和低时延需求。低码率 CQI 见表 6-2，低码率 MCS 见表 6-3。

表 6-2　低码率 CQI

CQI索引	调制	码率×1024	效率
0	超出范围		
1	QPSK	30	0.0586
2	QPSK	50	0.0977
3	QPSK	78	0.1523
4	QPSK	120	0.2344
5	QPSK	193	0.3770
6	QPSK	308	0.6016
7	QPSK	449	0.8770
8	QPSK	602	1.1758
9	16QAM	378	1.4766
10	16QAM	490	1.9141
11	16QAM	616	2.4063
12	64QAM	466	2.7305
13	64QAM	567	3.3223
14	64QAM	666	3.9023
15	64QAM	772	4.5234

表 6-3　低码率 MCS

MCS索引	调制阶数	目标码率×1024	频谱效率
0	2	30	0.0586
1	2	40	0.0781
2	2	50	0.0977
3	2	64	0.1250
4	2	78	0.1523
5	2	99	0.1934
6	2	120	0.2344
7	2	157	0.3066
8	2	193	0.3770
9	2	251	0.4920
10	2	308	0.6016
11	2	379	0.7420
12	2	449	0.8770
13	2	526	1.0273
14	2	602	1.1758
15	4	340	1.3281
16	4	378	1.4766
17	4	434	1.6953
18	4	490	1.9141
19	4	553	2.1602
20	4	616	2.4063
21	6	438	2.5664
22	6	466	2.7305
23	6	517	3.0293
24	6	567	3.3223
25	6	616	3.6094
26	6	666	3.9023
27	6	719	4.2129
28	6	772	4.5234
29	2	保留	
30	4	保留	
31	0	保留	

在低码率 MCS 方案中，与传统支持 eMBB 类型的业务相比，支持 uRLLC 的低码率 MCS 调制结果更倾向于保守的方式，整体调制的阶数较低（最高为 64-QAM）。调制阶数越低，星座图上的星座点越少。从而提高了解调性能，降低了误码率。另外，在编码策略相同的情况下，uRLLC 数据的目标码率较低，同样增强了 uRLLC 数据传输过程的抗干扰性能。

2. 下行控制信道增强

一次完整的物理层传输过程至少包括控制信息传输和数据传输两部分。以下行传输为例，下行传输过程包括下行控制信息传输和下行数据传输。因此，下行数据传输的可靠性取决于下行控制信道和下行数据共享信道的可靠性，即 P=PPDCCH×PPDSCH，其中 P 为数据传输的可靠性，PPDCCH 为下行控制信道的可靠性，PPDSCH 为下行数据共享信道的可靠性。如果发生重传，还要考虑上行 HARQ-ACK 反馈的可靠性与第二次传输的可靠性。uRLLC 业务一次传输的可靠性要达到 99.999%，下行控制信道的可靠性至少也要达到相应的量级。因此，下行控制信道可靠性的增加是 uRLLC 需要考虑的一个主要问题。

在 R15 阶段，高聚合等级（聚合等级 16）和分布式控制信道单元（CCE）映射被采纳，故换算关系为：1 个控制信道单元 =6 个资源组（REG）=72 个资源（RE），1 个资源组 =1 个 OFDM 符号 ×12 个子载波 =12 个资源。LTE 的下行控制信道 CCE 聚合等级为 8。基于 uRLLC 业务要求更高的可靠性，故 16 的 CCE 聚合等级被提出，通过为下行控制信息分配更多的资源，增强了物理层控制无线信道的通信性能。

R16 uRLLC 增强项目中专门制定针对 uRLLC 的 PDCCH 增强方案，即减少 DCI 的大小。使用相同的时频资源传输比特数量较小的 DCI 可以提高单比特信息的能量，进而提高整个下行控制信息的可靠性。减少 DCI 的大小通常通过压缩或者缺省 DCI 中的指示域来实现。

在 PDCCH 中，同样的聚合等级条件，发送的控制信令数目越少，编码速率越低，因此通信的可靠性会越强。为了进一步提高 PDCCH 的通信性能，另一种方法是减小 DCI 的长度，也就是压缩 PDCCH 的格式。相较于 DCI 格式 0_0、DCI 格式 1_0，压缩 PDCCH 的负荷可以减少 10 ～ 16bit，因此能够达到 uRLLC 的 PDCCH 要求。

压缩 PDCCH 的具体方案是压缩 PDCCH 格式中部分字段的长度是可配置的。压

缩 PDCCH 的最小长度可以比 R15 的回退 DCI 格式的长度长，配置的压缩 PDCCH 的长度的最小值的设计目标值比 R15 的回退 DCI 格式的长度少 10 ～ 16bit，配置的压缩 PDCCH 格式的长度尽可能和 R15 的回退 DCI 格式的长度对齐（包括必要的时候补 0 处理）。该方案不严格限制压缩 PDCCH 格式的长度，可以提供完全的调度灵活性，且可以提高 PDCCH 的可靠性，改善 PDCCH 的阻塞性。

通过 RRC 配置参数配置压缩 PDCCH 中部分字段的长度，可以实现调度灵活性和 PDCCH 可靠性之间的平衡。例如，在资源分配方面，压缩 PDCCH 格式中所指示的时域资源分配表格可配置，相应地，调度 uRLLC 的压缩 PDCCH 格式中关于时域资源分配字段的长度可配置。压缩 PDCCH 还支持频域资源分配类型 1，其中频域资源分配粒度是可配置的。另外，压缩 PDCCH 设计中可配置的字段还包括“VRB 到 PRB 映射”“冗余版本号”“载波指示”“天线端口”“SRS 请求”“CSI 请求”等。

3. PDCP 冗余传输机制

PDCP 属于无线接口协议栈的第二层，处理控制平面上的 RRC 消息以及用户平面上的 IP 包。为了降低重复发送的时延，满足 uRLLC 的要求，3GPP R15 协议提出 PDCP 数据包复制传输机制，允许应用层的数据包在 PDCP 层被复制，并将不同的复制版本分别提交到不同的 RLC 实体来传输，以多路径来获得分集增益，提高可靠性。

具体来说，对于信令无线承载（SRB），复制传输的状态始终为激活态。对于数据无线承载（DRB），激活态是网络通过 RRC 信令或者 MAC CE 的方式进行开启 / 关闭的。基站可根据各种测量和统计的信息决定是否开启 / 关闭该功能，从而实现数据复制传输功能的动态性、间歇性工作。开启时，会为 PDCP 实体增加一个 RLC 实体，这样 PDCP 实体就会关联主 RLC 实体和辅 RLC 实体，以及主 RLC 逻辑信道和辅 RLC 逻辑信道。PDCP 数据报文和复制 PDCP 数据报文分别在两个独立的传输路径传送，增加可靠性的同时也减少了 PDCP 重发造成的时延。为了节省物理资源，如果一个 RLC 实体确认 PDCP 数据报文发送成功，会告知 PDCP 实体。PDCP 实体再通知另一个 RLC 实体丢弃复制的 PDCP 数据报文。若此时复制的 PDCP 报文已经发给 MAC，接收方 PDCP 实体会根据 SN 完成冗余包鉴别，并丢弃重复的 PDCP 报文。

在未激活 / 去激活 PDCP 数据包复制传输时，主 RLC 实体和逻辑信道仍然会承担数据包的传输工作，但辅 RLC 实体和逻辑信道不被用于数据包复制传输。在双连接场景下，数据包复制传输处于未激活 / 去激活时，终端连接状态可选地回退到分离承载状态，即两个 RLC 实体和对应的逻辑信道可为此 DRB 传输序列号不同的 PDCP 数据包提高终端吞吐量。

PDCP 层在数据复制传输状态时需要的两个 RCL 实体可以在不同的 MAC 实体上。主辅两个 RLC 实体如果在相同的 MAC 实体上，即为载波聚合复制传输；若在不同的 MAC 实体上，即为双连接（DC）复制传输。PDCP 数据复制传输如图 6-11 所示。

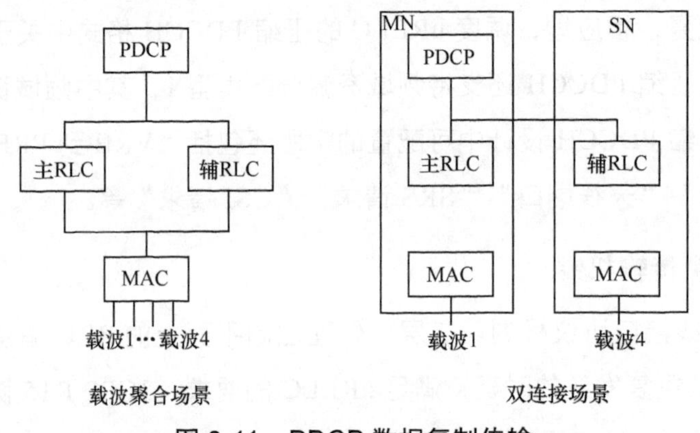

图 6-11　PDCP 数据复制传输

为了满足工业以太网更严格的数据传输可靠性要求，在 R16 NR 标准化过程中，提出了允许终端在 PDCP 复制传输激活态下使用多于两条 RLC 传输链路进行数据包复制传输的需求，允许网络为终端配置最多 4 条 RLC 传输链路。

具体实施时，网络通过 RRC 信令为终端配置与各个 DRB 相关的 RLC 传输链路。在该承载对应的 PDCP Config IE 中配置了 PDCP-Duplication IE，即认为终端配置了传输复制：对于 SRB，PDCP-Duplication IE 为 1，所有相关 RLC 实体都为激活态；对于 DRB，需要进一步明确 RRC 为 DRB 配置的各个 RLC 实体的传输复制是否为激活态。这主要通过 R16 为终端提供多于两条 RLC 复制传输链路配置新引入的 moreThanTwoRLC-r16 IE 中的 duplication State IE 实现。

与 R15 NR 类似，网络为终端配置回退至分离承载的选项。在 moreThanTwoRLC-r16IE 中可以配置对应于分离承载的逻辑信道 ID。此时，终端只能在该主传输链路上传输数据。配置完 RRC 后，根据网络对信道情况的侦测或者终端反馈的信道情况，网络可动态地为终端变换当前激活的传输链路。

4. 基于双连接的用户面冗余传输

基于双连接的用户面冗余传输方案是 3GPP R16 新增的特性，相较于 PDCP 复制仅提高空口的可靠性，双 PDU 冗余传输可提高端到端传输的可靠性。

该方案面向一个业务建立两个冗余 PDU 会话，分别通过不同 RAN 的设备承载，网络将尽可能独立这两条 PDU 会话的传输路径，即 UE 分别和两个基站及 UPF 节点分别建立两条路径，通过冗余传输实现可靠性传输的目的。具体来说，一条会话从 UE 出发，通过 Master gNB 连接到 UPF1，以 UPF1 为会话锚点连接到接收端；另一条会话也从 UE 出发，通过 Secondary gNB 连接到 UPF2，以 UPF2 为会话锚点连接到接收端，从而实现分集增益，提高可靠性。双 PDU 冗余传输组网示意如图 6-12 所示。

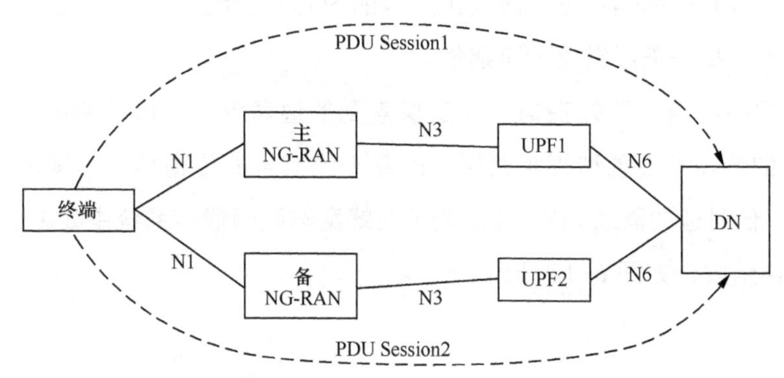

图 6-12　双 PDU 冗余传输组网示意

6.2.2　实现高可靠传输的 5G 信道增强技术

工厂内部环境复杂，基站与终端之间往往存在遮挡物，单纯利用高频段和大规模 MIMO 天线技术仍然无法解决信号传输路径被遮挡的问题。智能反射面（IRS）技术的发展为 5G 使能工业物联网提供了新的思路，它可以在不改变现有通信网络基础设施的情况下提高系统的容量，同时不需要消耗额外的电力。

IRS 是一个由大量的低成本无源反射元件构成的二维人造表面。其各个反射元件均可以以软件定义的方式控制，以改变入射 RF 信号在反射元件上的电磁特性（例如，振幅、相位频率和偏振）。通过对所有反射元件的联合相位控制，可以任意调谐入射 RF 信号的反射相位角度，以产生所需的多径效应。具体地，反射的 RF 信号可以被相干地相加以提高接收信号的功率，或者被破坏性地组合以减轻干扰。

IRS 技术已成为 B5G/6G 无线通信系统实现智能可重构无线信道 / 无线传播环境的一种很有前途的技术。通过在无线网络中密集部署 IRS 并巧妙地协调它们的反射角度，可以灵活地重新配置发射机和接收机之间的信号传播 / 无线信道，从根本上解决无线信道衰落损耗和干扰问题，并为实现无线通信容量和可靠性的提升提供了可能。

工业场景环境极为复杂，障碍物遮挡、信号盲区等问题导致无线链路覆盖不稳定，网络中断对于工业设备和生产的影响是不可接受的。同时，工业场景中存在大量的时间敏感类业务，其对于确定性时延的需求也对 5G 无线通信技术提出了更严格的要求。保障 5G 无线信道的稳定性，满足工业场景中 TSN 业务对于可靠性以及时延确定性的需求是 5G 应用工业物联网面临的一大挑战。IRS 技术作为一种新兴的技术，能够在不增加额外的时延和频谱资源开销的情况下，改变工厂内的 5G 非视距或单一视距的传输环境，增强小区信号的覆盖，提升无线链路的可靠性。

同时，考虑到终端可能处在信号无法覆盖到的边角地区，因此需要引入 IRS，通过改变入射信号的传输角度创造视距路径，改善无线信号的传输环境，满足工业物联网场景下的高可靠、低时延的需求。IRS 辅助的工业蜂窝物联网通信系统主要由工业蜂窝基站、IRS 和工业终端组成，如图 6-13 所示。

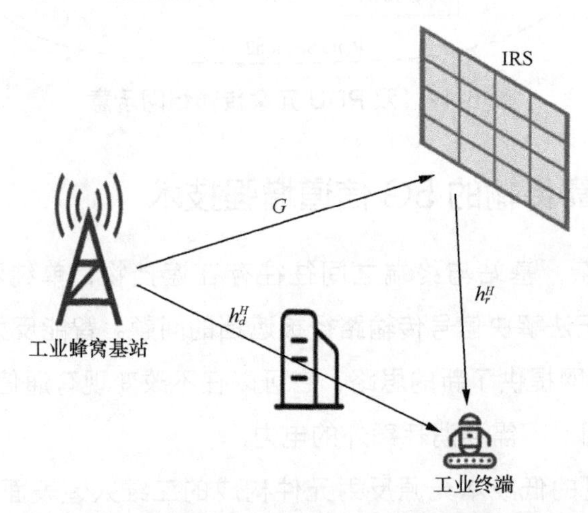

图 6-13　IRS 辅助的工业蜂窝物联网通信系统

其中，工业蜂窝基站有 N 根天线；工业终端只有一根天线；IRS 由 M 个反射元件组成，每个反射元件可以独立地调节自身的相位，改变入射信号的传输路径。由基站发射的信号可以经由两条路径到达工业终端，一条是基站发出的信号直接被终端接收，另一条是

基站发出的信号被 IRS 以一定的角度反射到达工业终端，两条路径的有用信号相互叠加，以增强信号的强度。在实际应用的过程中，信道状态信息的获取难度很大，假设基站处只有一组对应于未知底层信道分布的信道样本可用，通过对基站和 IRS 进行联合波束成形优化，可最小化中断概率，能够提升无线信道的可靠性。

为了便于表示，$\boldsymbol{w}\in\mathbb{C}^{N\times1}$ 和 s 分别表示基站的波束成形向量和信息符号。$\boldsymbol{h}_d^{\mathrm{H}}\in\mathbb{C}^{N\times1}$、$\boldsymbol{G}\in\mathbb{C}^{M\times N}$ 和 $\boldsymbol{h}_r^{\mathrm{H}}\in\mathbb{C}^{M\times1}$ 分别表示基站 — 终端信道、基站—IRS 信道及 IRS—终端信道。经由两个路径，终端接收到的信号表示为

$$y=\left(\boldsymbol{h}_r^{\mathrm{H}}\boldsymbol{\Theta}G+\boldsymbol{h}_d^{\mathrm{H}}\right)\boldsymbol{w}s+z \tag{6-7}$$

其中，$\boldsymbol{\Theta}=\mathrm{diag}\left(\mathrm{e}^{\mathrm{j}\theta_1},\mathrm{e}^{\mathrm{j}\theta_2},\cdots,\mathrm{e}^{\mathrm{j}\theta_M}\right)$ 表示 IRS 元件相位的对角矩阵；$\theta_m\in(0,2\pi)$ 是第 m 个反射元件的相位；z 是均值为 0 且方差为 σ^2 的高斯白噪声。由于高路径衰减，反射两次或以上的信号忽略不计。

由此，可以得出终端信噪比为

$$\eta=\frac{\left|\left(\boldsymbol{h}_r^{\mathrm{H}}\boldsymbol{\Theta}\boldsymbol{G}+\boldsymbol{h}_d^{\mathrm{H}}\right)\boldsymbol{w}\right|^2}{\sigma^2} \tag{6-8}$$

中断概率是终端接收的信噪比低于特定门限值 γ 的概率。考虑发射功率和相位单位模的限制，通过对基站和 IRS 进行联合波束成形优化，最小化中断概率的问题模型表示为

$$\begin{aligned}&\min_{\boldsymbol{w},v}\Pr\left(|(\boldsymbol{\vartheta}^{\mathrm{H}}\mathrm{diag}\left(\boldsymbol{h}_r^{\mathrm{H}}\right)\boldsymbol{G}+\boldsymbol{h}_d^{\mathrm{H}})\boldsymbol{w}|^2<\gamma\sigma^2\right)\\&\text{subject to}\qquad \|\boldsymbol{w}\|^2<P_{\max}\\&|\vartheta_m|=1,\quad m=1,\cdots,M\end{aligned} \tag{6-9}$$

其中，$\boldsymbol{\vartheta}=\left[\mathrm{e}^{\mathrm{j}\theta_1},\mathrm{e}^{\mathrm{j}\theta_2},\cdots,\mathrm{e}^{\mathrm{j}\theta_M}\right]^{\mathrm{H}}$，$P_{\max}$ 是基站的最大发射功率。

中断概率最小化问题可以转换为信道条件满足目标信噪比要求的时间比例最大化问题。因此，最小化中断概率的模型可以转换为

$$\begin{aligned}&\min_{\boldsymbol{w},v}g(\boldsymbol{w},\boldsymbol{\vartheta})=\mathrm{E}_{h_e}\left[\mathcal{L}_{(0,\infty)}\left(d\left(\boldsymbol{w},\boldsymbol{\vartheta};\boldsymbol{h}_e\right)\right)\right]\\&\text{subject to}\quad \|\boldsymbol{w}\|^2<P_{\max}\\&|\vartheta_m|=1,\quad m=1,\cdots,M\end{aligned} \tag{6-10}$$

其中，$L_{(0,\infty)}(x)=\begin{cases}1, & x>0\\ 0, & \text{其他情况}\end{cases}$，$\boldsymbol{h}_e=\{\boldsymbol{h}_d,\boldsymbol{h}_r,\boldsymbol{G}\}$ $d(\boldsymbol{w},\boldsymbol{\vartheta};\boldsymbol{h}_e)=\sigma^2-\frac{1}{\gamma}\left|\left(\boldsymbol{\vartheta}^{\mathrm{H}}\mathrm{diag}\left(\boldsymbol{h}_r^{\mathrm{H}}\right)\boldsymbol{G}+\boldsymbol{h}_d^{\mathrm{H}}\right)\boldsymbol{w}\right|^2$。

在缺少关于底层信道分布的先验知识的情况下，考虑工业环境相对固定，可以采用机器学习算法，通过信道样本训练优化基站的波束成形向量和 IRS 的相位，达到最小化中断概率的目标。

在工业蜂窝网络场景中，下行信号传输场景中多天线基站可通过波束成形技术规避终端间干扰。而在上行场景中，不同的小区中使用同一资源块的终端间的同频干扰问题无法避免。过多的噪声干扰会影响有用信号传输的可靠性。因此，本书面向单 IRS 辅助的多小区上行工业物联网场景，设计 IRS 相位与工业终端发射功率联合优化算法，最大化系统总吞吐量，提高数据传输的能力。单 IRS 辅助的多小区多终端上行传输系统如图 6-14 所示。

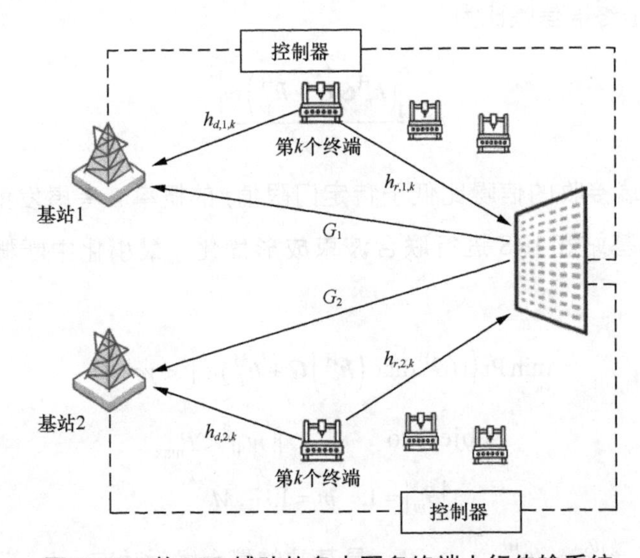

图 6-14 单 IRS 辅助的多小区多终端上行传输系统

在 IRS 辅助下的双路径信号传输系统中，单个基站收到的信号表示为

$$y=\omega_f^{\mathrm{H}}\times\left(\sum_{k=1}^{K}\left(\left(\boldsymbol{h}_{d,f,k}+\boldsymbol{G}_f\boldsymbol{\Theta}\boldsymbol{h}_{r,f,k}\right)\sqrt{P_{f,k}}\,S_{f,k}+n_{f,k}\right)\right) \tag{6-11}$$

其中，$\boldsymbol{h}_{d,f,k}$、$\boldsymbol{G}_f$和$\boldsymbol{h}_{r,f,k}$分别为基站f到其覆盖范围内第k个终端的信道、基站f到IRS的信道以及IRS到基站f覆盖范围内第k个终端的信道；$\boldsymbol{\omega}_f^{\mathrm{H}}$表示基站$f$的接收分集向量；$P_{f,k}$、$S_{f,k}$和$n_{f,k}$分别为基站$f$覆盖范围内第$k$个终端的发射功率、发射信号和高斯白噪声干扰；$\boldsymbol{\Theta}=\mathrm{diag}\left(e^{\mathrm{j}\theta_1},e^{\mathrm{j}\theta_2},\cdots,e^{\mathrm{j}\theta_N}\right)$是一个对角矩阵，其主对角线上的元素代表智能反射面各反射元件的相位角度。

单个终端$U_{f,k}$的SNR为

$$\gamma_{f,k}=\frac{\left|\omega_{f,k}^H\times H_{f,k}\right|^2\times P_{f,k}}{(\sum_{i\neq k}\left|\omega_{f,k}^H\times H_{f,i}\right|^2\times P_{f,i})+(\sum_{j\neq f}\sum_{l=1}^{L}\left|\omega_{f,k}^H\times H_{j,l}\right|^2\times P_{j,l})+\sigma^2} \tag{6-12}$$

其中，$H_{f,k}=h_{d,f,k}+G_f\boldsymbol{\Theta}h_{r,f,k}$，$H_{f,i}=h_{d,f,i}+G_f\Theta h_{r,f,i}$，$H_{j,l}=h_{d,j,l}+G_f\boldsymbol{\Theta}h_{r,j,l}$，表示用户到基站的合并路径。

可以得到整个系统的吞吐量为

$$R_s=\sum_{f=1}^{F}\sum_{k=1}^{K}B_{f,k}\times\log_2\left(1+\gamma_{f,k}\right) \tag{6-13}$$

为解决上述问题，本书提出了一种联合迭代优化终端发射功率以及智能反射面各元件相位的启发式算法。通过对资源的合理分配，增强各小区信道的可靠性，最大化系统的吞吐量。

具体来说，可采用非合作博弈算法，为系统内所有终端设计效用函数，在追求自身效益提升的同时考虑对其他终端干扰的代价，终端的效用函数可表示为

$$\phi_{f,k}=R_{f,k}-\varphi P_{f,k} \tag{6-14}$$

通过证明，该非合作博弈系统存在纳什均衡点，可知效用函数的驻点即为各终端最优发射功率解，各终端可依据下列公式更新功率为

$$P_{f,k}=\frac{B_{f,k}}{\varphi\times\ln 2}-\frac{\sum_{i\neq k}\left|\boldsymbol{\omega}_{f,k}^H\boldsymbol{H}_{f,i}\right|^2P_{f,i}}{\left|\boldsymbol{\omega}_{f,k}^H\boldsymbol{H}_{f,k}\right|^2}-\frac{\left(\sum_{j\neq f}\sum_{l=1}^{K}\left|\omega_{f,k}^{\mathrm{H}}H_{j,l}\right|^2P_{f,i}\right)-\sigma^2}{\left|\omega_{f,k}^{\mathrm{H}}H_{f,k}\right|^2} \tag{6-15}$$

终端间持续功率博弈使得系统吞吐量逐步递增逼近最大值，得到各终端最优发射功率。然后对于IRS各反射元件进行迭代求解，找到最优的相位角度组合解。

6.3 适配 TSN 的 5G 本地组网技术

TSN 是一种基于以太网的确定性网络技术，更多是在局域网范围内为工业控制业务提供有界时延保障。在 3GPP 提出的 5G-TSN 协同架构中，其本质是将 5G 系统当做一个逻辑的 TSN 网桥。因此，对于 5G 系统而言，为了适配 TSN 特征，需要进行本地组网增强。

5G 工业专网建设要在满足提供高质量网络服务的同时保障数据的安全性，在专网建设过程中保证和厂区网络的融合（含有线 TSN、无线），全域大规模的专网改造成本过高，并且由于核心网技术复杂度较高，近期有研究提出专网与公网多网共存的模式，并进行 5G-TSN 工业网络架构的设计。

将 MEC 和 UPF 联合起来，把 UPF 下沉到网络边缘节点 MEC 部署，可以减少工业业务的传输时延，实现数据流量的本地分流。在工业车间的网络还存在数据安全和内网访问的需求，MEC 可以作为电信运营商和企业内网之间的桥梁，实现内网数据不出园区，本地流量本地消化的优势。该方式不仅满足工业控制业务的实时处理、实时响应，同时还降低了厂区建网成本和后期维护成本，实现了降本增效。此外，5G NR 基站架构中分离出了 CU 和 DU 两个逻辑网元，根据场景和需求可以融合部署，也可以分开部署。为了实现 5G 系统和 TSN 系统之间的无缝集成，5G UPF 直接连接 NW-TT，将 5G 系统充当 TSN 的一个或多个虚拟 TSN 桥梁。

提出采用 DU/CU/UPF/TT 融合一体的部署优化方案，高度集成网元，搭建 DU/CU/UPF/TT 紧凑型一体化设备，实现控制与转发分离的思想，实现高效的数据转发。在 5G 专网内部，针对时间敏感业务的超高可靠性和超低时延的特点，紧密协同 5G 的 FR1/FR2 高低频，采用 NR-DC 双连接的模式，可以将高频和低频的 DU 连接到同一个 CU 上，满足高低频协同的要求，充分利用可用带宽，既利用了 FR1 频率低、绕射性能好和覆盖效果好的特点，又可以发挥 FR2 带宽大、信号干扰小和频谱干净等优势，在融合 TSN 的时间同步上，充分利用好 FR2 频段的特点，力争全面地为工业终端提供高可靠性和低时延保障的高效稳定通信。

此外，也有部分研究聚焦在基于 Multi-TRP 和 NR-DC 双连接的 5G MEC 融合本地部署方案。对于工业时间确定性与敏感性业务，采用独立网元物理并联组网将无法满足

时延与同步方面的需求，并且传统公专网混合组网模式（拆分基站与核心网物理网元）在数据平面无法适配，可利用 Multi-TRP 技术组建专网与公网多网共存的网络隔离架构。5G 用户面、控制面与移动边缘计算融合协同的本地部署架构如图 6-15 所示。

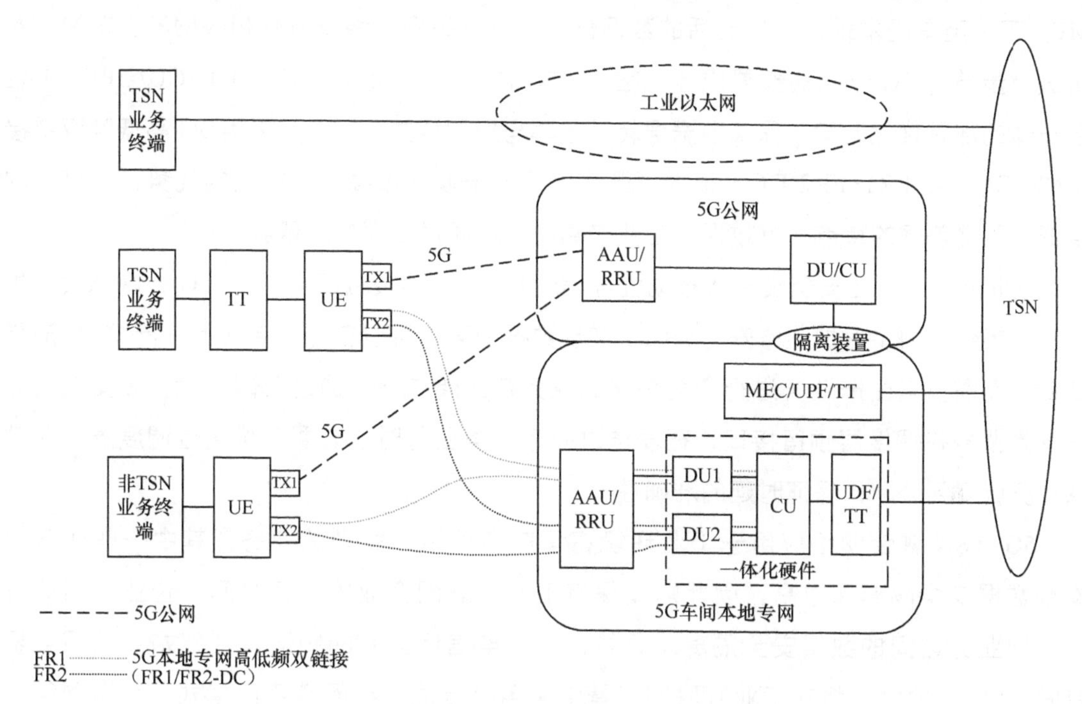

图 6-15　5G 用户面、控制面与移动边缘计算融合协同的本地部署架构

工业物联网中一些工业控制类业务对传输的要求十分严格，虽然 5G 大带宽可实现更短的传输时间间隔和更低的空口时延，但是单个 5G 基站的传输距离受限，覆盖能力大幅减弱。为了提高工业蜂窝网络的数据传输速率和系统可靠性，通常可以采用协同多点传输（CoMP）技术进行数据传输，在多网共存的架构下，来自 5G 公网的基站与 5G 本地专网基站协作工作可以提高业务的传输质量。

3GPP Rel-16 技术增强了 MIMO 波束管理和 CSI 反馈，支持 Multi-TRP 技术，从多基站到单个 UE 的传输，在 uRLLC 场景中支持多个 TRP 传输相同数据的方案，提高了下行链路的可靠性。可利用 Multi-TRP 技术创建具有冗余通信路径的空间分集，在网络中支持增强的功能，例如逻辑信道优先级以及下行和上行抢占。多个 TRP 可以相互协作，协调传输数据，工业终端可以同时接收来自多个 TRP 的数据，能够避免由于遮挡造成的信号中断，提升边缘覆盖，减少开销和提升链路的可靠性，保障毫米波 5G 通信质量与服务体验。

在多网共存的网络架构下，5G 本地专网共享 5G 公网核心网控制面，而 UPF 与 MEC 下沉至车间本地，实现灵活的数据分流，可以确保网络低时延和数据不出车间，并可进一步节省 5G 专网的部署成本。在 5G 车间本地专网侧提出采用 DU/CU/UPF/TT 融合一体的部署优化方案，保障数据层转发效率与控制能力。同时，采用 5G 高低频双链接（NR-DC，或 FR1+FR2 DC）模式，既能发挥毫米波容量高、低时延的优势，又可以利用低频段覆盖好的特点，有效提升工业终端的通信质量及服务质量。

在此架构下，主要负责接入移动性等信令和物联网类数据可以通过 5G 公网承载；生产系统等数据为了保护业务安全隐私，实现数据隔离，可以在无线专网上进行 MEC 流量卸载。而需要与生产业务进行安全隔离的业务在此架构下可通过公网承载，高安全的非敏感类业务在调度层预留接口，在发送时间敏感类业务时，必要时可通过调度器将非敏感业务调度到公网，保证时延的准确性。

5G-TSN 融合网络应用于工业环境将承载多种不同类型的业务，其中一些业务对本地数据安全隔离需求高，因此需要保持工业互联网企业内业务之间、企业内网业务和外网业务之间的数据安全隔离。另外，由于电信运营商的频谱与基础站点资源数量有限，5G 本地网络将在工业互联网场景中采用公专混合组网等不同模式，利用网络切片或专用独立物理通信设备等不同方式承载业务，不同物理组网方式和业务承载方式实质上影响的是业务在专网和公网中的数据流向和穿越位置。在工业互联网 5G 本地网络中，通常采用需要支持数据安全隔离的 5G 本地组网隔离方法来解决流量分割与过滤问题。

端到端 5G 本地组网隔离方案如图 6-16 所示。5G 本地组网隔离方法一般分为无线接入网隔离、传输承载网隔离和核心网隔离：无线接入网隔离使用公共频段与专用频段相结合，共享基站与专建基站相互补充的方式；传输承载网隔离使用 SPN/STN 技术体制，通过 FlexE 硬切片实现生产控制类业务在传输资源上的硬隔离和专用，不同安全分区内的业务通过 VPN 软切片实现传输资源共享下的逻辑隔离；核心网隔离的控制面网元采用大区 / 省会集中部署方式，用 UPF 根据业务的网络通信需求和安全隔离要求按需下沉部署至地市或园区机房。

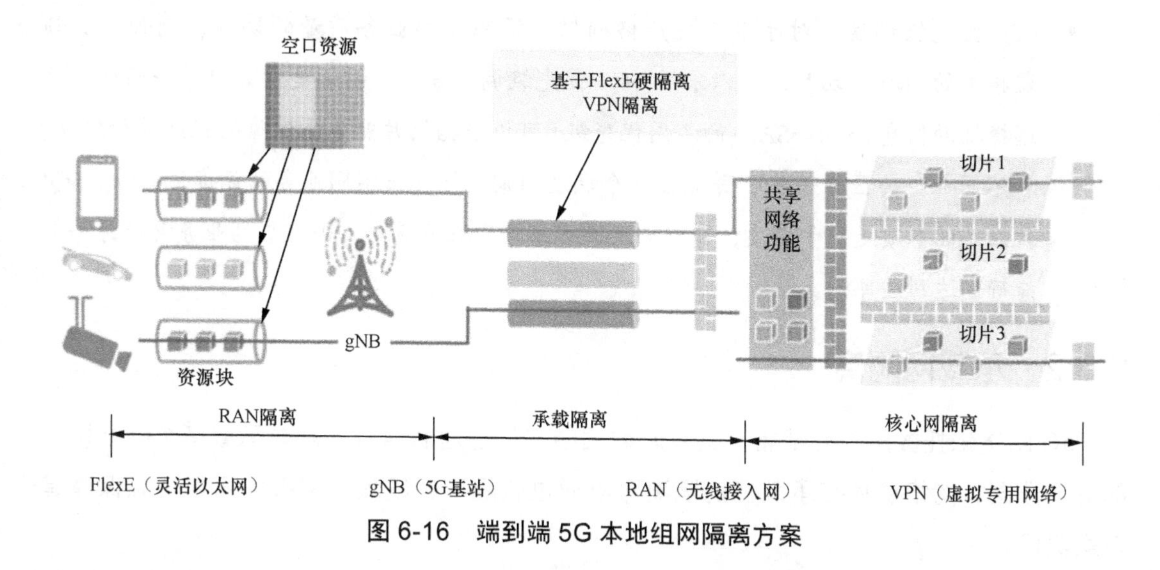

图 6-16　端到端 5G 本地组网隔离方案

6.3.1　接入网隔离

在接入网上，隔离主要面向无线频谱资源以及基站处理资源。最高安全等级的工业控制类切片采用独立的基站或者频谱独享。其他类型的切片则根据安全需求，通过 PRB 独享、DRB 共享，以及 5QI 优先级调度等多种方式组合来实现。

- 独立基站/频谱独享。部分专网的应用（例如工业控制类）或局部区域（例如，无人工厂、无人发电站、矿山等）的通信独立性和可控性要求很高，共享基站无法满足。因此，可以考虑采用独立基站的形式提供无线切片。另外，对于资源隔离和业务质量保障更高的应用，可以在电信运营商频谱资源中划分出一部分单独给该应用使用。
- PRB 独享。在 5G 正交频分多址系统中，无线频谱从时域、频域、空域维度被划分为不同的 PRB，用于承载终端和基站之间的数据传输。对于一些要求资源隔离且对业务质量保障要求较高的切片用户，可以为其配置一定比例的 PRB（例如 5%）。此时，该小区 5% 的空口资源和带宽为该切片专用，不受其他用户影响。PRB 的正交性保证了切片的隔离性，PRB 专用也保证了业务质量的稳定性。
- DRB 共享。可以配置 DRB 接纳控制参数，以确保切片在该小区下能够接入的用户数不被其他业务抢占。DRB 接纳控制可以采用灵活的配置策略，既可以固定配置，也可以以一个较小的比例配置，超过后还可以在资源池中“抢占”资源。

- 5QI 优先级调度。对于不需要严格确保资源隔离和业务质量的切片，例如，视频监控类的 eMBB 切片，可以采用 5QI 优先级调度方式。该调度方式以单一网络切片选择辅助信息（S-NSSAI）的不同优先级（可以依据切片业务需保障的程度进行配置）和不同业务为区分依据，并能在一个调度周期内计算出不同业务的调度优先级。5QI 软切片的本质是基于调度，即以调度策略来实现业务质量，但当基站业务繁忙时并不能确保达到该目标。

6.3.2 承载网隔离

5G 网络依托数据中心部署，其跨越数据中心的物理通信链路需要承载多个网络切片的业务数据。网络切片在承载侧的隔离可以通过软隔离、硬隔离和服务质量资源保障等方案实现。

- VPN/VLAN 软隔离。软隔离方案基于现有的网络机制，通过 VLAN 标签与网络切片标识的映射来实现。网络切片具备唯一的切片标识，能够根据切片标识为不同的切片数据映射封装不同的 VLAN 标签，再通过 VLAN 隔离实现承载隔离，从而保障服务质量。
- 灵活以太网（FlexE）硬隔离。FlexE 分片基于时隙调度，将一个物理以太网端口划分为多个以太网弹性管道（逻辑端口）。这使承载网络既具备类似于时分复用（TDM）的隔离性好的特性，又具备以太网的网络效率高的特点。对于工业控制应用等对时延和安全保障较高的业务，可以在承载侧独占时隙，从而实现切片硬隔离。

6.3.3 核心网隔离

5G 核心网由多种不同的网络功能构成，有些网络功能为切片专用（工业控制），有些则在多个切片之间共享。因此，在核心网侧的隔离需要采用多重隔离机制。

- 控制面功能（CPF）全部独享。核心网的所有控制面网元，包括 AMF、UDM、AUSF、UDR、PCF、SMF，以及 UPF 都需要新建。该模式适用于工业控制、典型专网等对安全需求最高的应用场景。
- CPF 部分共享。核心网的部分控制面网元（包括 AUSF、UDR、PCF、SMF）需要新建，AMF 和 UDM 被多个切片共享。这种方式可根据容量、时延等要求，选择在核心机房或者边缘机房新建 UPF。对于希望数据隔离的大部分切片，或对部

署位置有严格要求（例如工厂、园区）且有本地应用部署需求的切片用户来说，本书建议采用这种模式。

- CPF 全部共享，UPF 独享。核心网的控制面网元被多个切片共享，UPF 需要新建，切片通过 S-NSSAI 来区分，DNN 也需要新建。该模式适用于管理信息网、视频监控等对于安全隔离有一定要求的业务场景。

6.4　适配 TSN 的 5G 移动性管理技术

5G 移动通信中通过密集部署小基站实现高数据传输速率以解决工业及能源等垂直行业移动终端数量和流量增长需求，形成了异构网络（HetNets），低功率小基站的密集部署能够提高网络容量，扩展覆盖范围，进一步提高频谱复用率，支持 CPS 严格的通信服务要求。在超密集网络中，5G-TSN 终端跨越不同小基站时会发生频繁切换，这将导致高信令开销和频繁会话中断，影响 TSN 业务持续可服务性。面向 5G-TSN 终端高移动性，5G 移动性管理的关键挑战在于最小化服务中断并支持无缝连接。本节将讨论 5G-TSN 业务移动性管理需求，分析总结 5G-TSN 新型移动性管理技术，提出 TSN 业务无感知的 5G 空口高效切换机制。

6.4.1　5G-TSN 移动性管理需求

5G-TSN 垂直行业可以用周期性和确定性两个属性对通信模式进行表征，以实现工业自动化及能源自动化等网络物理控制业务。周期性传输是指以较短的固定传输间隔进行重复传输，非周期性传输以事件为触发机制；确定性传输是指消息传输和目标地址接收消息之间的通信受时延 / 传输时间的给定阈值限制。周期性和确定性对于满足各种垂直场景中的网络物理控制应用程序需求是至关重要的，在复杂的环境下，CPS 通信服务的可用性和可靠性是垂直行业信息物理应用程序的重要服务性能要求，尤其是对于具有确定性流量的应用。本节阐述了面向垂直行业工业互联网及能源互联网的 5G-TSN 典型应用场景以及移动性管理的通信需求。

5G-TSN 业务对可靠性有极高的要求，对于业务的传输有严格的确定性要求。本节分析并总结典型垂直行业应用场景具体移动性管理指标。典型垂直行业应用场景移动性管理需求见表 6-4。

表 6-4　典型垂直行业应用场景移动性管理需求

应用场景	通信QoS需求及运行特征参数			业务影响变量				
	通信可靠性要求	平均故障间隔时间	端到端时延	数据包/(bit/s)	数据包传输时间间隔	业务终端移动速度/(km/h)	终端数量/个	服务区域
运动控制	99.999%～99.99999%	10年	500μs	50	500μs±500ns	≤72	≤20	50m×10m×10m
移动机器人精准控制	>99.9999%	10年	<1ms	40～250	1ms～50ms	≤50	≤2000	≤1km²
移动机器人调度管理		1年	<10ms	15k～250k	10ms～100ms			
脆弱工件协同搬运	99.9999%～99.999999%	10年	<0.5传输间隔	250/含定位500	>5ms > 2.5ms > 1.7ms	≤6	2～8	10m×10m×5m; 50m×5m×5m
弹性工件协同搬运						≤12		
移动控制面板	99.9999%～99.999999%	1月	<4ms	40～250	4ms～8ms	<7.2	—	50m×10m×4m
增强现实	>99.9%	1月	<10ms	—	<10ms	<8	—	20m×20m×4m
远程接入运维	—	1月	—	—	—	≤72	≤100	50m×10m×10m

6.4.2　面向 5G-TSN 的新型移动性管理技术

5G 以异构超密集组网为基本网络部署场景，并集成了多种新技术与新业务的融合互通，在此基础上，工业互联网中的 5G 网络移动性管理架构也面临突破性的革新需求，将不再局限于移动的用户通过单一的通信模式连接到固定的基站，而是真正扩展为动态的被服务集合，通过动态的服务模式，连接至动态的被服务集合。在多样化的通信场景中，终端或业务对移动性管理存在差异化的需求。因此，未来的 5G 网络能够根据具体工业通

信场景的特点按需定制移动性管理机制并按需提供移动性管理服务。此外，5G 网络中新的部署场景也会带来新的移动性管理挑战，在传统移动性管理机制固化的网络中，无论网络所服务的场景是否存在差异性，网络中的移动性支持能力总是固定不变的。因此，亟需新型移动性管理技术向 5G 中需求各异的物联网场景和移动互联网场景提供高效的移动性支持。针对通信场景的业务需求和运营需求按需定制移动管理机制，包括对移动性管理机制的选择、移动性管理功能的定制，以及移动性管理功能的部署，这是实现 5G 高效移动通信系统的重要保证。

传统网络无法预测业务量和网络资源需求，也无法预测终端的移动行为和内容偏好，因此只能为所有移动终端提供统一的、通用的移动性管理，难以提高网络的运营效率。按需移动性管理基于对通信信息的感知，在获取工业场景下的移动性支持需求或移动性特征之后，将其信息提供给移动性管理相关功能，使移动性管理相关功能能够向终端提供满足需求或者符合特征的移动性管理机制。

例如，5G 网络采用大数据技术分析网络数据，利用人工智能技术学习历史事件并建模，在发现事件的规律后，再进行事件预测，例如，根据终端的历史移动轨迹和终端的通信模式，分析、预测终端的移动行为等。根据数据分析结果，电信运营商可定制按需移动性管理机制，例如，基于终端位置和移动行为定制位置管理相关参数。面向 5G-TSN 的按需移动性管理机制如图 6-17 所示。

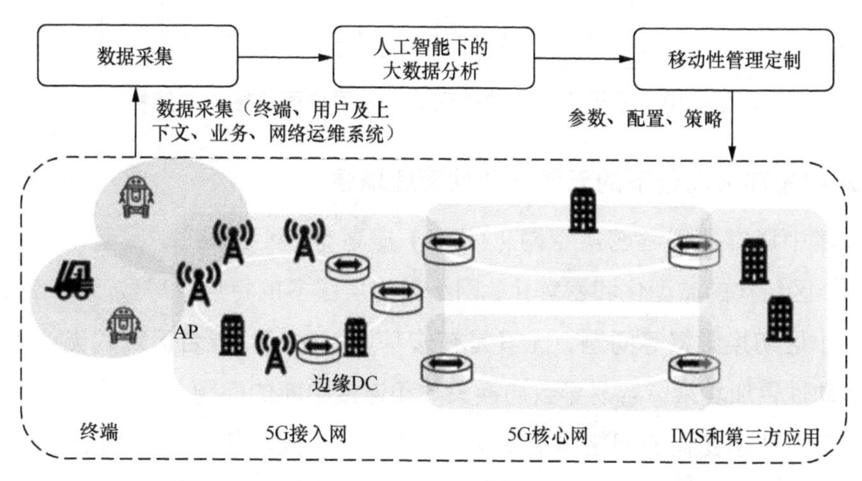

图 6-17　面向 5G-TSN 的按需移动性管理机制

有研究提出 5G 网络可以利用针对终端移动性和业务特征的大数据分析结果确定网络

需要提供的移动性支持能力，随后创建具有不同移动性管理机制的网络来提供不同移动性支持能力。通过将不同移动性支持需求的终端定向到具有不同移动性支持能力的网络切片，可以更加方便地实现按需移动性管理。

1. 针对高可靠通信的移动性管理增强

5G 低时延高可靠场景在生产环境复杂、操作条件严格的工厂环境中具有重要的现实意义。为支持高可靠的 uRLLC 业务，3GPP 基于 uRLLC 业务需求，定义了冗余传输方案，所有的冗余传输机制通过应用层实现，即 UE 可以在 5G 网络中建立一对冗余的 PDU 会话，为保障这两个 PDU 会话用户面数据传输互不影响，网络应确保这两个 PDU 会话的用户面路径是互不交叉的，该方案为基于双连接的端到端冗余用户面路径方案。基于双连接的端到端冗余用户面路径方案架构如图 6-18 所示。

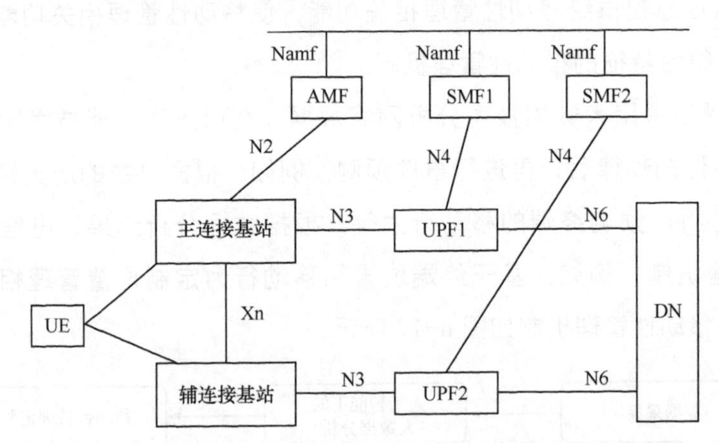

图 6-18　基于双连接的端到端冗余用户面路径方案架构

2. 针对密集部署场景下的无缝移动性管理增强

工业环境中通常使用超密集组网（UDN）提高 5G 网络系统的容量，但是容量数量级的提升、小区结构的微型化和密集化、网络架构层级多的特点也导致了网络拓扑复杂、邻区干扰、小区切换频繁等问题，尤其是在宏基站、微基站混合区域的无线网络中，工业设备的移动性更加复杂，容易导致切换失败和连接中断的问题。

为了在不断动态变化的网络中提供高效的移动性管理，网络应快速感知无线接入环境的变化，包括回传网络的拓扑变化和小基站的负载情况，此时基于“去中心化”的网

络架构则更适用于 UDN。针对 UDN 的基本网络架构如图 6-19 所示。

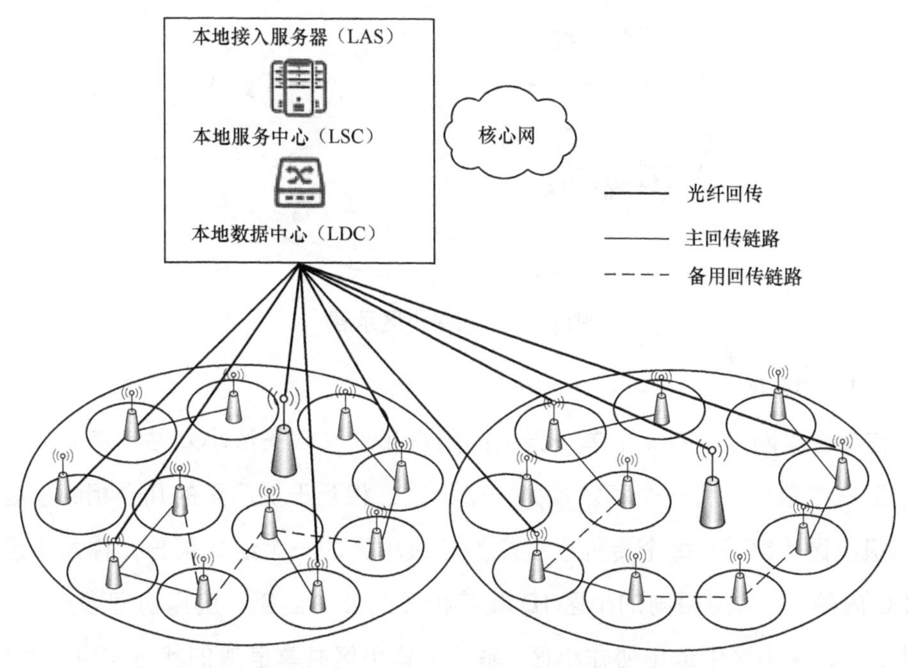

图 6-19 针对 UDN 的基本网络架构

本地接入服务器（LAS）被划分为控制平面和用户平面。基站分为提供控制平面连接的宏基站和提供用户面连接的小基站，小基站分为与 LAS 直连的规划部署的小基站和通过邻近小基站与 LAS 间接连接的小基站。回传网络的状态搜集和拓扑管理均由位于控制平面的本地服务中心（LSC）负责，数据的转发和路由由分布式的本地数据中心（LDC）负责，各小基站与 LDC 之间的最优传输路径可以由 LSC 计算、建立和修改，当 LSC 检测到某小基站与 LDC 的主回传链路断开后，可以快速将回传连接更新到备份回传链路上。采用“去中心化”的思想，可以实现网络本地化和扁平化，降低网络拓扑的复杂度。

在工业超密集网络场景下，超级小区技术避免了用户在小区内部多传统小区间的频繁切换，有效降低了切换引入的开销。同时，利用协同传输技术规避超密集网络中小区重叠覆盖的问题，消除边缘用户的概念，保障所有用户均可得到多个小区的协同无死角信号覆盖和高可靠低时延通信服务。超级小区示意如图 6-20 所示。

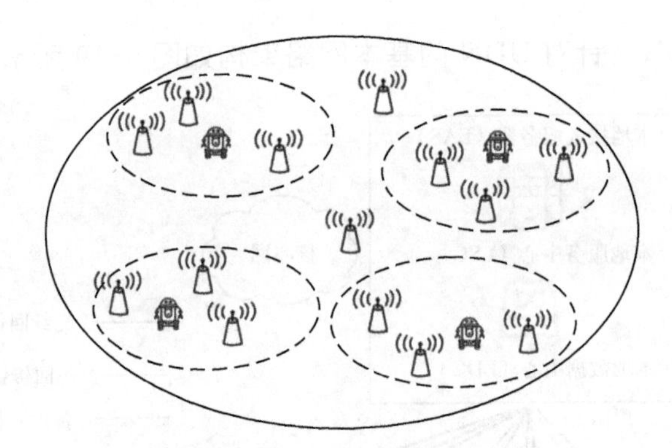

图 6-20　超级小区示意

① 系统模型场景

假设在超密集网络中有 k 个单一天线的用户和 B 个多天线小基站，其中基站的数目远远大于用户的数目。将一个基站视为一个小区，相互干扰严重的几个相邻小区合并组成一个超级小区（SC），每个传统小区成为超级小区的一个组成部分，称为小区栅格，同一个 SC 内的 CP 共用相同的小区 ID 及其相关的公共信道。应用协同多点（CoMP）传输技术，在超级小区中选出协作小区，基于协作小区共享信道的状态信息和数据信息，将相邻小区间的干扰变成有用信息，以增强网络覆盖并提高小区的性能。用户 k 的信干噪比 SINR_k 可表示为

$$\mathrm{SINR}_k = \frac{s_k}{n_k} = \frac{\sum_{b\in B} \mu_{bk}\rho_b g_{bk}\left|h_{bk}\right|^2}{\sum_{b\in B} 1-\mu_{bk}\rho_b g_{bk}\left|h_{bk}\right|^2+\sigma^2} \tag{6-16}$$

当 μ_{bk} 为 1 时，表示用户 k 受小区 b 的服务；当该值为 0 时，则表示不受该小区服务。ρ_b 表示小区 b 的传输功率，g_{bk} 表示小区 b 和用户 k 之间的大尺度衰落系数，h_{bk} 表示小区 b 和用户 k 之间的小尺度衰落系数，将加性高斯白噪声设为 σ^2。从上述公式中可以看出，当协作小区的数目越来越多时，用户的信干噪比也将变大，但是协作小区数目增多意味着要占据更多的资源。此外，可能会出现用户选择了高负载小区的情况，这样也会使系统整体性能变差。因此，下面考虑一个量化小区负载的参数。

② 小区负载数目的度量

虽然 CoMP 技术可以消除边缘用户的概念，大幅减少了超密集网络中的干扰，也让用户在小区内部多个栅格之间移动时不发生切换，有效应对了因用户移动带来的切换开

销大等问题。然而，当用户在超级小区中移动时选择了高负载的小区作为协作小区，即使 RSRP 强度和信道增益都很高，也会出现用户传输速率下降的情况，系统性能也会因此降低。为解决因用户选择高负载的小区导致的传输速率降低的问题，需要对接下来一段时间内超级小区中每个栅格的负载情况进行度量。蜂窝移动系统中的小区负载的概念通常是指 PRB 使用情况。因此，本节引入参数 $\boldsymbol{c}$ 来表示在接下来一段时间内的负载情况为

$$c_b = \alpha N_{\mathrm{u}} + \beta N_{\mathrm{RA}} \tag{6-17}$$

其中，而 $\boldsymbol{c}$ 表示小区负载数目的列向量，$\boldsymbol{c}=\left[\boldsymbol{c}_1,\cdots,\boldsymbol{c}_B\right]^{\mathrm{T}}$。前半部分表示小区 b 当前负载的用户数目，由于用户请求与 BS 的连接时要发送随机接入前导码，后半部分则表示将要接入小区 b 的用户数，c_b 则表示接下来一段时间内小区 b 负载的用户数目。另外，α 可根据因用户的移动导致的与小区断开服务的统计概率或用户终止服务导致断开连接的统计概率来设置，β 可根据基站拒绝用户接入的概率来设置。每个小区可将自己的 $\boldsymbol{c}$ 广播给其覆盖区域内的用户，用户可根据 $\boldsymbol{c}$ 判断小区的负载情况，从而选择合适的小区连接。

③ 协作小区的选择标准

在常见的协同传输技术中，例如基于 RSRP 强度来量化小区的负载程度并选择协作小区，并引入了 $\boldsymbol{c}$ 这一概念来量化负载。为了避免用户在超级小区中移动时选择负载较多的小区来作为协作小区集合，本节综合考虑了 SINR 和 $\boldsymbol{c}$ 来确定超级小区的协作小区集合为

$$\begin{aligned} \mathrm{U}_k^* &= \arg\max_{\{\boldsymbol{v}_k\}} \frac{\sum_{b\in B}\mu_{bk}\rho_b \boldsymbol{g}_{bk}\left|h_{bk}\right|^2}{\sum_{b\in B}\rho_b \boldsymbol{g}_{bk}\left|h_{bk}\right|^2+\sigma^2} - \sum_{b\in B}\mu_{bk}\mathrm{c}_b \\ &= \arg\max_{\{\boldsymbol{v}_k\}} \frac{\boldsymbol{v}_k^{\mathrm{T}}\boldsymbol{g}_k}{\left(1-\boldsymbol{v}_k^{\mathrm{T}}\right)\boldsymbol{g}_k+\sigma^2} - \boldsymbol{v}_k^{\mathrm{T}} c \end{aligned} \tag{6-18}$$

其中，$\boldsymbol{v}_k$ 表示用户 k 和小区之间接入情况的列向量，其中 $\boldsymbol{v}_k=\left[\mu_{1k},\cdots,\mu_{Bk}\right]^{\mathrm{T}}$。$g_k$ 则表示用户 k 和小区之间的信道增益，其中 $\boldsymbol{g}_k=\left[\rho_1 g_{1k},\cdots,\rho_B g_{Bk}\right]^{\mathrm{T}}$，上式中前半部分表示用户的信干噪比，后半部分为小区负载数目，综合考虑了小区的负载和信干噪比。因此，根据上式可以选择出更适合用户的协作小区，保障所有用户均可得到多个小区的协同无死角信号覆盖和高可靠低时延通信服务，多连接场景下移动性支持机制。

对于工业时间确定性与敏感性业务，基于 Multi-TRP 技术组建专网与公网多网共存

的网络隔离架构，在 5G 车间本地专网侧提出采用 DU/CU/UPF/TT 融合一体的部署优化方案，同时采用 5G 高低频双连接（NR-DC 或 FR1+FR2 DC）模式。与单链接相比，多连接能够降低数据传输的时延，保障数据层的转发效率与控制能力，同时发挥毫米波容量高、低时延的优势，并利用低频段覆盖好的特点，有效提升工业终端的通信质量及服务质量。HetNet 场景中的双连接配置如图 6-21 所示，小区范围扩展（CRE）偏移可以用于改善宏蜂窝和小蜂窝之间的负载平衡，对于所有以小蜂窝为主服务小区的终端，基于控制双连接模式的机制，双连接配置条件为

$$\mathrm{RSRP_s} < \mathrm{RSRP_m} - \mathrm{CRE} + \mathrm{DC_{range}} \tag{6-19}$$

其中，$\mathrm{RSRP_m}$ 和 $\mathrm{RSRP_s}$ 分别为宏蜂窝和小蜂窝的 RSRP。

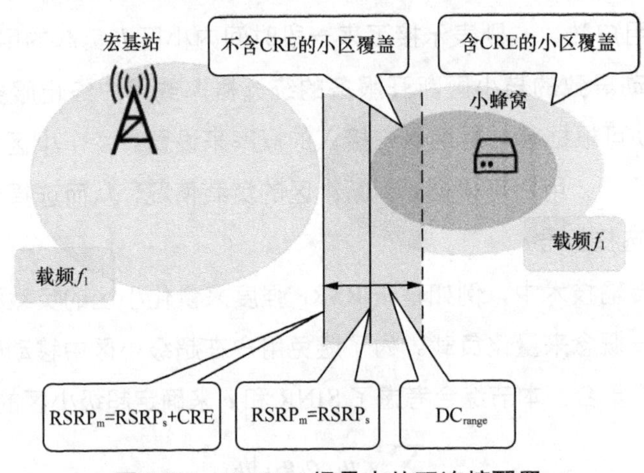

图 6-21 HetNet 场景中的双连接配置

第7章

5G-TSN 协同调度关键技术

5G-TSN 协同网络的主要目的是保障有线及无线融合组网下数据传输的确定性。与TSN 不同，5G 网络的资源分配更加复杂。首先是资源维度更多，涉及空时频等多个维度。其次是资源分配方式更复杂，无线资源是小区内多个用户共享，用户 / 业务间需要进行资源竞争，按照 TTI 进行动态资源分配。再次，5G 网络与 TSN 的 QoS 保障力度和机制不同，TSN 是在以太网基础上进行的层二增强，因此能够在数据链路层为不同业务流进行差异化的传输保障，而 5G 网络无线接入部分难以获取业务流信息，在资源保障方面难以精确到业务流级别。因此，5G 与 TSN 协同的联合调度机制不仅关系到能否为业务提供端到端统一的 QoS 保障，还关系到 5G 和 TSN 的承载能力，是 5G-TSN 协同传输关键技术之一。

本章在 7.1 节和 7.2 节介绍了 QoS 基本概念及 QoS 服务模型，希望使读者更好地了解 5G 和 TSN 不同网络的 QoS 保障机理；7.3 节分别介绍了 5G 与 TSN 的 QoS 机制差异性，并介绍了跨 5G 与 TSN 的 QoS 协商和协同机制；7.4 节、7.5 节和 7.6 节分别介绍了 3 种不同的 5G-TSN 资源协同及联合调度机制，其目标是为高实时性需求的业务提供确定性时延保障，并能更好地实现多业务的统一承载。

7.1 QoS 基本概念

网络技术的迅速发展，衍生出语音、视频、图像、游戏等多类型业务，通信网络由单一数据承载网络转变为多业务承载网络。传统通信网络主要承载数据业务，采用尽力而为服务的方式，对服务质量要求较低。随着网络承载的业务数据爆炸式增长，且这些业务对带宽、时延有较高要求，则网络必须为所承载的业务提供相应的服务质量。目前硬件芯片的研发程度，难以为网络提供充足的带宽，容易导致网络拥塞，产生丢包、业务服务质量下降的问题。

为使通信网络承载多业务，引入 QoS 技术，为各种不同需求的业务提供不同服务质量的网络保障，从而避免网络拥塞，提升网络传输效率。本小节主要从 QoS 的定义及衡量指标、类别、保障策略进行了介绍。

7.1.1 QoS 定义及衡量指标

质量定义为一个实体为满足显性和隐性需求所具有的固有能力，QoS 可被定义为服务特性的集体效应，代表用户对服务的满意程度。

对于 5G-TSN 而言，QoS 是网络要素（例如，主机、TSN 交换机或 TSN 路由器等）对其流量和服务要求在某种程度上能够得到满足的保证能力。QoS 针对不同的网络业务需求，提供不同服务质量的网络服务，其通过对网络资源的合理分配与监控，最大限度地保证传输的带宽、降低传输的时延、减少数据的丢包率以及时延抖动等，以提升端到端的服务质量。

5G-TSN 中 QoS 要实现的五大目标，分别为避免并管理 5G-TSN 的网络拥塞、降低报文跨网传输的丢失率、有效控制 5G-TSN 的流量、为特定用户或特定业务提供特定时延保障、支撑 5G-TSN 的实时业务传输。

网络质量一般会对传输链路的带宽（吞吐量）、报文传输时延和抖动及丢包率等造成影响，因此，带宽、时延、抖动和丢包率是网络重要的 QoS 衡量指标。

1. 带宽

带宽也可称为吞吐量，是指在单位时间内网络可传输的最大比特位数，即网络的源端点到目的端点之间特定数据流的平均速率。带宽主要用于衡量网络的吞吐能力，网络中的上行速率和下行速率均受带宽的影响。QoS 技术可以提高网络带宽的利用效率。

2. 时延

时延是指一个数据包从网络的源端点发送到目的端点所需要的延迟时间，其包括传输时延和处理时延，一般语音、视频等实时业务对时延要求较高。例如，对于语音传输，时延是指从讲话者开始讲话到听话者听到所说内容的时间。时延小于 100ms 时，语音过程比较流畅；当时延大于 100ms 且小于 300ms 时，语音过程有轻微间断；而当时延大于 300ms 时，语音间断比较明显。

3. 抖动

抖动是指时延之间的变化程度，用于衡量网络时延的稳定性。当网络发生拥塞时，同一数据流的不同数据包在网络中经历的时延存在差异，因此会产生抖动，抖动对实时业务（语音、视频等）的传输具有较大的影响，会在一定程度上造成失真。一些协议的处理也会受抖动的影响，某些协议按固定的时间间隔发送交互性报文，抖动过大会造成协议震荡。

4. 丢包率

丢包率是指网络传输过程中丢失报文的数量占传输报文总数的百分比，主要用于衡量网络的可靠性。网络拥塞是造成丢包的主要原因，少量的丢包对业务的影响较小，但大量的丢包会影响传输效率。因此，网络丢包率应控制在一定范围内以保证业务正常运行。

7.1.2 QoS 类别划分

QoS 类别及典型应用见表 7-1。

表 7-1 QoS 类别及典型应用

QoS类别	会话类业务	流类业务	交互类业务	背景类业务
时延	严格限制（实时）	限制（实时）	宽松（非实时）	无限制（非实时）
时延抖动	严格限制	限制	宽松	无限制
低比特误差率	否	否	是	是
比特率保证	是	是	否	否
典型应用	语音	流媒体	HTML网页浏览	电子邮件/文件传输

1. 会话类业务

典型的会话类业务是在电路交换载体上的语音业务（例如 GSM 的语音业务）。对互联网和多媒体网络来说，许多新的应用需要这种类型的业务，例如 IP 电话和视频电话。会话类业务提供多个终端用户（通常是人）之间的会话交流，受人的感官限制，会话类业务的最大特点就是实时性，也就是说，严重的时延和抖动会导致会话无法正常进行下去。因此，会话类业务最关键的 QoS 指标是时延和抖动。为了保证会话类业务的时延和抖动符合指标，通常将该类业务设为最高优先级，并为其预留带宽。

2. 流类业务

典型的流类业务是人们在网络上浏览音视频节目。流类业务是实时性的，由于它是单向传输的，不需要进行交互，所以对流类业务的实时性要求没有对会话类业务那么严格。与会话类业务一样，时延和抖动也是影响流类业务 QoS 的关键指标，并且允许一定的丢包率和错包率。鉴于此，流类业务的时延和抖动可容忍度与用户的接收设备相关。

流类业务没有实时交互的需求，并且本地通常设有缓存来保持一定时间的业务连续，所以该类业务对时延参数并没有会话类业务敏感。另外，流媒体的接收端要对接收的数据进行时间上的排序，系统允许的最大时延抖动取决于终端的排序能力。针对流类业务的特性，可以采用资源预留来保证业务 QoS 需求。

3. 交互类业务

交互类业务是指终端用户（人或机器）和远程设备（远程服务器）进行在线数据交互的一种业务模式，典型的交互类业务包括网页浏览、数据库检索、网络游戏、机器间测量数据交互等。交互类业务的时延取决于上层应用对于等待时间的容忍度，并与业务应用场景具有较大的关系。例如网页浏览的时延要求可能在秒级，而控制器与执行器间的时延要求可能在百微秒或毫秒级。

交互类业务具有数据突发特征，资源预留方式难以满足其数据传输需求，因此对于交互类业务需要采取更加灵活的 QoS 保障，例如需要进行随机接入及动态资源分配，并需要进行拥塞控制和流量控制，为不同交互类业务提供差异化的 QoS 保障等级。

4. 背景类业务

背景类业务包括 E-mail 后台自动接收、接收文件及数据库下载等。这类业务的特点是用户对传输时间没有特别的要求，但是对丢包率的要求很高，一般需要零丢包率（可以通过上层应用保证）。对于背景类业务的处理，可以采用传统 IP 网络尽力而为服务，不进行资源预留。与交互类业务类似，当用户激活背景类业务时，网络首先对该类用户进行接入控制，判断网络是否有剩余容量接入该用户，如果有容量则允许该用户接入，但是并不给该业务预留带宽。当系统拥塞时，允许对该类用户进行丢弃操作。

7.1.3 QoS 保障策略

QoS 保障策略主要包括流分类、流量监管、流量整形、流量控制和拥塞避免，各策略主要完成的功能如下。

流分类：采用固有的规则对报文特征进行识别，对网络业务进行区分服务，通常在端口处应用。

流量监管：在网络交换或路由设备接收端口或发送端口对流量进行速率监管。针对不同的业务类型，网络分别设定不同的流量阈值，如果超出流量阈值，流量监管策略采用限制措施，从而使接收端口和发送端口的流量限制在合理的范围内。

流量整形：一般对发送端口的输出速率采取流量控制措施，对超出端口速率限制的数据进行缓存，使数据以均匀的速率进行发送，达到适配下游端口接收速率的目的，避免造成网络拥塞。

流量控制：当网络发生拥塞时，将报文放入队列中缓存，并采用队列调度技术对队列中的报文进行合理调度，以保证报文的带宽和时延，通常在端口处应用。

拥塞避免：过度的拥塞会对网络资源造成损害，拥塞避免监督网络资源的使用情况，网络拥塞一旦有加剧的趋势时便采取主动丢弃报文的策略，将后进入的数据包直接丢弃。通过调整流量来解除网络的过载，通常在端口处应用。

QoS 保障策略在网络传输中的作用位置示意如图 7-1 所示。

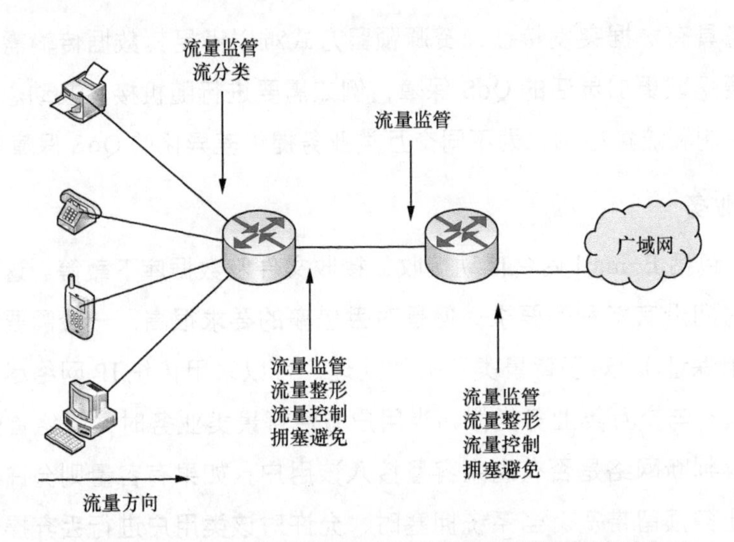

图 7-1　QoS 保障策略在网络传输中的作用位置示意

在 QoS 保障策略中，流量分类和标记是基础，是有区别地实施服务的前提。而其他 QoS 技术则从不同方面对网络流量及其分配的资源实施控制，是有区别地提供服务思想的具体体现。

QoS 保障策略不仅需要提供更优、更可靠、更具有预测性的网络服务，还需要一些工具协助管理网络拥塞，对流量进行整形和更高效地利用昂贵的广域网链路。QoS 策略主要有流量控制、拥塞避免、流量整形 3 种。这些策略一般用于单一网络元件内部，可在某个接口上启动工具，为特殊网络应用提供正确的 QoS 特性，网络设备软件通过应用不同的策略对 3 种策略进行集成，多策略协同工作，以保证服务质量。

1. 流量控制策略

为缓解网络的拥塞，网络元件使用一种排队算法对流量进行分类，之后选取某种调度策略使流量进入输出链路。常用的排队算法有先进先出、严格优先级、加权轮询、加

权公平队列 4 种。

不同的排队算法针对不同的网络流量问题，对网络性能也会产生不同的影响，具体描述如下。

（1）先进先出

先进先出（FIFO）具有基本的存储转发功能，是最简单的排队方式。当网络发生拥塞时，它可存储信息包，并在拥塞消失时按其到达顺序将其转发。在某些情况下，FIFO 是缺省的排队算法，因此无须进行配置。

优点：实现机制简单，尽最大可能转发包，速度快。

缺点：无法对业务流量进行差分服务。

FIFO 调度器结构示意如图 7-2 所示。

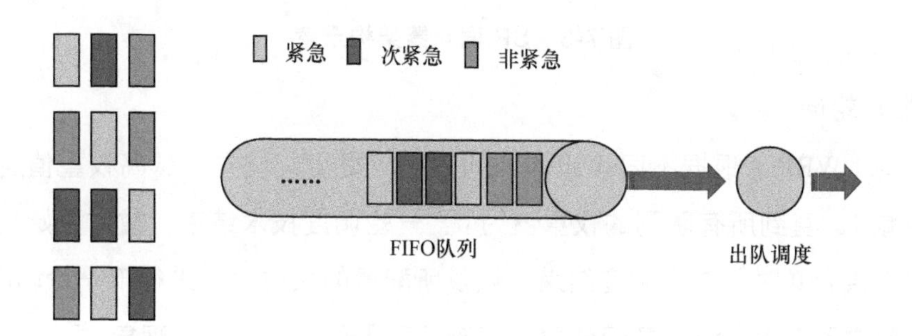

图 7-2　FIFO 调度器结构示意

（2）严格优先级

严格优先级（SP）对不同优先级的业务流进行标记，业务优先级可以根据网络协议、输入接口、信息包大小、源 / 目的地址、业务类型等进行划分。在 SP 算法中，根据所分配的优先级，每个信息包被置于 4 个队列中的一个，分别为高、中、普通或低级队列。没有优先级列表分类的信息包将进入普通队列。在进行传输时，算法将优先处理较高优先级队列，当且仅当较高优先级队列处理完成，才会处理次优先级队列的数据。但是，这会将较高优先级流量本可能经历的时延随机地传递给较低优先级的流量，从而加大较低优先级流量的抖动。为解决这一问题，可对较高优先级的流量进行速率限制。

SP 在确保通过各种广域网链路的关键任务流量获得优先处理方面能起到极大的作用。SP 目前使用静态配置，因此不能自动调整，以适应变化的网络需求。

优点：业务流量进行差分服务，保障关键业务转发。

缺点：可能会造成低优先级队列出现“饿死”情况。

SP 调度器架构示意如图 7-3 所示。

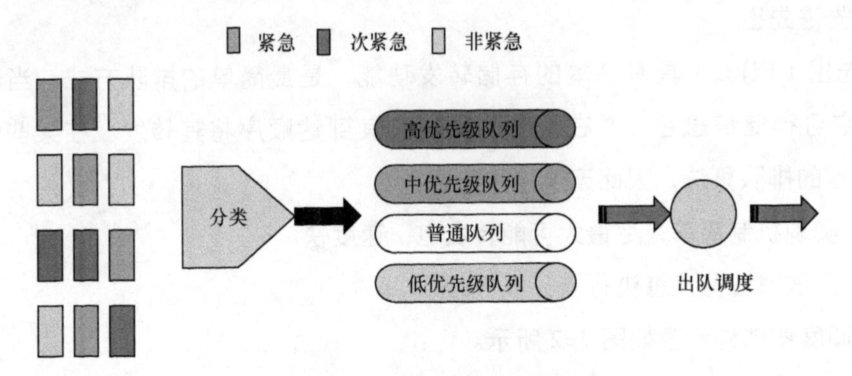

图 7-3　SP 调度器架构示意

（3）加权轮询

加权轮询（WRR）根据不同等级的队列分配权重值，优先级越高权重值越高，每次调度权重值减 1。直到所有队列的权重值为 0，一轮调度技术结束，重新开始轮询。当所有的队列权重值为 0 时，该次调度结束，恢复所配置的权重值。进行下一轮调度。

优点：解决了低优先级业务因分配不到资源而出现的“饿死”现象。

缺点：只能解决调度个数，因为是基于报文个数调度，所以当数据包尺寸大小不一致时，会出现不平等调度（低优先级队列数据包比高优先级队列数据包大，导致其获得的资源并不会比高优先级队列少）。

WRR 调度器架构示意如图 7-4 所示。

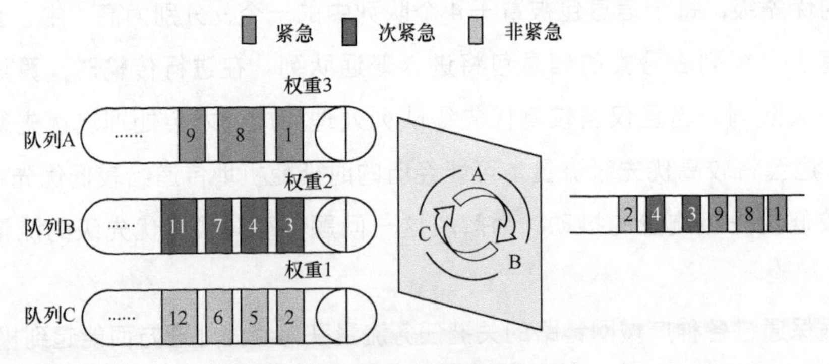

图 7-4　WRR 调度器架构示意

（4）加权公平队列

加权公平队列（WFQ）是一种基于权重的公平排队技术和一种基于流的排队算法，即同一种流的数据包分配到一个 FIFO 队列，并给予相同的带宽分配策略，不同流的数据包进入不同队列，不同队列的带宽分配策略不同。WFQ 根据流的源和目的 TCP 或 UDP 端口号、源和目的 IP 地址、优先级等信息使流进入不同等级的队列，并为不同等级的队列分配权重值，优先级越高权重值越高，根据权重值分配带宽，权重值越高分配带宽也越高，同一等级队列的数据包所分配的带宽是相等的。WFQ 在保证公平的基础上体现权值，权值的大小主要依赖于 IP 报文头中携带的 IP 优先级信息。

例如，接口中有 8 个流，8 个流对应的优先级分别为 0、1、2、2、3、4、5、6。计算公式如下。

$$\text{带宽总额}=\sum(\text{流的优先级}+1)$$

即 W=1+2+3+3+4+5+6+7=31。

每个流可被分配到的带宽 =（流的优先级 +1）/ 带宽总额，即每个流可获得的带宽分别为 1/31、2/31、3/31、3/31、4/31、5/31、6/31。

2. 拥塞避免策略

拥塞避免策略通过监视网络流量负荷，可预测和避免公共网络瓶颈处发生的拥塞。这与在拥塞出现时对其进行流量管理的技术不同。避免拥塞的主要工具是加权早期随机检测（WRED），主要在队列拥塞前针对不同业务类型设置不同的丢弃模板，例如，对于关键数据丢弃率低。

根据不同优先级制定不同的丢弃策略，WRED 为每个队列都设定了一对低门限和高门限值。

低门限：指队列到达该长度时开始丢弃（当队列长度小于低门限值时，不丢弃报文，丢弃概率为 0%）。

高门限：指队列到达该长度时完全丢弃（当队列长度高于高门限时，丢弃所有新到来的报文，丢弃概率为 100%）。

丢弃概率：指队列长度位于低门限与高门限间的丢弃概率。

当队列长度在低门限和高门限之间时，开始随机丢弃新到的报文，并为队列设定一个最大丢弃概率。若以报文长度为横坐标，以丢弃概率为纵坐标，基于“低门限 — 高门限”

机制的丢弃概率曲线如图 7-5 所示。

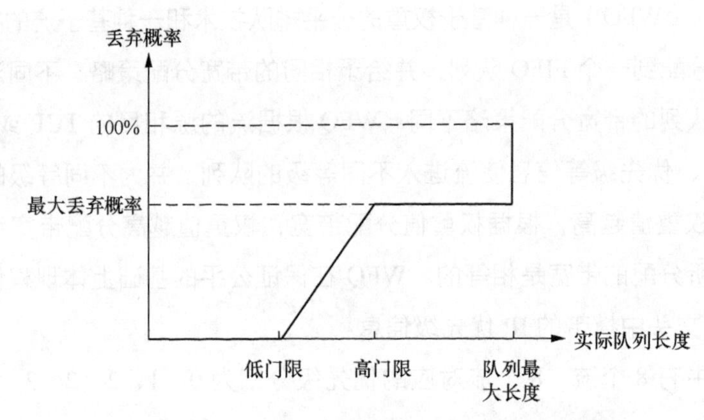

图 7-5 基于“低门限—高门限”机制的丢弃概率曲线

WRED 为每个新到的报文赋予一个随机数 x（$0<x\% \leqslant 100\%$），将随机数 $x\%$ 与当前队列的丢弃概率相比较，当随机数小于报文丢弃概率时则丢弃新到的报文。反之，当随机数大于丢弃概率时不会丢弃报文。基于 WRED 的丢弃概率曲线示意如图 7-6 所示。

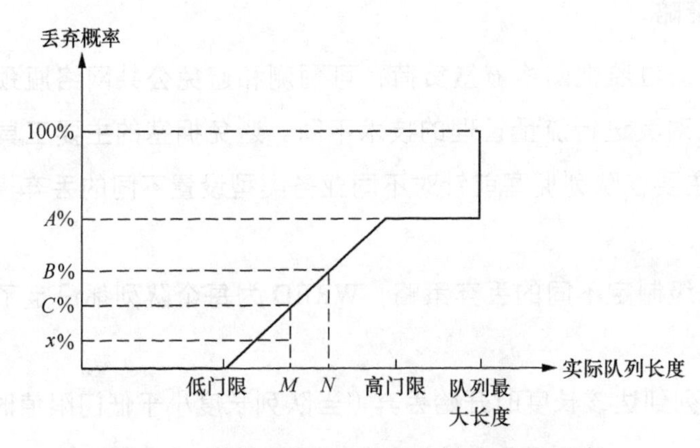

图 7-6 基于 WRED 的丢弃概率曲线示意

当队列长度为 M 时，对应的丢弃概率为 $C\%$，若 $0<x\% \leqslant C\%$，则丢弃报文；若 $C\%<x\% \leqslant 100\%$，则不会丢弃报文。另外，当队列长度为 N 时，丢弃概率为 $B\%$，则随机数落入区间 $[0, B]$ 比落入区间 $[0, C]$ 的可能性更大，因此，新到报文被丢弃的可能性随队列长度的增长而增长。

3. 流量整形策略

流量整形分为端口流量整形和队列流量整形。

端口流量整形也称为端口限速，对发送端口数据的总速率进行控制，不区分业务种类和业务优先级。

队列流量整形是不同类型的业务流使用不同的队列，可以通过对不同队列进行通知，进而实现差异化业务的流量整形。

时间敏感网络中采用端口流量整形和队列流量整形二者混合的流量整形机制，针对不同的端口，按照不同业务的优先级映射到不同的队列中，从而将时间敏感业务流和其他业务流分隔开，然后对不同队列进行流量整形，既可以对端口总体速率进行限制，又能区分不同业务优先级，从而对流量做相应控制。

7.2 QoS 服务模型

网络承载着多种业务类型的数据（例如，语音、视频及存储数据等），要保证不同业务在资源有限的情况下依然可以保证各自的业务质量，就需要在网络中制定相应的 QoS 策略来尽量保证每种业务的质量要求。QoS 根据网络质量和用户需求，通过不同的服务模型为用户提供端到端的 QoS 保证。QoS 服务模型主要包含尽力而为服务模型、综合服务模型和业务区分服务模型这 3 种服务模型。本节主要介绍这 3 种服务模型的特征及优缺点。

7.2.1 尽力而为服务模型

尽力而为服务模型属于单一的服务模型，也是最简单的服务模型。在该模型下，所有应用程序都能在任意时间发出任意数量的报文，并且不需要通知网络和事先获得批准。在网络中，尽力而为服务模型可以尽可能对报文进行发送，但无法确保可靠性、时延等性能。尽力而为服务模型归属于目前互联网的缺省服务模型，或路由交换设备的缺省服务模型，它适用于绝大多数网络应用，例如，FTP、E-mail 等，它通过 FIFO 方式来实现调度。

在尽力而为服务模型中，可以通过增大网络带宽、升级网络设备等方式来提升网络

通信质量。尽力而为服务模型提升网络通信模式的方式如图 7-7 所示。

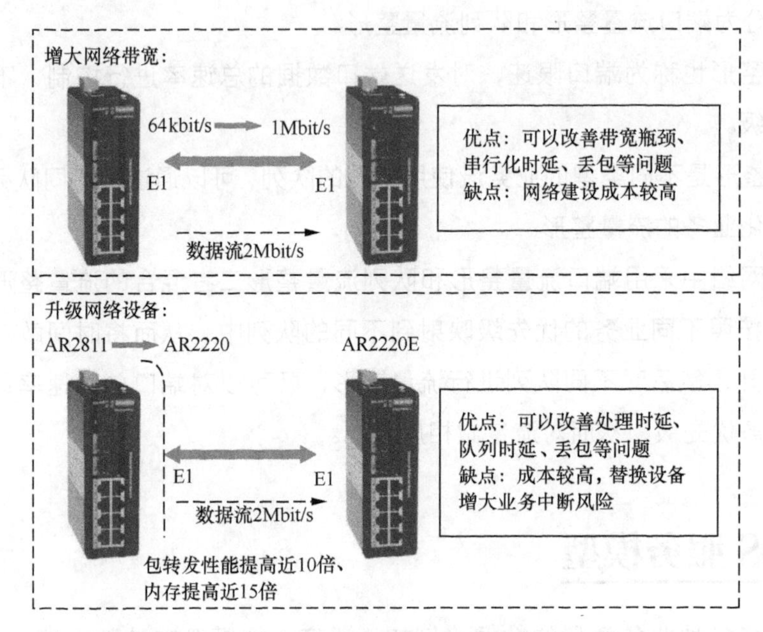
增大网络带宽:
64kbit/s → 1Mbit/s
E1
E1
数据流2Mbit/s
优点：可以改善带宽瓶颈、
串行化时延、丢包等问题
缺点：网络建设成本较高
升级网络设备:
AR2811 → AR2220
AR2220E
E1
E1
数据流2Mbit/s
优点：可以改善处理时延、
队列时延、丢包等问题
缺点：成本较高，替换设备
增大业务中断风险
包转发性能提高近10倍、
内存提高近15倍

图 7-7　尽力而为服务模型提升网络通信模式的方式

增大网络带宽：可以增大单位时间内传输的数据量，使其按照传统 FIFO 方式在单位时间内传输更多的数据，改善网络拥塞问题。

升级网络设备：可以增大数据处理能力，使其按照传统 FIFO 方式在单位时间内处理更多的数据，改善网络拥塞问题。

尽力而为服务模型是当前互联网广泛采用的服务模式，该模型的优点是方法简单，不需要特殊的机制支持，仅需要 FIFO 方式实现调度，大幅降低设备和协议实现的复杂度和成本。但其缺点也是显而易见的，由于不对业务流进行过多的控制，一方面，对于具有实时性或传输速率需求的业务，很难获得网络的 QoS 保障；另一方面，这样的处理方式可能会造成网络拥塞。

7.2.2　综合服务模型

IETF 联盟于 1994 年在 RFC 1633 文件中提出了基于资源预留协议（RSVP）的综合服务（IntServ）模型。IntServ 模型结构如图 7-8 所示。

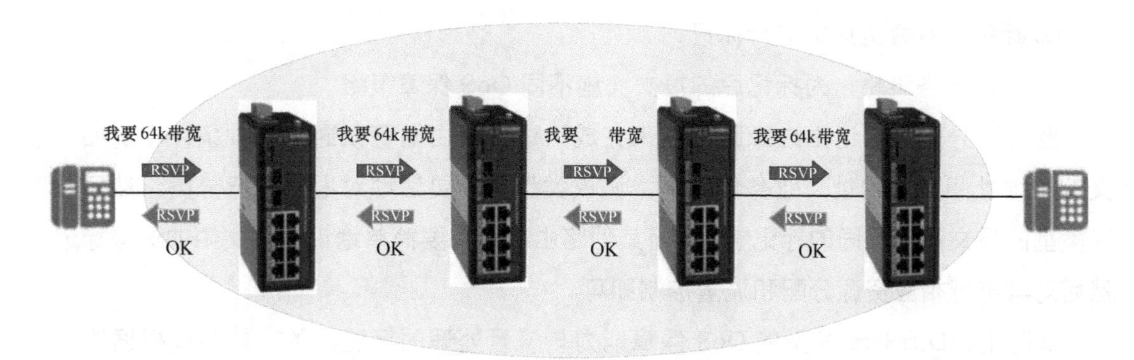

图 7-8　IntServ 模型结构

IntServ 模型的基本思路是指为了在数据传输之前给数据流提供端到端的 QoS 保证，对网络资源进行预留。一旦完成了端到端的资源协商和预留，只要应用程序的报文控制在流量参数描述的范围内，网络节点将承诺满足应用程序的 QoS 需求。预留路径上的网络节点可以通过执行报文的分类、流量监管、低时延的排队调度等行为，来满足对应用程序的承诺。

简单来说，IntServ 模型的优点是可以实现严格按照既定的请求来，从而最大限度地为每个流提供端到端的 QoS 服务保证，保证高优先级的流量有足够的带宽。而其缺点主要是可扩展性低，很难在网络中实施。IntServ 模型需要检查每条单独的流，并且包的调度和缓冲区管理均要以每条流为基础。因为没有特定的标签来识别具有相似性能要求和流量特征的流或流组，所以控制系统的成本和复杂性随着流量的增加而增加。

7.2.3　区分服务模型

为解决 IntServ 模型的协议实现复杂性及带宽利用率低的问题，IETF 研究组在 RFC 2475 文件中第一次提出了区分服务（DiffServ）模型。相比 IntServ 模型，DiffServ 模型具有更好的扩展性，并且能够为不同业务提供差异化的 QoS 保障。DiffServ 模型的基本思想是将业务流进行汇聚，解决网络扩展性的问题。DiffServ 模型通过设置报文头部的 QoS 参数信息，来告知网络节点它的 QoS 需求。报文传播路径上的各个路由器都可以通过对报文头的分析来获取报文的服务需求类别。

DiffServ 模型主要由 3 个步骤组成。

① 分类：对报文进行分类。

② 标记：对每类报文进行标记。

③ 应用服务策略：为标记后的报文实施不同 QoS 保障策略。

业务流分类和标记由边缘路由器来完成。边缘路由器可以通过多种条件（例如，报文的源地址和目的地址、业务优先级、协议类型等）灵活地对报文进行分类，然后对不同类型的报文设置不同的标记字段，而其他路由器只需要简单地识别报文中的这些标记，然后对其进行相应资源分配和流量控制即可。

实际上，DiffServ 模型的 QoS 保障能力与流量处理的算法相关。如果仅根据流量优先级进行流量处理，其 QoS 策略相对单一，难以满足多业务复杂场景的 QoS 保障需求；如果在 DiffServ 模型中使用更复杂的 QoS 架构，虽然能够提供类型更加丰富的 QoS 策略和不同等级的 QoS 保障，但也会造成信令开销增加的问题，影响数据传输的有效性。

DiffServ 模型对不同数据进行分类并进行区别对待，多层次的服务成为可能，在一定程度上降低了数据处理的复杂性及带宽利用率低的问题；相较于基于流的管理策略的 IntServ 模型，DiffServ 模型采用的是基于类别的管理策略，当业务流数量较多时，按类别进行处理的方式比逐条业务流管理的方式，其管理成本会更低、效率也更高。因此，DiffServ 模型具有良好的扩展性和鲁棒性，是为多业务提供 QoS 保障的主流模式。但是，DiffServ 模型目前标准不统一，不同网络可能会采用不同的业务流处理和保障方式，当数据跨网络传输时，会带来统一管理的难题；另外，DiffServ 模型灵活性的提升是以信令开销增加为代价的，需要平衡网络带宽效率与 QoS 保障等级。

7.3 跨 5G 与 TSN 的 QoS 协同流程

QoS 保障的核心思想是对网络业务流进行分级，让其差异化地竞争网络资源，即网络对业务进行差异化处理，从而保证业务时延、吞吐量、丢包率等指标。差异化的处理可以是确定数据之间的优先顺序，也可以是保证一个数据流具有一定资源使用的权利。因此，本节将介绍 5G 与 TSN 的 QoS 机制差异性，并阐述 5G 与 TSN 的 QoS 协商流程。

7.3.1 5G 与 TSN 的 QoS 机制差异性

TSN 的 QoS 机制类似于 Diffserv 模型，网络将对不同的业务流进行标记，从而实现业务区分，网络中交换节点会识别业务，并将其映射到不同队列，从而实现在不同时间

占用底层的传输资源。TSN 的 QoS 保障都在数据链路层，尤其是在 MAC 子层上进行的。通过业务优先级将业务流映射到不同的队列，并通过对门控列表的控制，保障高优先级业务的传输时延，避免低优先级业务带来的干扰，从而实现端到端低时延和时延抖动的有界性。从本质上分析，TSN 的业务传输方式类似于 TDMA，在设备间时间同步的基础上，通过基于精准时间的优先级队列控制方式，使时间敏感类高优先级业务在“特定时间”内对时序资源专有占用，保证高优先级业务基于精准时间的数据转发，由于不同优先级队列的可允许发送时间“互斥”，使高优先级业务不用与低优先级业务进行资源竞争，即可实现不同优先级的业务数据包在时序资源上“交织”承载，进而保证在多业务统一体下高优先级业务传输的时延确定性。

从机制上来说，TSN 中 QoS 保障的核心机制是其整形器，通过整形器实现了高优先级流量和低优先级流量的隔离和速率控制；此外，不同优先级队列受到门控列表的控制，门控列表则是一种基于时间触发的控制机制，可以实现高优先级队列基于精准时间的数据转发，而门控列表的配置是需要在网络运行前配置，因此可以将 TSN 的 QoS 机制看作一种静态的保障机制。

与 TSN 不同，5G 网络的 QoS 控制是一种动态的资源管理策略，因为需要网络中多个不同类型的网元才能完成端到端的 QoS 保障，所以其 QoS 模型和规则相比 TSN 要复杂得多。基于流的 5G QoS 管理及保障技术体系架构如图 7-9 所示。

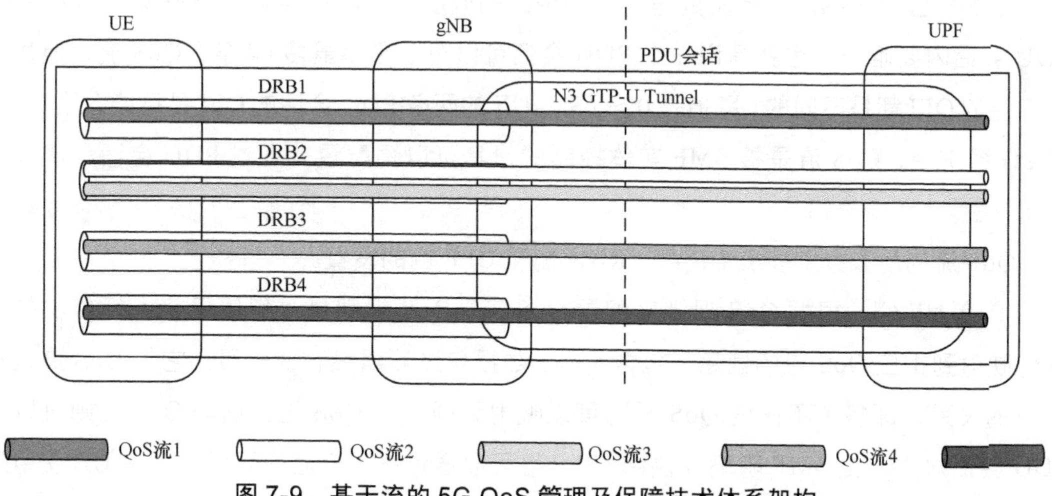

图 7-9　基于流的 5G QoS 管理及保障技术体系架构

5G 采用了基于 QoS 流的服务质量保障体系架构，该框架具有更高的灵活性以支持多业务的统一接入，同时减少因端到端 QoS 保障等级协商而产生的信令开销。5G QoS 保障的范围是 UE 到 UPF，首先是为业务在 5G 网络内部（UE 到 UPF）之间建立 PDU 会话，每个 PDU 会话中包含 1 个或多个 QoS 流和至少一种 QoS 规则。根据业务特征，5G 核心网中策略和控制单元（FCP）会为不同业务配置不同的 QoS 模板，不仅会将相应的业务参数、速率要求、时延要求在 QoS 模板中配置，还会为配置相应业务等级；此后，业务的 QoS 模板将以信令的方式下发给基站和移动终端。在无线接入网侧，基站根据 QoS 模板中相关参数进行功率、无线资源分配和速率控制，为相应业务承载在无线空口部分建立一个或多个 DRB，以满足 QoS 模板中的参数要求。

5G 的 QoS 模型是基于 QoS 流进行控制的，QoS 控制的最小颗粒度就是 QoS 流，比基于 4G 承载的 QoS 控制颗粒度更细。5G QoS 模型支持 GBR 的 QoS 流和非保障比特速率（Non-GBR）的 QoS 流，5G QoS 模型还支持反射 QoS 流，反射 QoS 流使 UE 可以将上行用户面数据映射到 QoS 流上，这仅用于 IP 或以太网类型的 PDU 会话，并且这是 UE 根据接收到的下行数据进行推导出来的 QoS 规则；对于同一个 PDU 会话，反射 QoS 和非反射 QoS 可以并存。

QoS 流是 PDU 会话中最小粒度的 QoS 区分，也就是说，两个 PDU 会话的区别在于它们的 QoS 流不一样，具体是 QoS 流的业务数据流模板（TFT）参数不同；在 5G 系统中，QoS 流是通过一个 QoS 流标识（QFI）进行区分的；PDU 会话中具有相同 QFI 的用户平面数据会获得相同的转发处理（例如相同的调度、相同的准入门限等）；QFI 在一个 PDU 会话内要唯一，也就是说一个 PDU 会话可以有多条（最多 64 条）QoS 流，但每条 QoS 流的 QFI 都是不同的（取值是 0 ～ 63），UE 的两条 PDU 会话的 QFI 是可能会重复的。在 5G 系统中，QoS 流是被 SMF 实体控制的，其可以预配置或通过 PDU 会话和修改流程来建立。

QoS 流的配置分别涉及 UE 侧、RAN 侧和 UPF 侧的设置。

① 在 UE 侧，根据 QoS 规则来配置 QoS 流。QoS 规则是一组用于将上行传输的数据包映射到相应 QoS 流的信息，包含 QFI、数据包过滤器集和优先级。它与 QoS 流是多对一的关系，即多个不同的 QoS 规则可以映射到同一个 QoS 流。这些 QoS 规则可以在 PDU 会话建立时由 SMF 明确提供给 UE，也可以通过在 UE 上预配置或者由 UE 使用反射 QoS 机制推导得出。

② 在 RAN 侧，即基站设备处，根据 QoS 配置文件配置 QoS 流。该信息由 SMF 发送

给 gNB，主要功能是决定当前的 QoS 流为 Non-GBR 类型或 GBR 类型。对于每个 Non-GBR 类型的 QoS 流，其包含的参数有 5QI、分配和预留优先级（ARP）等；每个 GBR 类型的 QoS 流包含 5QI、ARP、保障流比特速率（GFBR）、最大流比特速率（MFBR），还包含可选项通知控制、最大丢包率，而且每一个 QoS 配置文件都包含一个 QFI 标志。对于使用了通知控制功能的 GBR 流，SMF 应该额外向 gNB 提供备选的 QoS 配置文件。

在 UPF 侧，需要 SMF 向 UPF 提供一个或多个数据包检测规则（PDR）信息，其中包含业务数据流模板（SDF），主要作用是告诉 UPF 如何对数据报文进行检测和分类，其中包含 QFI 信息。当数据包在 gNB 和 UPF 之间传递时，QFI 会被封装在数据包报头。

5QI 用于对不同 QoS 流进行标记，5QI 对应的 QoS 属性根据资源类型的不同，分为 3 类承载：GBR 承载（与 LTE 保持一致）、Non-GBR 承载（和 LTE 保持一致）、时间敏感类 GBR 承载（Delay-Critical GBR，5G 新增的承载类型，主要用于 uRLLC 类业务）。

5QI 是个标量，用来代表一套 5G QoS 特性，例如针对 QoS 流的转发处理操作的参数（调度权重、接纳控制门限、队列管理门限、链路层协议配置等）。标准化的 5QI 和标准的 5G QoS 特性组合是一对一对应的。

5QI 在原有的优先级、时延和丢包率指示的基础上，新增加了数据突发量和默认平均窗口两个指示。

- 数据突发量：只用于 Delay-Critical GBR 类型，作用是指示该业务在一定时间范围内的最大数据量；
- 默认平均窗口：用于 GBR 和 Delay-Critical GBR 承载，作用是指示用于 GFBR 和 MFBR 计算的时间窗口。

5G 网络 QoS 保障的重点在于无线空口，重点在于根据业务特征和信道质量进行适当的资源分配调整。当完成 QoS 流配置后，QoS 管理则分为两个阶段进行：第一阶段，无线承载建立时，基于 QoS 特征，为每个无线承载配置不同的 PDCP/RLC/MAC 参数；第二阶段，无线承载建立后，上下行动态调度来保证 QoS 特征及各承载速率的要求，同时兼顾系统容量的最大化。

7.3.2　5G 与 TSN 的 QoS 协商流程

在 5G 与 TSN 关于时间敏感类业务流 QoS 参数的协商和转换过程中，TSN 可以将 5G 系统视为一个黑盒子，整体采用 5G 系统指定的 QoS 框架。5G 系统作为 TSN 网桥出现，

使用完善的 5G QoS 框架接收与 TSN 相关的预订请求。然后，5G 系统使用 5G 内部信令来满足 TSN 预约请求，例如 5G 系统使用 QoS 流类型（GBR、时延关键 GBR）、5QI、ARP 等 5G 框架来满足请求 QoS 属性。5G 与 TSN 进行 QoS 协商过程示意如图 7-10 所示。

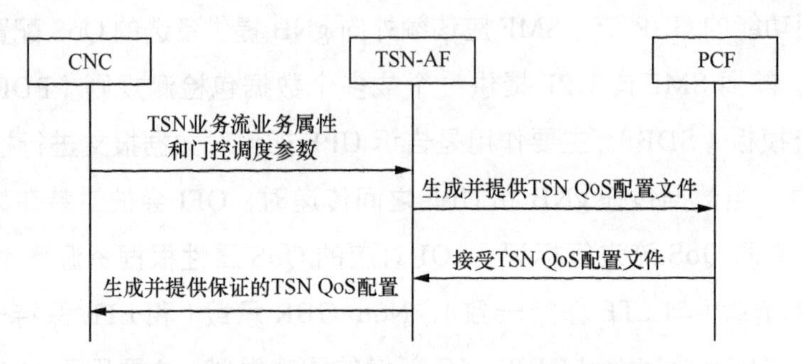

图 7-10　5G 与 TSN 进行 QoS 协商过程示意

5G 与 TSN 的 QoS 协商过程及 5G 系统生成 QoS 文件的过程如下。

1. TSN-AF 计算 TSN QoS 参数

TSN-AF 根据从 CNC 接收 PSFP 信息和传输门控调度参数，计算业务模式参数（入口端口的突发到达时间、周期性和流向），通过建立映射表来决定 TSN QoS 参数，并将 QoS 信息与相应的业务流描述相关联。如果 TSN 流是同一业务类别、使用相同的出口端口、周期性相同、突发到达时间兼容，TSN-AF 将这些流聚合到相同的 QoS 流，使其具有相同的 QoS 参数。此时，TSN-AF 为聚集的 TSN 流创建一个 TSC 辅助容器。

2. PCF 执行 QoS 映射

CNC 经由 TSN-AF 向 PCF 发起的 AF 会话中包含分配给 5G 网桥的 TSN QoS 需求和 TSN 调度参数，PCF 接收的相关信息如下。

① 以太网包过滤器的流描述。包含以太网 PCP、VLAN ID、TSN 业务流目的 MAC 地址等信息的描述。

② TSN QoS 相关参数。主要指 TSC 辅助容器的信息，包括突发到达时间、数据包发送周期和业务流方向。

③ TSN QoS 信息。主要指针对时间敏感业务流的优先级、最大 TSC 突发大小、网桥时延和 MFBR 等 QoS 保障等策略的配置。

④ 端口管理信息容器及相关端口编号。

⑤ 网桥管理容器信息。

PCF 接收到上述信息之后，根据 PCF 映射表设置 5G QoS 配置文件，触发 PDU 会话修改过程建立新的 QoS 流。

5G QoS 配置文件包含 ARP、GFBR、MFBR 和 5QI。其中，ARP 被设置为预配置值，MFBR 和 GFBR 可由 5GS 网桥接收的 PSFP 信息导出。

PCF 使用 DS-TT 端口 MAC 地址绑定 PDU 会话，基于 TSN QoS 信息导出 5QI。根据从 TSN-AF 接收的信息、导出的 5QI、ARP 提供的描述业务流的信息，PCF 生成 PCC 规则（其中包含服务数据流过滤器、GBR 和 MBR，以及从 AF 会话接收的 TSC 辅助容器信息），5G 核心网元 SMF 和 AMF 通过控制面信令交互，获取 PCF 输出的规则。一方面，由 AMF 通过 N2 接口将其携带给 RAN；另一方面，由 SMF 通过 N4 接口将其携带给 UPF，由 UPF 和 UE 将不同 QoS 需求的业务流映射到合适的 PDU 会话和 QoS 流中，实现 5G 系统区分不同业务流的差异化 QoS 调度。

7.4　基于无线信道信息的 5G 与 TSN 联合调度机制

针对具备周期性及时间触发特征的工业业务在无线环境下的确定性传输问题，本节提出了一种基于空口信道质量信息的 5G 与时间敏感网络联合优化机制。在时间敏感网络域，提出了改进的时间敏感网络业务流处理架构，优先处理承载于较差质量无线信道的工业业务流；在 5G 网络域，可针对 5G 系统传输时延影响因素，即无线信道质量、无线资源数量与空口最大传输次数的关系进行建模，基于该模型可得到满足数据传输可靠度要求的最大重传次数，从而动态设置重传因子以动态规划承载于不同无线资源上的工业业务的 5G 系统传输时延预算，完成 5G 与 TSN 在终端侧网关 DS-TT 处的门控设置，实现业务跨 5G 与 TSN 的确定性传输。

7.4.1　5G 与 TSN 端到端数据确定性传输流程

跨 5G 与 TSN 的数据传输流程示意如图 7-11 所示。

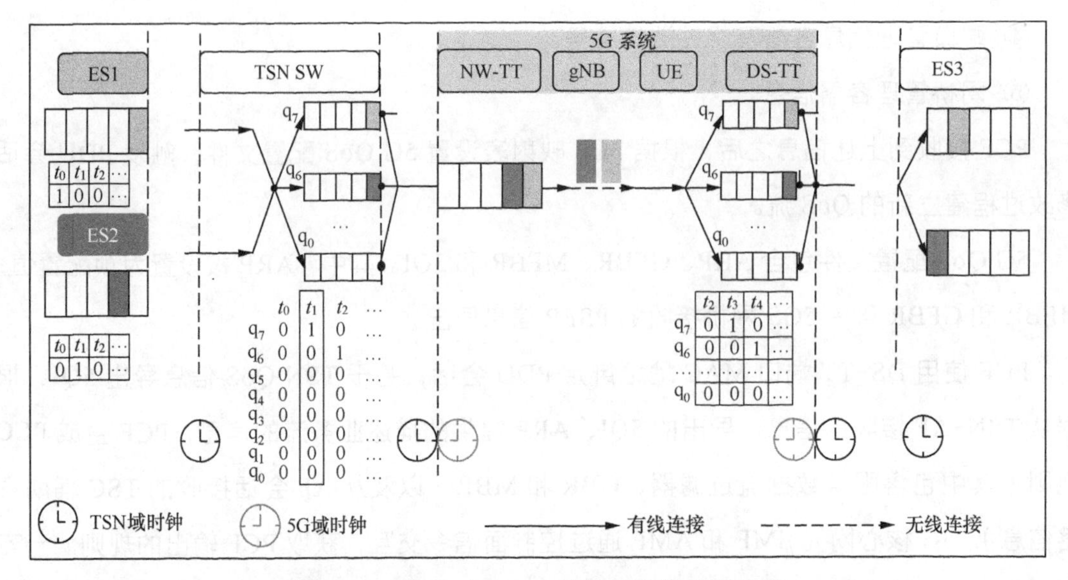

图 7-11　跨 5G 与 TSN 的数据传输流程示意

在传输流程中，在需要进行门控设置的地方给出了 GCL 示例。ES1 和 ES2 是 PLC，周期性产生控制指令，并将指令由 5G-TSN 协同网络发送给位于远端的执行器 ES3。ES1 和 ES2 将业务流信息（周期、包长度等）上报给集中式用户配置（CUC），CUC 将业务信息传递给 CNC 进行路径规划与资源调度，并对传输链路中 TSN 交换机（TSN-SW）和 5G 系统中 DS-TT 的出口队列门控列表进行配置。

在 t_1 时刻，TSN-SW 出口队列的门控列表设置为 10000000，其中，1 代表相应队列的控制门为开，数据可以发送，而其他队列中的数据将继续等待；在 t_3 时刻（$t_3>t_1$），DS-TT 出口队列门控列表设置为 10000000，经由 UPF 和 5G 空口发送到 DS-TT 的 ES1 业务流数据包将发送到 ES3，则该 ES1 数据包到达 ES3 的时刻为

$$t_{\text{arrive}}^{\text{es1}} = t_3 + \frac{l_1}{R_{\text{TSN}}} \tag{7-1}$$

其中，l_1 为 ES1 发送业务流数据包长度。在包长度及网络速率一定的情况下，由于 DS-TT 侧设置的发送时间 t_3 是确定的，则 $t_{\text{arrive}}^{\text{es1}}$ 也是一个确定值。由于门控列表是周期性设置，假设门控列表周期为 T_{GCL}，则 ES1 业务流到达 ES3 的时间为 $t_{\text{arrive}}^{\text{es1}}, T_{\text{GCL}} + t_{\text{arrive}}^{\text{es1}}$, $2T_{\text{GCL}} + t_{\text{arrive}}^{\text{es1}}, 3T_{\text{GCL}} + t_{\text{arrive}}^{\text{es1}} + \cdots$ 从而保证时间触发业务流传输时延的确定性。

以 ES1 发送的时间触发业务流为例，数据包从 DS-TT 的发送时刻 t_3 是由 5G 系统传

输时延预算 D_{5GS}^{1} 决定的，即

$$t_3 = t_1' + D_{5GS}^{1} \quad (7\text{-}2)$$

其中，D_{5GS}^{1} 表示 ES1 发出业务流的 5G 系统传输时延预算，包括 5G 核心网处理及传输时延、5G 基站 / 终端处理时延及空口传输时延。由于 5G 无线信道时变特性，时间触发业务流数据包在 5G 网络中的传输时延 t_{5GS}^{1} 是变化的，若 $t_1' + t_{5GS}^{1} < t_3$，即 ES1 数据包在 5G 系统传输时延预算之前到达，则该数据包仍需在队列中等待，直到 t_3 时刻才发送，消除因 5G 空口变化而造成的传输时延抖动；若 $t_1' + t_{5GS}^{1} > t_3$，即数据包未能在要求的时间内将数据包发送到 DS–TT，由于 DS–TT 出口队列门控列表状态已经改变，该业务流所对应的队列已经关闭，造成该数据包无法在规定周期内传送，会影响控制业务流的稳定性。

因此，5G 系统传输时延预算对于消除 5G 系统的不确定性、保障 5G–TSN 端到端数据确定性传输性能具有重要的作用。

7.4.2　5G–TSN 协同模型及问题建模

为实现工业业务跨 5G 与 TSN 的确定性传输，将根据业务端到端数据传输流程，对问题进行建模分析。

5G–TSN 协同传输网络模型如图 7–12 所示，给出了一个由 TSN–SW、5G 核心网网元、5G 基站、移动终端及支持 TSN 的终端站点构成的 5G–TSN 协同传输模型。

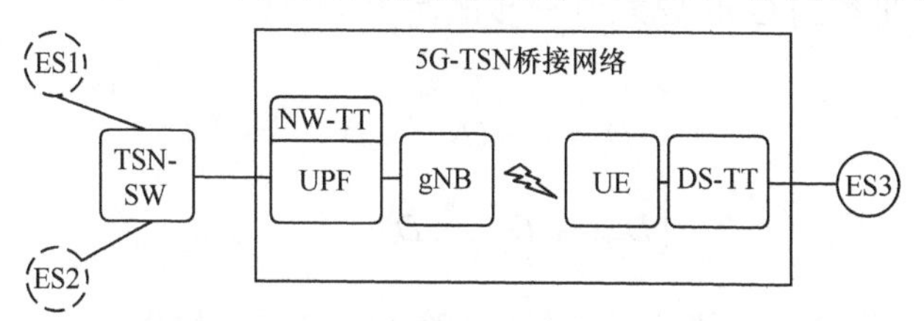

图 7-12　5G-TSN 协同传输网络模型

设 V 为网络设备节点的集合，$V \equiv SW \cup 5GS$，其中，sw_i 是 TSN 中的交换机节点，$\forall sw_i \in SW$；ES_{tx} 和 ES_{rx} 分别为发送和接收终端节点的集合；es_i 为 TSN 终端节点，$\forall es_i \in ES_{tx} \cup ES_{rx}$，假设所有的 TSN 终端节点均支持接入 5G 网络和 TSN。

在业务类型方面，假设每个发送终端只能承载一种业务。对于 $\forall es_i \in ES_{tx}$，其发送的业务流 f_i 构成了网络中的业务流集合 F，业务需求表示为

$$R(f_i)=\{<es_s,es_d,T_i,D_i,l_i,p_i>|\ f_i\in F\} \tag{7-3}$$

其中，es_s 和 es_d 为该业务流的源节点和目的节点；T_i 为数据包发送周期，对于非周期业务而言，该值为空，并假设周期性业务流在一个周期内仅产生一个数据包；D_i 为该业务流的时延要求，对于时间触发业务流而言，$D_i=T_i$；l_i 为该业务流数据包大小（单位为 B）；p_i 为该业务流的优先级，时间触发业务流优先级高于其他非实时类业务优先级。对于两条时间触发业务流 f_i 和 f_j，若 $T_i<T_j$，则 $p_i > p_j$。本章重点针对具有周期及时间触发特征的工业业务流的联合时间调度机制开展研究。

$\forall f_i\in F$，其端到端时延及业务 QoS 要求可表示为

$$\begin{cases} D_{\text{e2e}}^i=D_{\text{TSN}}^i+D_{\text{5GS}}^i+(N_{\text{hop}}+1)\cdot\dfrac{l_i}{R_{\text{TSN}}} \\ D_{\text{e2e}}^i<T_i \end{cases} \tag{7-4}$$

其中，D_{TSN}^i 为 TSN 域时间，包含处理时延和排队时延；D_{5Gs}^i 为 5G 系统传输时延预算；N_{hop} 为该业务流经过的 TSN-SW 节点的跳数，5G 被看作一个逻辑网桥设备；l_i/R_{TSN} 为有线链路传输时延，R_{TSN} 为以太网的传输速率；$D_{\text{e2e}}^i<T_i$ 为保障时间触发业务流的 QoS 要求。

基于式（7-4）分析，由于业务流及网络拓扑信息已知，且有线链路传输时延是固定的，

因此可将式（7-4）业务的 QoS 要求进一步改写为

$$\begin{cases} D_i^{'}=T_i-(N_{\text{hop}}+1)\cdot\dfrac{l_i}{R_{\text{TSN}}} \\ D_{\text{TSN}}^i+D_{\text{5GS}}^i<D_i^{'} \end{cases} \tag{7-5}$$

在此约束下，下面将分析 TSN 域时延预算 D_{TSN}^i 与 5G 域时延预算 D_{5GS}^i 的设置方法，这也是本节所提出 5G-TSN 联合时间调度的关键。

7.4.3 基于 5G 信道信息的 TSN 域时延预算设置

在 5G 系统中，移动终端会周期测量无线信道质量，并上报 CQI，以实现动态调度和链路自适应适配。在 5G-TSN 协同传输网络中，因为不同业务流在 5G 中所分配的无线资源不同，无线信道状况也存在差异，所以需要改进 TSN 域中的业务流处理机制。基于

5G 信道信息的 TSN 队列管理架构如图 7-13 所示。

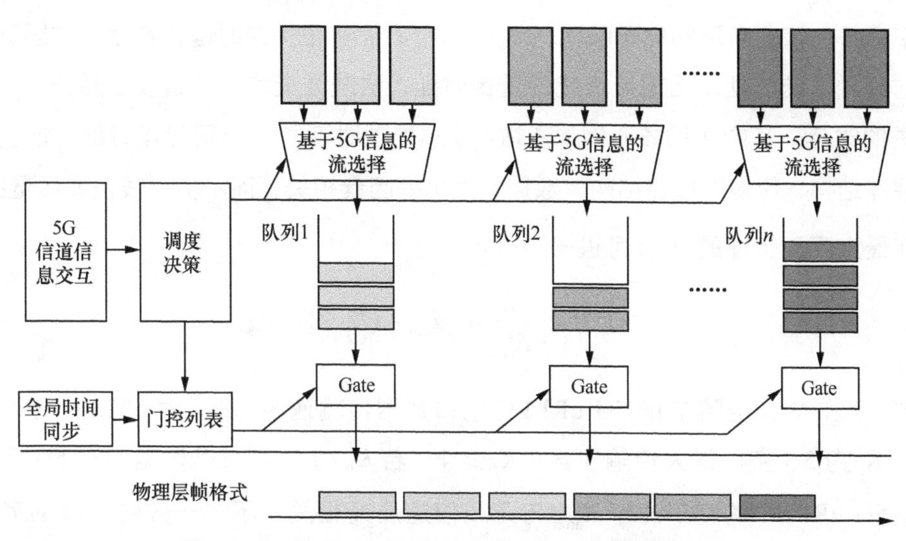

图 7-13　基于 5G 信道信息的 TSN 队列管理架构

TSN-SW 中提出了基于无线信道信息的优先级队列两层管控架构：第一层为业务流优先级映射，根据业务流优先级将工业业务流进行分类；第二层为同一优先级下基于 5G 信道信息的队列选择，优先选择承载于较差信道质量无线资源上的工业业务流数据包进行处理。

假设当前业务流为 f_i，当前周期内业务优先级比 f_i 高的业务流数目为 N_m；而在与 f_i 同等优先级的业务流中，CQI 比 f_i 低的业务流数目为 N_s。由于 TSN-SW 与 NW-TT 间仅有一条链路，当前包需要等待前一个数据包完全发送后才能发送，由此，D_{TSN}^{i}可表示为

$$D_{\mathrm{TSN}}^{i}=\sum_{j=1}^{N_m}\frac{l_j}{R_{\mathrm{TSN}}}+\sum_{o=1}^{N_s}\frac{l_o}{R_{\mathrm{TSN}}} \tag{7-6}$$

由式（7-6）可以看出，业务流优先级越高，其在 TSN 域时间就越短，无线信道质量越差，在 TSN 域中将会越先得到处理，即

$$\begin{cases}D_{\mathrm{TSN}}^{i}<D_{\mathrm{TSN}}^{j},p_i>p_j\\D_{\mathrm{TSN}}^{i}<D_{\mathrm{TSN}}^{j},\left(p_i=p_j\right)\cup\left(\mathrm{CQI}_i<\mathrm{CQI}_j\right)\end{cases} \tag{7-7}$$

7.4.4　考虑信道信息的 5G 系统时延预算设置

根据 5G 系统构成，针对$\forall f_i\in F$，可以将 5G 系统传输时延预算分为

$$D_{5GS}^{i}=\tau(\gamma_i)+\phi_i \tag{7-8}$$

其中，γ_i 为该业务流的信干噪比；$\tau(\gamma_i)$ 为空口信道相关的时延，包括基站因调度发生的排队时延、发送时延及因重传造成的重传时延，这些因素均与信道质量相关；ϕ_i 为空口传输无关的时延，其中包括核心网 / 基站 / 终端处理时延、核心网传输时延，这些时延与设备软硬件结构、传输网拓扑结构、数据包大小等因素相关，而不受无线信道质量的影响。

存在最大不确定性的 $\tau(\gamma_i)$ 可进一步分解为

$$\tau(\gamma_i)=\left\lceil \frac{l_i}{R_{\text{urllc}}^{i}} \right\rceil \times d_{\text{slot}}+(K_i-1)\times d_{\text{retx}} \tag{7-9}$$

其中，R_{urllc}^{i} 为业务流 f_i 的 5G uRLLC 空口数据传输速率；d_{slot} 为 uRLLC 微时隙的时间长度；K_i 为 5G 空口最大传输次数，$K_i \geqslant 1$，若 $K_i>1$，则表示数据包在 5G 系统进行了重传。5G uRLLC 的空口速率 R_{urllc}^{i} 与无线信道质量相关。不失一般性，本书考虑的路径损耗 g（单位为 dB）可以表示为

$$g=-128.1-37.6\times \lg(d), d\geqslant \delta \tag{7-10}$$

其中，d 表示终端设备与 5G 基站之间的距离，且 δ=35m 是最小距离约束。小尺度衰落 h_f 服从均值为零方差为 σ_h^2 =1 的瑞利分布。在 uRLLC 中，小尺度衰落的相关时间大于上行链路的帧周期，所以本书所提算法需考虑快衰落对信道造成的影响。uRLLC 中链路的容量可以表示为

$$R_{\text{urllc}}^{i}=\frac{n_i\times B_{RB}}{\ln 2}\left[\ln\left(1+P_{tx}\frac{\left|h_f\right|^2\times g}{N_0\times n_i\times B_{RB}}\right)\right] \tag{7-11}$$

其中，$n_i(n_i\leqslant N_{\max})$ 为分配给业务流 f_i 的资源块（RB）数目；$N_{\max}$ 为系统最大 RB 数目；B_{RB} 为资源块频带宽度；P_{tx} 为发射功率；N_0 为单边噪声谱密度。n_i 的取值由业务流 f_i 的数据包大小 l_i 及传输块（TBS）决定，即 $n_i=l_i/\text{TBS}_i$。

TBS 与 MCS 的等级有关，而 MCS 的等级由业务流信道质量决定。具体而言，首先，将承载业务流 f_i 的无线资源的信道状况 γ_i 采用非线性映射 $\text{CQI}_i=f(\gamma_i)$；然后，查询 MCS 和 CQI 的映射表，得到业务流 f_i 数据包所采用的调制编码等级 MCS_i；最后，根据 TBS 与 MCS 的映射表，得到当前 MCS 等级下单位资源块能够传输的数据量 TBS_i。

为了保证数据传输的可靠性，5G 系统采用 HARQ。然而，重传需要等待通信对端的 ACK/NACK 消息，并遵循 5G HARQ 的调度时序，因此，在式（7-9）中，将数据包每一次重传时延定义为 d_{retx}。考虑在 5G uRLLC 空口采用半持续调度方式承载业务流 f_i，业务流 f_i 的重传将和初次传输使用相同的资源及 MCS 等级。

K_i 定义业务流 f_i 在 5G 系统中的最大传输次数。按照 3GPP 的要求，通常采用半静态预设，若超出最大传输次数门限仍不能实现数据的正确接收，则该数据包会被丢弃。本书对最大传输次数的取值采用阶梯函，为

$$K_i=\begin{cases}\alpha_0,\ f(\gamma_i)\geqslant \Delta_{\text{up}}\\ \alpha_1,\ \Delta_{\text{low}}\leqslant f(\gamma_i)\leqslant \Delta_{\text{up}}\\ \alpha_2,\ f(\gamma_i)\leqslant \Delta_{\text{low}}\end{cases} \tag{7-12}$$

其中，$\alpha_0<\alpha_1<\alpha_2$。根据承载业务流的无线资源信道质量信息来确定最大重传的次数，具体如下：当 $f(\gamma_i)$ 低于最小阈值时，预判该信道状况较差。因此，增大 K_i，增加 5G 系统传输时延预算，避免因重传而导致的 DS-TT 门控列表状态的变化；当预判信道质量较好时，发生重传的概率较低，则降低 K_i 取值；当预判信道质量极好时，进一步降低 K_i 值。

本书假设 5G 采用增量冗余 HARQ，发送端每次发送完整数据包，接收端合并多次接收的数据，实现冗余增益的目的。业务流 f_i 数据包在 5G 中成功概率为

$$\begin{aligned}P_{\text{suc}}&=1-\prod_{k=1}^{K_i}P\left(\sum_{j=1}^{k}\gamma_i^{(j)}<\gamma_{\text{th}}\right)\\&=1-\prod_{k=1}^{K_i}P\left(\sum_{j=1}^{k}\left|h_f^{(j)}\right|^2\leqslant\frac{N_0\times n_i\times B_{\text{RB}}}{gP_{\text{tx}}}\gamma_{\text{th}}\right)\end{aligned} \tag{7-13}$$

其中，业务流 f_i 数据包在 5G 系统中第 k 次传输时的小尺度衰落为 $h_f^{(k)}$，令 $z_k=\sum_{j=1}^{k}\left|h_f^{(j)}\right|^2$，有

$$f(z_k)=\begin{cases}\dfrac{(z_k)^{k-1}e^{-\vartheta z_k}\vartheta^k}{(k-1)!},(z_k\geqslant 0)\\ 0,(z_k<0)\end{cases} \tag{7-14}$$

其中，$\vartheta=\dfrac{1}{2\sigma_h^2}$。根据式（7-13）可得

$$P_{\text{suc}}=1-\prod_{k=1}^{K_i}\frac{\vartheta^k}{(k-1)!}\int_0^{\frac{N_0\times n_i\times B_{RB}}{gP_{\text{tx}}}\gamma_{th}}(z_k)^{k-1}e^{-\vartheta z_k}dz_k \tag{7-15}$$

假设业务流 f_i 的丢包率最低要求为 θ，当 $P_{\text{suc}} \geqslant \theta$ 才能满足业务流 f_i 的 QoS 需求。结合 TSN 域和 5G 域的传输时延分析可得

$$D_{\text{TSN}}^i + D_{\text{5GS}}^i = \sum_{j=1}^{N_m} \frac{l_j}{R_{\text{TSN}}} + \sum_{o=1}^{N_s} \frac{l_o}{R_{\text{TSN}}} + \left\lceil \frac{l_i}{R_{\text{urllc}}^i} \right\rceil \times d_{\text{slot}} + (K_i - 1) \times d_{\text{retx}} + \phi_i \tag{7-16}$$

为了保证端到端数据传输的 QoS 要求，式（7-11）中各变量的取值规划需要满足式（7-7）的要求，即 $D_{\text{TSN}}^i + D_{\text{5GS}}^i < D_i^{'}$；若当前因重传次数导致 5G 系统传输时延预算超出式（7-7）的要求，则将 5G 系统的传输时延修改为

$$D_{\text{5GS}}^i = D_i^{'} - D_{\text{TSN}}^i - o_i \tag{7-17}$$

其中，o_i 为一个微小的时间偏移量，确保满足式（7-7）的端到端时延约束条件。根据式（7-17）与式（7-8），可以得到当前 5G 系统传输时延规划下空口的传输时延约束，并根据式（7-9）得到允许的最大重传次数。结合业务所需要的丢包率指标，将上述已知最大重传次数和成功概率值代入式（7-15）中，可得到所需的时频传输资源数量，从而通过降低 MCS 等级，以资源有效性换取时间约束条件下的传输可靠度。

统筹考虑业务流端到端时延，为保证在 DS-TT 到 ES3 的链路上不发生碰撞，还需要对相邻业务流数据包间的发送间隔做出要求。假设 f_i 和 f_{i+1} 分别表示当前发送的流及下一帧发送的流，则两个流数据包间的间隔应满足式（7-18）

$$\Lambda = \max\left\{ \frac{l_i}{R_{\text{TSN}}}, \left[\left(D_{\text{TSN}}^{i+1} + D_{\text{5GS}}^{i+1} \right) - \left(D_{\text{TSN}}^i + D_{\text{5GS}}^i \right) \right] \right\} \tag{7-18}$$

当 $\Lambda = l_i / R_{\text{TSN}}$ 时，则流 f_{i+1} 的 5G 系统传输时延预算将修正为

$$D_{\text{5GS}}^{i+1} = (D_{\text{TSN}}^i - D_{\text{TSN}}^{i+1}) + D_{\text{5GS}}^i + \Lambda \tag{7-19}$$

7.4.5 算法性能仿真及分析

根据 3GPP TS38.214 的定义，针对 uRLLC 的 CQI 采用 4bit 定义，编号为 0 ～ 15，只采用 QPSK、16QAM 和 64QAM 的调制方式。5G 与 TSN 系统仿真参数设置见表 7-2；在业务参数设置方面，本书仅考虑具有周期性及时间触发特性的工业业务流，时间触发业务流参数设置见表 7-3。

表 7-2　5G 与 TSN 系统仿真参数设置

参数名称	参数取值
子载波间隔/kHz	30
系统带宽/MHz	100
传输时延间隔TTI/ ms	0.25
重传时延/ms	1
5G调度方式	半静态调度
TSN传输速率/（Mbit/s）	1000
TSN调度器	TAS

表 7-3　时间触发业务流参数设置

参数名称	参数取值
ES1业务流周期/ms	5
ES1业务流包长度/B	1000
ES2业务流周期/ms	10
ES2业务流包长度/B	1200

空口最大的不确定性来源于信道变化带来数据包传输成功率的不确定性。终端与基站距离和数据包正确接收概率的关系如图 7-14 所示，其展示了在不同信号解调门限、不同最大传输数设置场景下，终端与基站距离和数据包正确接收概率的关系。

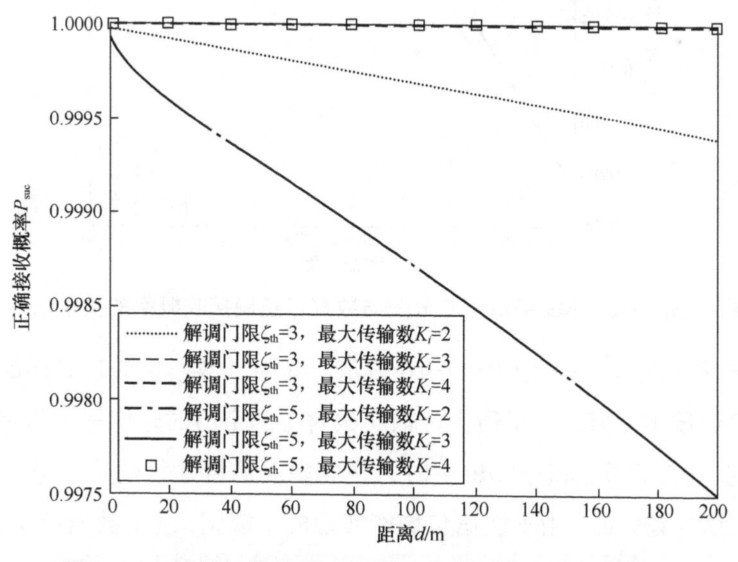

图 7-14　终端与基站距离和数据包正确接收概率的关系

从图 7-14 中可以看到，随着重传次数的增加，数据包传输成功率越高。当最大传输次数较小时，随着距离增加，信号衰减越大，信道越不稳定，数据包成功传输概率与终端基站间距离成反比；当最大传输次数较大时，信道变化对数据成功传输概率影响不大，由于多次信号合并增益，数据成功接收概率与数据包传输次数成正比。因此，5G 系统传输时延预算中考虑数据传输次数的设置，有助于消除信道带来的不确定性。

5G 空口资源分配与数据包正确接收概率的关系如图 7-15 所示。当 5G 空口传输次数 K_i =2 时，随着空口传输资源的增加，数据包正确接收概率也会随之增加，用效率低但可靠度高的低等级 MCS 方式，保证数据传输的可靠性；当资源数目增长到一定阶段，已经无法通过降低 MCS 获得数据传输成功率增益。随着最大传输次数门限的不断提升，可以看到增加资源数目的效果已经不明显，此时重传带来的多次信号合并增益提升了数据包传输的正确概率，已经不需要通过牺牲资源的有效性换取数据包传输的可靠性。此外，在满足业务流丢包率指标的情况下，例如满足 99.9% 数据传输成功概率，可以通过降低重传次数和 MCS 等级，但增加空口资源数量的方式降低空口传输的时延，以满足式（7-17）所提到的场景。

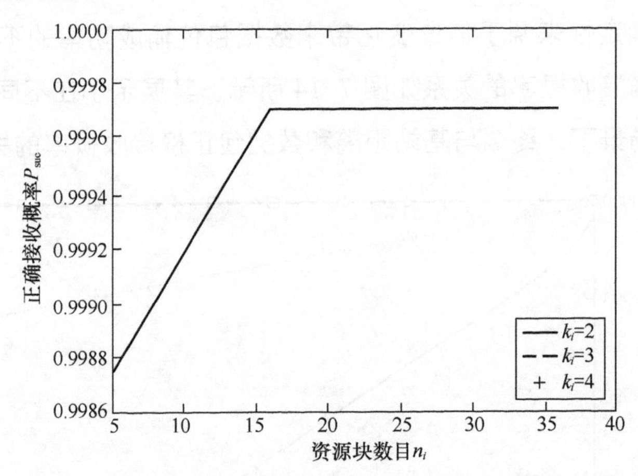

图 7-15　5G 空口资源分配与数据包正确接收概率的关系

信道质量与重传时延的关系如图 7-16 所示。其中，数据包成功解调的信干噪比阈值为 5dB。随着信道质量变好，不同最大传输次数对应的空口时延均呈现阶梯下降的情况。当信道质量较差（信干噪比低于 2dB）时，需要多次重传才能满足信号合并增益达到解调门限。当信道质量较好时，由于数据包均能实现成功解调，发生数据包重传的概率极低。因此，对于承载于不同信道质量空口资源上的数据包，应设置不同的最大传输次数。

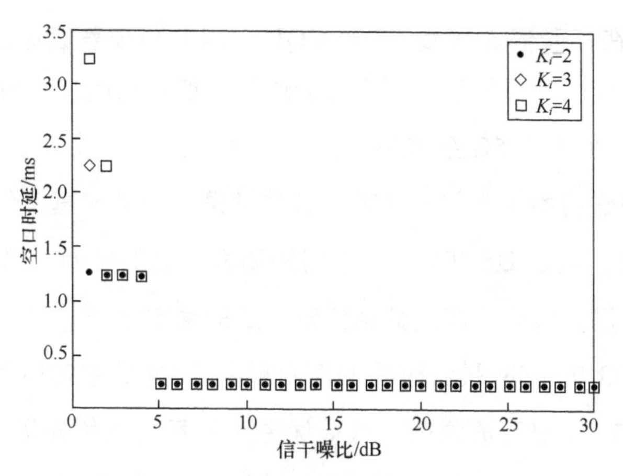

图 7-16　信道质量与重传时延的关系

结合上述针对 5G 系统的仿真结果可以看出，设置最大传输次数对数据包成功接受率的影响最大，因此基于 CQI 信息的 K_i 值设置为

$$K_i=\begin{cases}2,\ \mathrm{CQI}\geqslant 14\\3,\ 3\leqslant \mathrm{CQI}<14\\4,\ \mathrm{CQI}<3\end{cases} \tag{7-20}$$

基于上述 5G 系统最大传输次数门限的设置规则，不同信道质量下 5G 系统传输时延预算与实际传输时延的关系如图 7-17 所示。

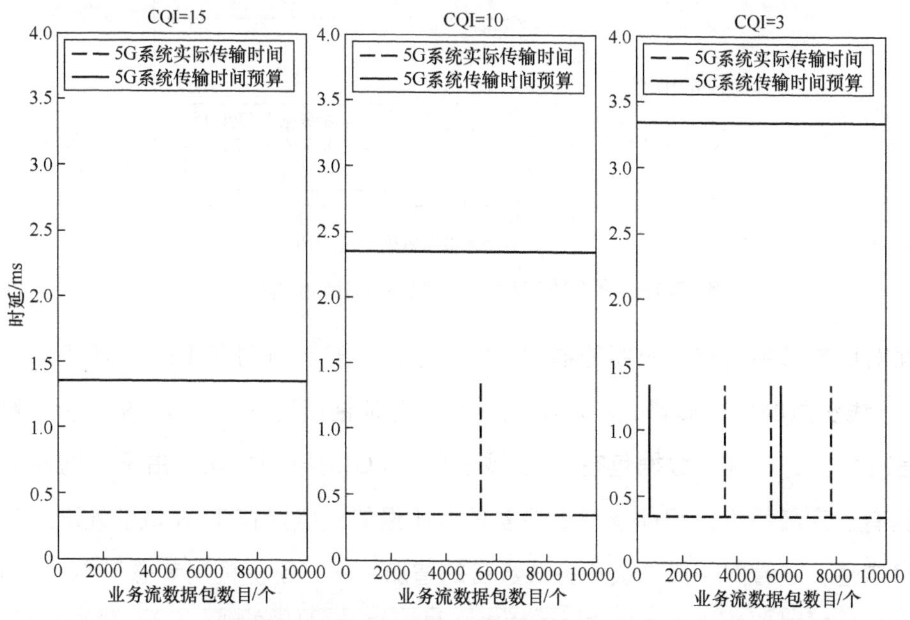

图 7-17　不同信道质量下 5G 系统传输时延预算与实际传输时延的关系

在图 7-17 中，在一般信道质量（$3 \leqslant CQI < 14$）和较差信道质量 $CQI < 3$ 的情况下，随着信道质量变差，重传发生的概率也会逐步增加，从而造成数据包 5G 系统真实传输时延发生“突变”，但由于 5G 系统采用了 uRLLC 功能，避免了数据多次重传。此外，由于已根据信道质量进行数据包最大传输次数的预设，业务流真实传输时延并未超过 5G 系统传输时延的预算，通过 DS-TT 出口处门控列表机制的控制，消除了 5G 无线信道变化导致的传输时延抖动，实现了跨网数据传输时延的确定性。

本节所提到的 5G 与 TSN 联合时间调度策略对 TSN 域中的队列管理进行了改进，根据分配给业务流的 5G 空口资源信道状况优劣定义其排队优先级。不同信道质量情况下 TSN 域时延分析如图 7-18 所示，可以看出，由于 5G 空口资源信道状况差的业务流在 TSN 域会被优先处理，因此其 TSN 域的时延相对较低。

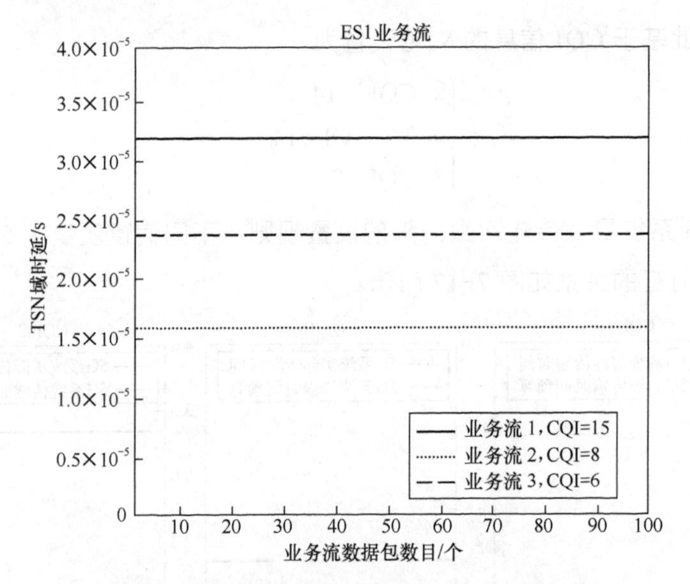

图 7-18　不同信道质量情况下 TSN 域时延分析

下面对比本节中所提到机制的端到端时延性能，对比机制在 TSN 域不考虑业务流在 5G 承载无线资源的信道质量。不同机制端到端时延性能对比如图 7-19 所示，对于未考虑 5G 信道质量的机制，数据包在 TSN 域根据 FIFO 的原则排队，由于不同业务流数据包到达具有一定随机性，因此承载于最差信道质量的业务流在 TSN 域的处理顺序具有一定的不确定性。随着同一优先级业务流数目的增加，本节所提机制考虑了 5G 信道质量影响，其端到端时延性能优于未考虑 5G 信道质量信息的对比机制。

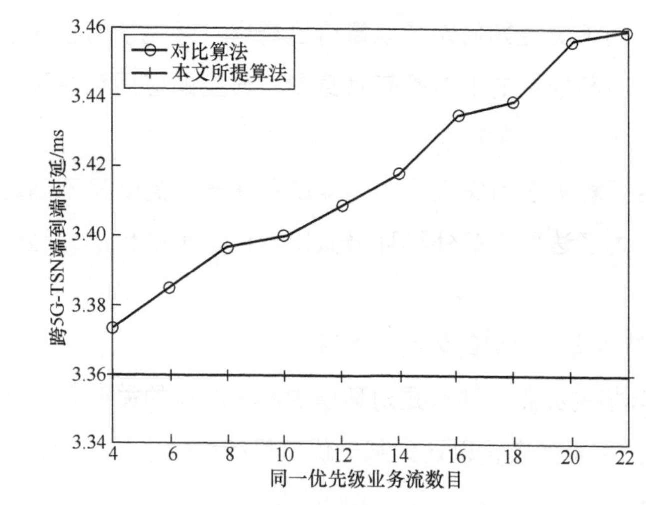

图 7-19　不同机制端到端时延性能对比

7.5　基于深度强化学习的 5G 与 TSN 联合调度机制

由于 5G 与 TSN 在 QoS 方法、资源管理机制方面的差异性，5G-TSN 的协同成为当前研究的难点。上一节是将 5G 与 TSN 在一定程度上解耦，考虑到无线空口带来的影响，在 TSN 域和 5G 域上进行优化改进，将业务端到端时延分解为 TSN 域时延预算和 5G 域时延预算，降低两者之间的差异性带来的协同难度。然而，解耦的方式并不能完全根据业务、网络及终端环境的变化灵活调整，也不能完全实现两个不同网络资源机制的高效适配。因此，本节基于深度强化学习模型，提出了一种高效的 5G 与 TSN 联合调度方法，综合考虑了 5G 动态资源分配特征与 TSN 静态门控配置间的关系，以兼顾实时类业务的端到端时延要求及系统吞吐量为目标，实现 5G 与 TSN 资源的高效利用。

7.5.1　深度强化学习理论概述

强化学习是一类特殊的机器学习算法，与有监督学习和无监督学习的目标不同，强化学习算法要解决的问题是智能体，即运行强化学习算法的实体在环境中怎样执行动作以获得最大的累计奖励。很多控制类、决策问题都可以抽象成这种模型。例如，对于自

动驾驶的汽车，强化学习算法控制汽车的动作，保证其安全行驶到目的地。对于围棋算法，算法要根据当前的棋局来决定如何走子以赢得这局棋。强化学习在很多领域都有研究与应用，所有需要做决策和控制的地方都有其身影，典型的应用包括围棋、自动驾驶和机器人控制等。

强化学习主要用于解决序列决策问题，其试图在一个复杂又不确定的环境中找到能最大化的奖励策略，为了达到适配外界环境做出最优决策的目的，强化学习模型通常包含以下元素。

① 环境。即外部环境，指智能体所处的环境。

② 状态。即对环境的完整描述，是对环境中影响决策的关键要素参量的抽象。

③ 动作。即根据环境状态，以达到某一优化目标而做出的决策，例如，资源分配、运动控制等决策结果。

④ 智能体。即执行动作的主体。

⑤ 奖励。即执行动作后，环境对智能体的反馈值。

强化学习框架示意如图 7-20 所示，描述了智能体与环境的交互过程：智能体观测到环境在 t 时刻的状态 S_t 并做出动作 A_t，动作会改变环境的状态，并使环境进入 t+1 时刻的状态。同时，环境会给智能体反馈奖励值 R_t。通过最大化预期奖励值，训练智能体做出最优化的决策结果。

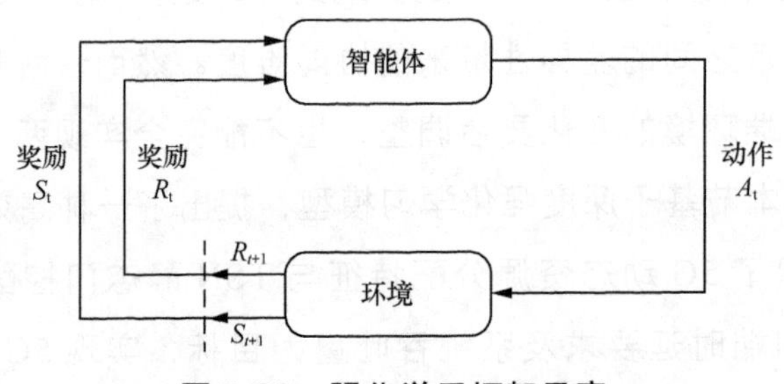

图 7-20　强化学习框架示意

对于强化学习来说，最重要的问题是如何使智能体做出的决策能够得到更多的奖励。例如经典的 Q 学习，Q 学习通过二维 Q 表来记录每一个状态和动作所对应的 Q 值，强化学习中 Q 表示意如图 7-21 所示。Q 值越大表明在该状态下，执行该动作所获得的未来奖励越大。但是 Q 学习这种算法在动作和状态过大时，存储 Q 表需要的空间和查找 Q 表需要的时间会大大增加，导致算法的复杂度也会大大增加。

	a1	a2	a3	a4
s1	Q(1,1)	Q(1,2)	Q(1,3)	Q(1,4)
s2	Q(2,1)	Q(2,2)	Q(2,3)	Q(2,4)
s3	Q(3,1)	Q(3,2)	Q(3,3)	Q(3,4)
s4	Q(4,1)	Q(4,2)	Q(4,3)	Q(4,4)

图 7-21　强化学习中 Q 表示意

深度强化学习是强化学习与深度学习的结合。深度学习拥有强大的感知能力，在一些应用场景下甚至已经超越了人类的感知水平。深度学习采用深度神经网络提取原始输入的特征，在图像识别、语音识别、机器翻译等多个领域取得了成功。深度强化学习基于深度学习强大的感知能力来处理复杂的、高维的环境特征，并结合强化学习的思想与环境进行交互，完成决策过程。简单来说，深度强化学习是指通过神经网络学习状态、动作到 Q 值的映射关系，深度强化学习基本逻辑框架如图 7-22 所示。

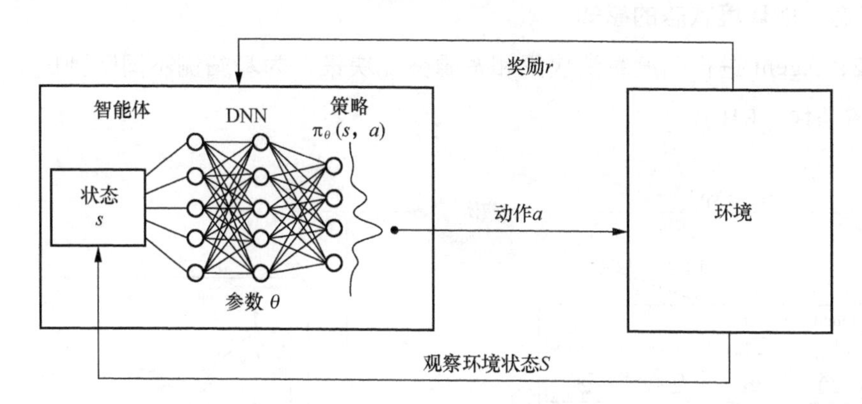

图 7-22　深度强化学习基本逻辑框架

深度强化学习由于具有环境自适应及优化决策能力在解决网络中复杂优化问题时，具有显著的效果，成为当前人工智能在网络资源管理中应用的热点技术之一。因此，后续小节将重点阐述如何利用深度强化学习模型解决 5G-TSN 中资源协同优化和调度的问题。

7.5.2　多业务场景下 5G-TSN 联合优化问题分析

相比基于单一网络的深度强化学习模型，5G-TSN 协同传输架构将带来更复杂的网络环境和业务环境，由于 5G 网络的资源决策是动态的，因此将深度强化学习的智能体放置于 5G 基站处，但其观测的环境不仅需要包括 5G 基站侧的无线资源状态，还需要包

括终端 TSN 网关 DS-TT 侧的门控设置状态，从而能够结合 5G 与 TSN 的资源管理情况进行联合优化决策。基于深度强化学习的 5G-TSN 资源协同优化模型包含 gNB、UE、DS-TT 和 TSN 业务接收终端。假定 5G-TSN 架构只服务两种类型的业务流——实时性更强的时间敏感业务流（其业务流集合表示为 F_T）和尽力而为的视频流（其业务流集合表示为 F_V）。其中，时间敏感业务由基站调度后，先后经过移动终端、DS-TT 和 TSN 接收端。而视频业务由基站调度后，直接到达移动终端。同时，为了便于后续分析，假定每个移动终端只接收一种业务流。

5G-TSN 架构下的 5G 空口调度系统模型，如图 7-23 所示。首先，基站将所有到达的业务流缓存到不同的队列等待下行调度。对于 5G 基站而言，需要每隔一个 TTI 进行一次用户调度和资源分配，可以将 5G-TSN 联合调度分为两个步骤。

步骤 1：Agent 收到每个移动终端的无线信道质量、gNB 中的队列状态和 DS-TT 中的 GCL 状态，即环境状态的感知。

步骤 2：Agent 进行调度算法决策和资源分配决策，为基站侧不同队列的业务流传输分配空口资源块（RB）。

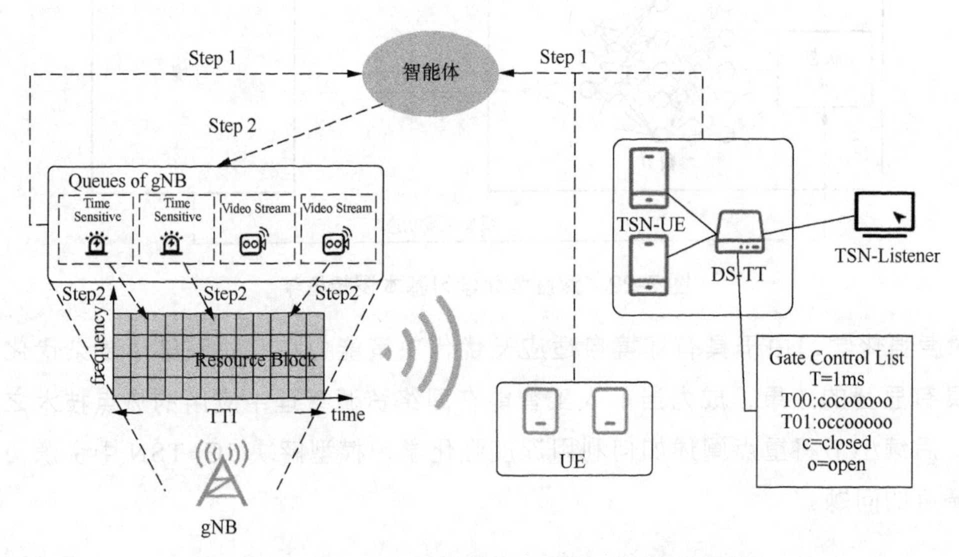

图 7-23　5G-TSN 架构下的 5G 空口调度系统模型

假设网络中共有 n 条业务流，每条业务流的类型是时间敏感业务流或视频流。在基站队列中有 n 个队列分别缓存 n 条业务流。时间敏感业务流的传输将经过 5G 和 TSN，QoS 主要是实现端到端传输时延保障；而视频流的传输只需要经过 5G 网络，其 QoS 不仅

需要满足时延需求，还要关注空口数据传输速率，即 5G 空口吞吐量的保障，满足不同业务流的 QoS 要求。对于 5G-TSN 而言，其联合调度的目标是不仅能够保障时间敏感业务流的时延要求，还要能够实现更多视频流的承载，即实现系统整体吞吐量的提升。在此目标的牵引下，建立了网络调度业务流的效用函数为

$$U_i(t)=\frac{p_i(t)}{d_i^{\mathrm{qos}}-d_i^{\mathrm{gnb}}+I_{\mathrm{ds-tt}}(t)+\varDelta} \tag{7-21}$$

其中：$p_i(t)$ 表示业务流在第 t 个 TTI 的调度结果，$p_i(t)=1$ 表示该业务流在这个 TTI 能够被调度，否则 $p_i(t)=0$；d_i^{qos} 和 d_i^{gnb} 分别表示业务流的端到端时延要求和该业务流能够在基站被调度之前的等待时间；$I_{\mathrm{ds-tt}}(t)$ 表示当前 TTI 时终端侧 TSN 网关 DS-TT 的门控状态，对于 $I_{\mathrm{ds-tt}}(t)$ 的定义见式（7-22），该值区分业务种类进行定义。此外，在式（7-21）中分母部分引入了一个很小的正数 $\varDelta$，以免分母部分出现“0”的情况。

$$I_{\mathrm{ds-tt}}(t)=\begin{cases}0,\forall i\in \boldsymbol{F}_V \text{ or } \forall i\in \boldsymbol{F}_T \text{ and } \mathrm{GCL}(t)=1\\ 1,\forall i\in \boldsymbol{F}_V \text{ and } \mathrm{GCL}(t)=0\end{cases} \tag{7-22}$$

对于视频业务流，门控状态对其效用函数没有影响；对于时间敏感业务流，若当前时刻 DS-TT 的门控状态为“开”时，$I_{\mathrm{ds-tt}}(t)=0$，否则 $I_{\mathrm{ds-tt}}(t)=1$。由于 $I_{\mathrm{ds-tt}}(t)$ 位于分母位置，其值越大，则效用函数值降低。

从效用函数定义中可以看出，若数据流在基站等待时间越接近其时延要求，其对应的效用函数值越大，该业务流的调度优先级也越高；而当数据流在基站的等待时间超过其时延要求时，则效用函数为负数，在调度优化时应该避免出现这样的情况。其本质意义在于：首先，时间敏感业务流的调度决策，不仅受到其在基站侧的等待时延影响，还会受到终端侧 TSN 网关 DS-TT 处门控设置的影响；其次，对于时间敏感业务流而言，若赋予其绝对高于视频业务（在此代表时延需求并不紧要的软实时业务）的优先级，而完全不考虑 DS-TT 的门控设置情况，则 5G 基站会优先传输时间敏感的业务，即使当前传输后仍然需要在 DS-TT 处等待。因此，从最终效果来看，并非完全以最小化时间敏感业务空口时延为目标，而是保障其 QoS 需求，为视频等其他纯 5G 的业务提供更多的传输机会，提升系统的吞吐量。

然而，由于视频流业务更关心数据速率，即吞吐量的性能，而式（7-22）中并未体现这个 QoS 要求，因此，进一步修改效用函数的定义为

$$U_i(t)=\begin{cases}\dfrac{p_i(t)}{d_i^{\text{qos}}-d_i^{\text{gnb}}+I_{\text{ds-tt}}(t)+\varDelta} & (\forall i\in F_V \text{ and } \overline{R}_i\geqslant R_i^{\min})\text{or } \forall i\in F_T \\ 0 & \forall i\in F_V \text{ and } \overline{R}_i< R_i^{\min}\end{cases} \tag{7-23}$$

其中，$R_j^{\min}$ 表示该视频业务流 QoS 要求中的最小吞吐量要求，表示若视频业务吞吐量未达到 QoS 要求，则其相应的效用函数值设置为 0；$\overline{R}_j$ 表示视频业务流 i 截止到当前时刻所获得的平均数据速率，其计算方法为

$$\overline{R}_i=\frac{\sum\limits_{k=1}^{t}n_i^k\cdot m_i^k}{t\cdot T_{\text{TTI}}} \tag{7-24}$$

其中，$t\cdot T_{TTI}$ 表示该业务流从初始时刻到第 t 个 TTI 的时间长度；n_i^k 表示该业务流在第 k 个 TTI 所分配的 RB 的数目；m_i^k 表示该业务流在相应 TTI 中根据调制编码情况得到的每个 RB 所能承载的数据量大小；$\left(\sum\limits_{k=1}^{t}n_i^k\cdot m_i^k\right)$ 表示业务流 i 截止到目前所传输的数据总量。

通过式（7-23）可以看到：由于时间敏感业务流的截止时间较小，而时间敏感业务流的截止时间较大，如果不加入视频流的吞吐量约束，就会不断地调度时间敏感流，视频流只能在接近截止时间发送，以至于系统吞吐量很低，难以实现 5G-TSN 的多业务承载性能；改进效用函数后，加上视频流最小数据速率约束，如果不满足约束，效用函数值为 0，那么系统就会尽可能调度视频流以达到最小数据要求，从而保证效用值为 0。

综上所述，对于 5G-TSN 协同传输的目的是保障时间敏感业务的时延要求，并尽可能提升视频业务的吞吐量，从而充分发挥 5G-TSN 协同网络的性能。因此，将该目标转化为多约束下系统总体效用函数最大化的问题，该问题的数学表达为

$$\begin{aligned}&\max\sum_{i=1}^{N}U_i(t)\\&\text{subject to}\\&d_i<d_i^{\text{qos}},i\in F_V\cup F_T\\&\overline{R}_i\geqslant R_i^{\min},i\in F_V\\&\sum_{i=1}^{N}p_i(t)n_i^t\leqslant\kappa_t,i\in F_V\cup F_T\end{aligned} \tag{7-25}$$

其中，第 1 个和第 2 个约束条件分别表示了时间敏感业务流和视频业务流的 QoS 要求；第 3 个约束条件是无线资源约束，即当前 TTI 调度用户所分配的 RB 数目不能超过系统可用的 RB 数目总和 κ_t。

上述优化模型描述的问题是具有整数和连续变量的非凸函数，若采用传统优化理论难以得到最优解。因此，考虑到深度强化学习模型的自适应优化决策性能，提出一种基于深度确定性策略梯度（DDPG）模型的 5G 资源分配算法，并综合考虑 TSN 域门控设置情况，优化目标是既能保证时间敏感流的端到端时延需求，又能提升视频流的总体吞吐量。

7.5.3　基于 DDPG 的 5G-TSN 联合调度模型

DDPG 采用确定性策略梯度，所谓确定性策略是和随机策略相对而言的。作为随机策略，在同一个状态处，采用的动作是基于一个概率分布，即是不确定的。而确定性策略则只取最大概率的动作，去掉概率分布。作为确定性策略，在同一个状态处，动作是唯一确定的。DDPG 结合了经验回放、折扣机制，以及演员 — 评论家（Actor-Critic）结构，它与离散动作和连续动作都能很好地结合在一起，可以解决多种复杂的任务。与随机策略梯度算法相比，DDPG 具有更快的收敛速度、更高的算法效率和更少的训练样本。此外，DDPG 通过在动作中引入噪声，可以避免训练过程中的局部最优解。

DDPG 有 4 个网络，分别是 Actor 当前网络、Actor 目标网络、Critic 当前网络和 Critic 目标网络。Critic 当前网络、Critic 目标网络和 DQN 的当前 Q 网络、目标 Q 网络的功能定位类似，但是 DDPG 有自己的 Actor 策略网络，因此不需要 ϵ- 贪婪法这样的策略，这部分 DDQN 的功能可以在 Actor 当前网络完成。而对经验回放池中采样的下一状态 S′ 使用贪婪法选择动作 A′，这部分工作由于用来估计目标 Q 值，因此可以放到 Actor 目标网络中完成。基于经验回放池和目标 Actor 网络提供的 S′，A′ 计算目标 Q 值的一部分，由于这部分是评估，因此放到 Critic 目标网络中完成。而 Critic 目标网络计算出目标 Q 值一部分后，Critic 当前网络会计算目标 Q 值，并进行网络参数的更新，并定期将网络参数复制到 Critic 目标网络中。此外，Actor 当前网络也会基于 Critic 目标网络计算出的目标 Q 值进行网络参数的更新，并定期将网络参数复制到 Actor 目标网络中。

对于基于 DDPG 的 5G-TSN 联合资源调度模型，其关键在于如何将资源分配相关的参数转化为一个马尔科夫模型，从而能够将该问题用到 DDPG 中进行求解。因此，下面将分别针对 5G-TSN 协同传输下的状态空间、动作空间和奖励函数设置阐述和分析。

1. 状态空间

在 5G-TSN 协同传输的环境下，需要观察的环境状态不仅包括 5G 可用资源的情况，还需要包括不同队列的排队情况、终端侧 TSN 网关 DS-TT 的门控设置情况等，将其抽象为

$$S=\left\{R^{\text{expt}},L,D^{\text{nor}},I_{\text{GCL}}^{\text{TT}}\right\} \tag{7-26}$$

其中：R^{expt} 表示不同业务的 RB 需求数量；L 表示在基站侧不同队列中等待传输的数据包数目；$I_{\text{GCL}}^{\text{TS}}$ 表示 DS-TT 侧的门控状态；D^{nor} 表示不同队列中排在队首的数据包的归一化等待时间为

$$D_i^{\text{nor}}=\frac{D_i^{\text{gnb}}}{D_i^{\text{qos}}}\quad ,i\in F_V \tag{7-27}$$

2. 动作空间

动作空间是 Agent 观察环境状态进行决策后输出的动作，动作空间的大小对强化学习模型的复杂度和收敛状态会产生影响。若动作空间过大，会导致模型搜索空间大、难以收敛，并且训练时间也较长。因此，针对 5G-TSN 联合资源决策，如果 Agent 的输出动作是为每条业务流分配的 RB 数目，可能会导致高维动作空间，计算复杂，不利于模型训练。因此，将动作空间限制为二进制，其中“1”表示业务流在当前 TTI 中被调度，否则，输出动作设置为“0”，将连续动作空间转化为离散动作空间，空间维度主要与业务流跳数相关，搜索难度也变得较为可控。强化学习模型只需要输出是否为流分配资源。因此，动作空间的定义为

$$A=\left\{p_i\right\}_{N*1}\quad p_i\in\{0,1\},i\in F_V\cup F_T \tag{7-28}$$

然而，从上式中可以看出，输出动作中虽然决策了哪些业务流能够被调度，但并未决策具体给被调度的业务流怎么分配 RB 资源。因此，考虑到 DDPG 模型的计算复杂度问题，将简化处理资源分配，结合被调度业务流的 RB 数目需求及当前 TTI 中可用的 RB 数目资源进行如式（7-29）所示的资源分配，得到每条被调度业务流实际分配的无线资源。

$$r_i^{\text{act}} = \left\lfloor \frac{p_i \times r_i^{\text{expt}}}{\sum_{i=1}^{N} p_i \times r_i^{\text{expt}}} \times \kappa_t \right\rfloor, i \in F_V \cup F_T \tag{7-29}$$

$r_i^{\text{expt}} \in R^{\text{expt}}$ 表示业务流 i 所需求的 RB 资源数，而 r_i^{act} 表示该业务流实际分配到的资源数量。由式（7-29）可以看出，实际资源较好的兼顾了队列长度（需求的 RB 数目）和空口可用资源数量。

3. 奖励函数设置

奖励函数又称为激励函数，是深度强化学习中重要的一环，其将对模型性能的训练产生重要的影响。奖励函数的作用是帮助机器学习自己最适合采取的行为，有助于指导性地给出机器行为正确和有效的结果，可以帮助机器以最大的效率达到最佳表现，从而获得最优的结果。奖励函数还可以帮助机器为不同的环境学习不同的策略，从而更加灵活地应对不同的环境，可以更好地为机器提供最优的结果。总而言之，奖励函数为机器学习提供了一个重要的框架，能够让机器更加迅速地学习，为获得最佳表现提供了可能性。

对于本节所提出的 5G-TSN 联合调度方法，在 7.5.2 节中已经将其转化为最大化效用函数的混合整数线性规划问题，其数学描述如式（7-25）所示。因此，为使 DDPG 模型的智能决策方向与式（7-25）中最大化效用函数的目标一致，本节对奖励函数的设置也遵循效用函数的定义框架，将其定义为

$$\gamma_i = \begin{cases} \dfrac{1}{d_i^{\text{qos}} - d_i^{\text{gnb}} + \Delta} & \overline{R_i} \geqslant R_i^{\min}, i \in F_V \text{ or } i \in F_T \\ 0 & \overline{R_i} < R_i^{\min}, i \in F_V \end{cases} \tag{7-30}$$

此外，对于本节所提到用于 5G-TSN 联合调度决策的 DDPG 模型的奖励函数，为了更加清晰地引导决策方向，引入了“势函数”对式（7-30）进行优化，使得 DDPG 模型能够更好地考虑 DS-TT 侧门控状态对联合资源决策结果的影响。奖励函数定义为

$$\psi_t(\gamma_i) = \begin{cases} (1+\lambda_1) \times \gamma_i & i \in F_T \text{ and } \text{GCL}(t) = 1 \\ (1-\lambda_2) \times \gamma_i & i \in F_T \text{ and } \text{GCL}(t) = 0 \\ \gamma_i & i \in F_V \end{cases} \tag{7-31}$$

上式中 λ_1 和 λ_2 的值与数据包在基站队列中的等待时间有关，主要在时间敏感性业务的奖励上考虑了门控状态与等待时间的影响，等待时间与 λ 的关系示意如图 7-24 所示。简单来说，构造的势函数对于 DS-TT 中门控开的状态奖励值更大，而门控关的状态奖励值更小，且越接近截止时间奖励值越大，从而为视频业务争取更多的调度机会，提升 5G 系统的吞吐量。当然，从式（7-30）中可以看到，实现目标的前提是需要保证时间敏感业务的端到端时延需求，否则其效用值将可能为“0”。

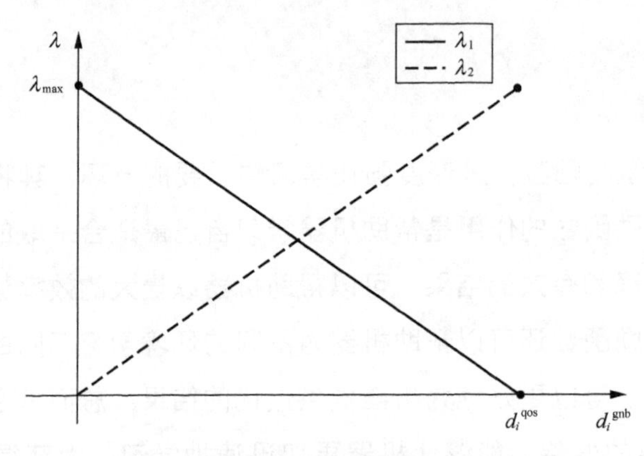

图 7-24　等待时间与 λ 的关系示意

综上所述，奖励函数的设置不仅涉及终端侧 TSN 网关 DS-TT 的门控设置状态，还兼顾了时间敏感业务的时延保障需求和视频业务的吞吐量保障需求，这也决定了后续 DDPG 模型的优化决策方向。

7.5.4　基于 DDPG 的 5G-TSN 联合调度决策

7.5.3 节将混合整数规划问题转化为可用于深度强化学习的马尔可夫模型，并设计了用于 5G-TSN 联合调度优化模型的状态空间、动作空间和奖励函数设置。本节重点分析基于 DDPG 的 5G-TSN 联合调度算法过程。

深度强化学习模型训练的目标是智能决策结果可以使未来总奖励值最大化，因此将 5G-TSN 联合调度最佳策略定义为

$$\mathcal{A}_i^* = \arg\max_{\mathcal{A}_t} \sum_{k=t+1}^{L} \sum_{i=1}^{N} \psi_k(\gamma_i) \tag{7-32}$$

为了从上述公式中得到最优的动作，本节提出了一种基于 DDPG 的资源调度算法。

DDPG 由两个神经网络组成：一个是 Actor 网络记为 $\pi(S;\theta)$，输入状态为 S，输出动作为 A；另一个是 Critic 网络记为 $v(A,S;W)$，输入状态为 S 和动作为 A，输出动作的估计 Q 值。

DDPG 的训练过程主要是两个方面：一方面使 Actor“迎合”Critic 网络，即 Actor 输出的动作能够被 Critic 给出最大的 Q 值；另一方面使 Critic 对从 Actor 输出动作的 Q 值估计，能更接近 Bellman 方程计算的真实 Q 值，如下

$$Q_t^{true} = \psi_t(\gamma_i) + \mu Q_{t+1} \tag{7-33}$$

其中 μ 是折扣因子。

神经网络训练需要多组转移集{ $S_t, \mathcal{A}_t, \psi_t(\gamma_i), S_{t+1}$ }，即表示当前状态、当前动作、奖励值和当前动作执行后的下一状态。一旦转移集的数量满足训练要求，Actor 和 Critic 网络的参数根据式（7-34）到式（7-39）进行更新。

首先，Critic 根据 t 时刻的状态 S_t 和所执行的动作 A_t 估计近似 Q 值，如下

$$Q_t = Q(S_t, \mathcal{A}_t; \mathrm{W}) \tag{7-34}$$

然后，在 Actor 通过 t+1 时刻的状态得到 t+1 时刻的执行动作后，Critic 对该动作进行 Q 值估计，如下

$$Q_{t+1} = Q(S_{t+1}, \mathcal{A}_{t+1}; W), where\ \mathcal{A}_{t+1} = \pi(S_{t+1}; \Theta) \tag{7-35}$$

计算损失是真实 Q 值与评论家用式（7-35）得到的 Q 值之差，定义为

$$\delta_t = Q_t - Q_t^{\mathrm{true}} \tag{7-36}$$

然后使用式（7-37）梯度下降更新 Critic 网络的临界参数。

$$W = W - \alpha \times \delta_t \times \frac{\partial Q(S_t, \mathcal{A}_t; W)}{\partial W} \tag{7-37}$$

Actor 网络的目标是实现一个动作最大化 Critic 网络给出的近似。由式（7-38）可通过链式法则计算参数的梯度。

$$\nabla = \frac{\partial Q(S_t, \mathcal{A}_t; W)}{\partial \Theta} = \frac{\partial \pi(S_t; \Theta)}{\partial \Theta} \times \frac{\partial Q(S_t, \mathcal{A}_t; W)}{\partial \mathcal{A}_t} \tag{7-38}$$

然后用梯度上升更新 actor 网络的参数，如下

$$\Theta = \Theta + \beta \times \nabla \tag{7-39}$$

7.5.5 算法性能仿真及分析

仿真环境参数说明见表 7-4。对于数据流模型，认为每个 TTI 内到达数据包都服从 0 ～ 1 分布，其到达概率是 0.5，且到达数据包的数目服从 1 ～ 3 的均匀分布。根据 3GPP TS 22.104 的规定，时间敏感业务的数据包是较小的，而视频流总是产生大的数据包，因此将时间触发流和视频流的数据包大小分别设置为 200 字节和 800 字节，时间敏感业务的截止时间和视频流业务的截止时间分别设置为 6ms 和 20ms。5G 无线信道模型遵循标准差为 1.0 的瑞利分布，gNB 与移动终端之间的距离按照 0-1 分布增大或减小。此外，基站的发射功率为 20dBm，信道的噪声功率为 -90dBm。本文使用的子载波间隔为 15kHz，即 TTI 为 1ms。$C_{\min}$ 是视频流的最小吞吐量要求。Δ 是公式（7-30）引入的较小正数。对于 DS-TT 的 GCL 设置为时间敏感业务和其他业务的队列门控隔一个 TTI 交替打开。

表 7-4　仿真环境参数说明

参数说明	参数设置
每个TTI数据包到达的概率	0.5
每个TTI数据包到达的数目	服从1～3均匀分布
时间敏感业务的包长度	200B
视频流业务的包长度	800B
基站的传输功率	20dBm
噪声的功率	-90dBm
时间敏感业务的截止时间	6ms
视频流业务的截止时间	20ms
视频业务流最小吞吐量要求	80000bit/s
Δ	0.1
TTI	1ms
DS-TT的GCL门控周期	2ms

DDPG 模型需要经过长时间的训练，才能用于在线的 5G-TSN 联合资源决策。不同

参数下奖励函数值随着训练轮次的变化如图 7-25 所示。未经优化的 DDPG 模型在训练过程中，由于学习率和步长过大，会出现严重的振荡现象。当学习率从 0.1 降低到 0.01 时，可缓解模型振荡问题。此外，可以看出，在不进行层归一化的情况下，模型训练过程中奖励值呈现递减的趋势，这是因为输入数据的分布可能会因为参数的更新而不断发生变化，导致模型训练不够优化。因此，引入层归一化进行模型训练，可使 DDPT 模型的奖励值明显增加。最后，奖励函数采用势函数，使 DDPT 模型的收敛过程更快，最终获得的稳定奖励值更大。

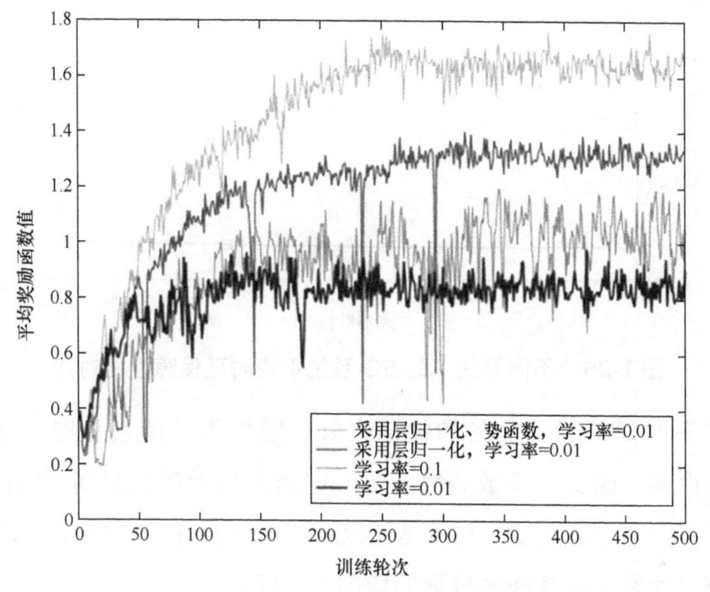

图 7-25　不同参数下奖励函数值随着训练轮次的变化

为了解基于 DDPG 的 5G-TSN 联合调度方法的性能，本节还设置了所提出基础与其他调度方法的比较。一个对比算法是最早截止时间优先（EDF），主要用于时间敏感业务的优先调度，另一个对比算法是经典的比例公平（PF）调度算法，能够在不同的业务间实现调度的公平性。PF 和 EDF 是 4G 和 5G 中常用的调度算法：PF 确保所有应用程序都有机会被安排。因此，PF 可以为所有的流提供吞吐量保证；EDF 是时间敏感型应用程序的经典调度方法，会保障截止时间更小的流优先被调度。本文提出的算法的目的是为时间敏感性业务提供时延保证，同时为视频流提供吞吐量保证，因此本章将这两种方案作为基准，对比所提出算法的时延和吞吐量性能。不同算法下的 5G 系统平均时延保障性能对比如图 7-26 所示，将引入

势函数的 DDPG 与没有势函数奖励的 DDPG、EDF 和 PF 在系统吞吐量和时间敏感性业务的时延这两方面进行比较。

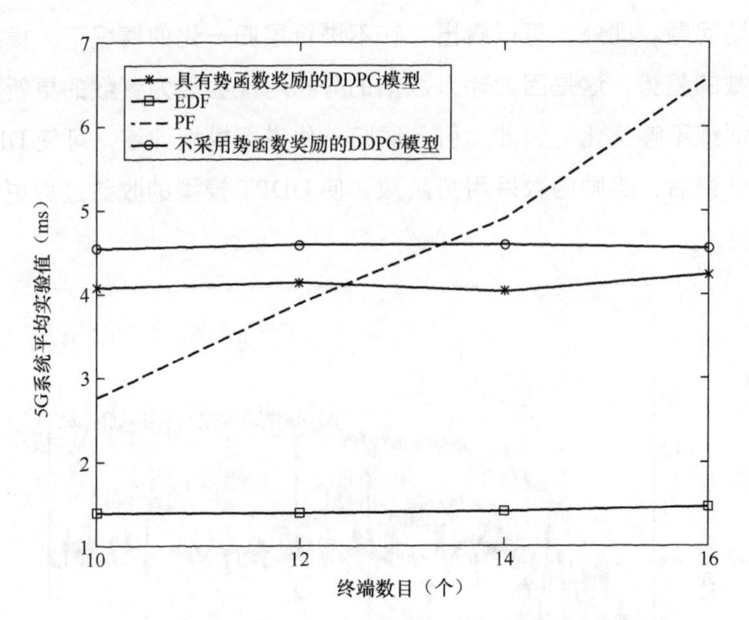

图 7-26　不同算法下的 5G 系统平均时延保障性能对比

EDF 算法对于时间敏感性业务的性能最好，因为视频的截止时间比时间敏感性业务的截止时间长很多，因此时间敏感性业务的时延更接近截止时间，时间敏感性业务可以获得最高的调度优先级。但是，这也意味着用于视频流的可用资源更少。因此，对于 EDF 算法，系统吞吐量会随着终端数量的增加而下降。

PF 算法会保障每个业务都有被调度的机会，而不会关注业务的时延要求。不同算法下的 5G 吞吐量性能对比如图 7-27 所示，PF 算法的系统吞吐量会随着终端数的增加而增加，正是因为 PF 算法这种“公平调度”的机制使得大带宽的视频业务同样有很大机会被调度。然而，其“公平调度”的机制也会使得时间敏感性业务无法被优先调度。因此，随着业务的增多，时间敏感性业务的时延会不断增加，当终端数达到 16 时，时间敏感性业务的时延甚至超过了最大截止时间。

没有使用势函数的 DDPG 调度算法的时间敏感性业务可以稳定在 4.5ms 左右，因为当排队时延为 4.5ms 时可以获得更大的奖励值。然而，具有势函数的 DDPG，时间敏感性业务的时延几乎稳定在 4ms 左右，因为势函数不仅考虑了排队时间作为奖励值的影响因素，而且考虑了 DS-TT 中时间敏感队列的门控状态。而在吞吐量方面，DDPG 调度算法为视频业务提供了更多的调度机会，在引入了势函数后，进一步提高了 DDPG 调度算法的系统吞吐量。

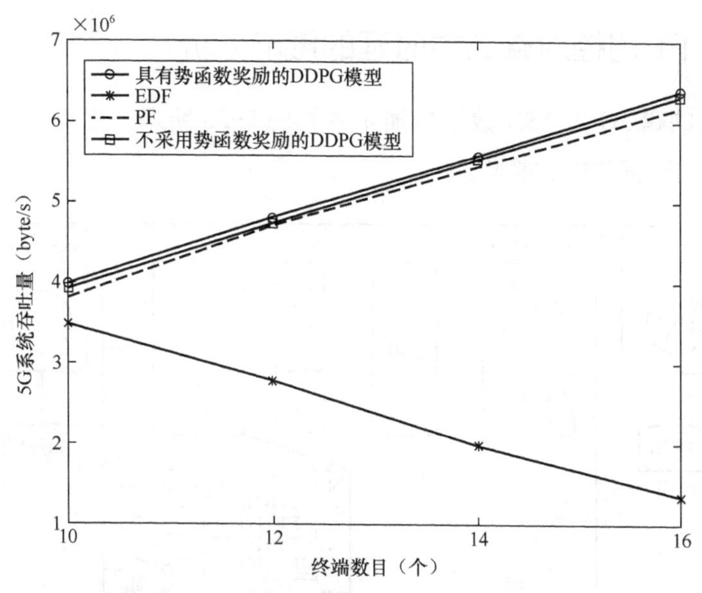

图 7-27　不同算法下的 5G 吞吐量性能对比

总体而言，与 EDF 和 PF 相比，本文提出的算法具有更强的通用性，能够更好地平衡多应用场景下的各种 QoS 保证。

7.6　基于 DS-TT 队列缓存的 5G 与 TSN 联合调度机制

在 5G-TSN 传输数据时，需要经过终端侧 TSN 网关 DS-TT，由于门控设置，若 DS-TT 门控为“关”时，由 5G 系统传输到终端侧的数据需要在 DS-TT 处缓存。然而，DS-TT 也仅仅是一个终端网关，其计算能力和存储能力都是有限的，而其作为网关功能，将汇聚大量面向工业设备和现场的数据，若 5G 调度与 DS-TT 门控出现不协同的情况，极有可能会造成 DS-TT 处的缓存溢出，进而导致数据丢失，影响业务确定性传输的可靠性。因此，本节重点介绍了一种基于 DS-TT 缓存的 5G 与 TSN 联合调度机制，基站在调度时不仅要考虑时间敏感业务的时延要求、信道传输质量等信息，还需要考虑 DS-TT 处

门控列表 GCL 的开启时间和 DS-TT 队列当前时隙缓存情况和阈值等信息。本节所提出的联合调度机制不仅需要减小 DS-TT 队列缓存的压力，同时还需要为时间敏感业务提供确定性低时延保障。

7.6.1 DS-TT 门控对端到端时延的影响分析

DS-TT 门控的跨 5G 与 TSN 数据传输示意如图 7-28 所示，重点突出了 DS-TT 侧门控设置对于端到端数据传输的影响。

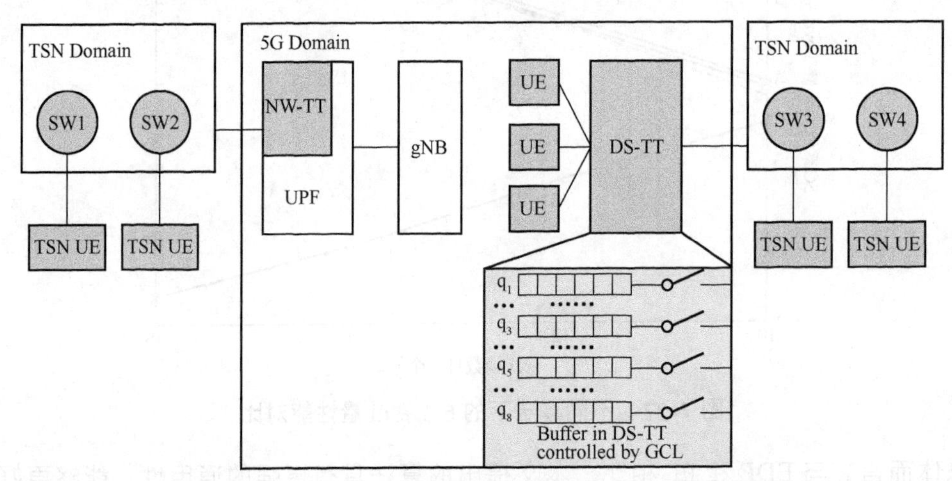

图 7-28　DS-TT 门控的跨 5G 与 TSN 数据传输示意

在 DS-TT 侧，针对不同优先级的业务，将会映射到不同的出口队列，并根据相应门控设置完成数据的传输。对于时间敏感业务，均是将其映射到高优先级队列，其发送时间与其他队列不重合，从而保证不会受到低优先级业务的干扰。然而，业务到达均有一定的突发性，而承载时间敏感业务的高优先级队列也不能长期占用链路资源，容易导致系统的多业务承载性能降低。因此，在针对高优先级队列的门控设置中，其门控可以采用两种设置模式：一种是在 GCL 循环周期内，连续开启一段时间后，队列关闭，直至下一个 GCL 循环周期相应时刻再开启，为了方便叙述，本书将这种模式称为“连续门控模式”；另一种是在 GCL 循环周期内，周期性多次开启，并持续相应时间（相比连续门控模式，每次开启时间较短），这种模式称为“离散门控模式”。DS-TT 处高优先级队列不同 GCL 门控设置模式示意如图 7-29 所示。

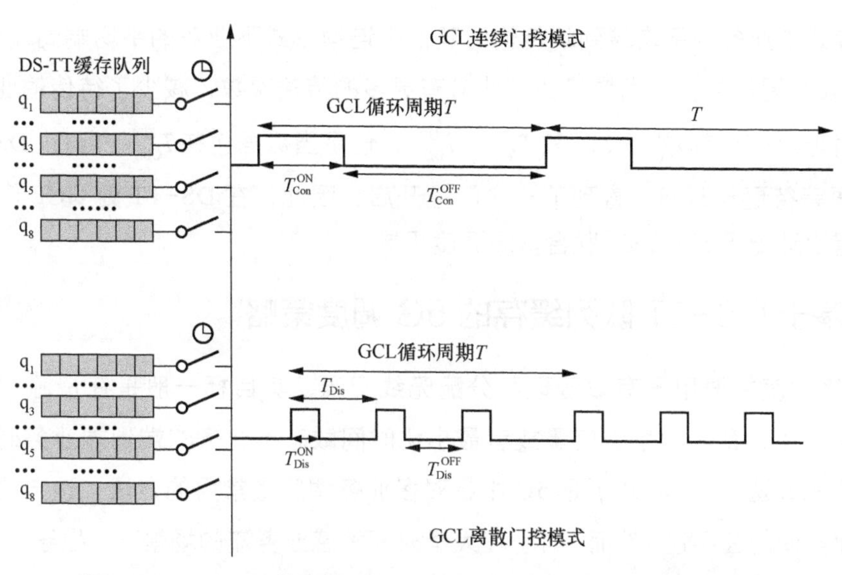

图 7-29　DS-TT 处高优先级队列不同 GCL 门控设置模式示意

在连续模式下，高优先级队列在一个 GCL 循环周期内仅开启一次，开启时长为 $T_{\text{Con}}^{\text{ON}}$ ，关闭时长为 $T_{\text{Con}}^{\text{OFF}}$ ；在离散模式下，高优先级队列在一个 GCL 循环周期内开启多次，每次门控开启时持续时长为 $T_{\text{Dis}}^{\text{ON}}$ ，关闭时长为 $T_{\text{Dis}}^{\text{OFF}}$ 。对比两种不同模式，可得到 $T_{\text{Con}}^{\text{ON}} > T_{\text{Dis}}^{\text{ON}}$ 且 $T_{\text{Con}}^{\text{OFF}} > T_{\text{Dis}}^{\text{OFF}}$ 。DS-TT 采取两种不同门控模式时端到端的时延如图 7-30 所示。

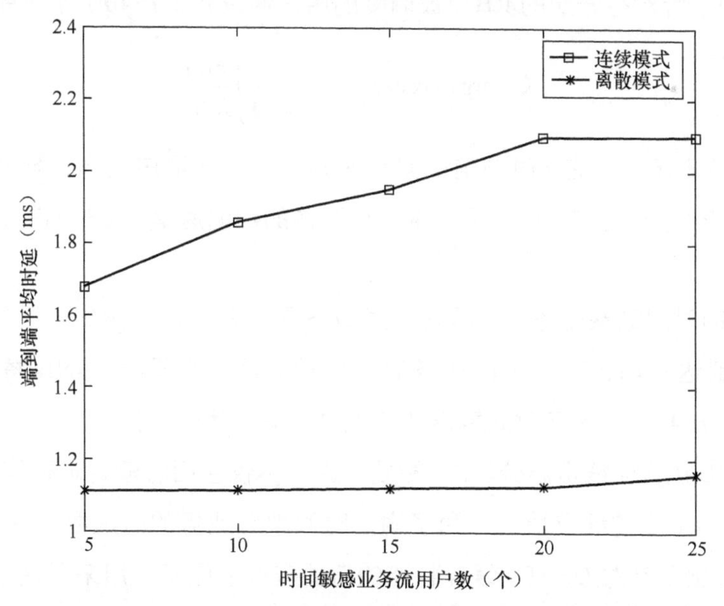

图 7-30　DS-TT 采取两种不同门控模式时端到端的时延

离散模式下业务的平均端到端传输时延低于连续模式下业务的平均端到端传输时延。因此一个 GCL 周期内，在离散模式下业务有更多的传输次数，减少了待传输业务在队列中的等待时延。虽然有 $T_{\text{Con}}^{\text{ON}} > T_{\text{Dis}}^{\text{ON}}$ 和 $T_{\text{Con}}^{\text{OFF}} > T_{\text{Dis}}^{\text{OFF}}$ ，但是当数据包在 $T_{\text{Con}}^{\text{OFF}}$ 内到达 DS-TT 队列时，也需要等待更长时间，直到下一次门控开启。因此，在 DS-TT 处 GCL 门控采用离散模式设置更适配于 5G-TSN 联合资源调度机制。

7.6.2 基于 DS-TT 队列缓存的 5G 调度策略

5G 网络调度主要用于有效管理和分配无线资源，其目标一般是在资源约束及业务 QoS 约束条件下，最大化系统容量或者最小化时间敏感类业务的端到端业务时延。最大加权时延优先算法（MLWDF）是 5G 中针对多业务调度最常用的方法，该方法兼顾了时延性能及业务间的公平性。然而，对于在大量时间敏感业务流的场景下，业务流类型相似，而差别在于其时延性能的要求不同，传统 MLWDF 对于具有较低时延要求的时间敏感业务流的 QoS 要求并不敏感，当同类型业务排队时，并不会给已经接近截止时间的业务流进行优先处理，进而会出现业务时延超时，甚至会导致大量排队而发生数据包丢失。因此，为了增强 5G 网络对不同时间敏感业务流的处理能力，本节提出了一种增强型 MLWDF（eMLWDF）算法，在兼顾业务间公平性的同时，确保最紧急的业务能够被优先调度，假设在每个 TTI，针对待分配的 RB，被调度的用户通过式（7-40）来排序确定。

$$k = \arg\max_{i} \exp\left(\frac{D_i(t)}{\tau_i - D_i(t)}\right)\frac{r_i(t)}{R_i(t)} \tag{7-40}$$

其中：$D_i(t)$ 表示用户在 t 时刻前的累积时延；τ_i 表示用户的端到端业务时延要求。$r_i(t)$ 和 $R_i(t)$ 分别表示在当前 RB 情况下用户可获得的数据速率和 t 时刻前获得的平均数据传输速率。

5G 网络中的时间敏感业务来自具有不同 QoS 需求的时间敏感终端设备。这些业务采用不同的路径到达 gNB，因此不同业务的累积时延是不相同的。gNB 将利用 eMLWDF 算法，根据式（7-40）对多条时间敏感业务流进行调度优先级排序。

然而，当 gNB 执行无线资源分配时，需要考虑的不仅包括时延要求和信道质量等信息，还需要考虑 DS-TT 中的缓存情况。为了满足时间敏感业务的时延要求并减少 DS-TT 中的缓存压力，提出了针对 DS-TT 缓存状态的自适应调节因子，用来灵活地调整对不同时延状况下业务流可调度的条件。自适应缓存调节因子的定义为

$$\delta_i = \mathrm{e}^{-\frac{\tau_i - D_i(t)}{\tau_i}} \tag{7-41}$$

由上式可以看出，若时间敏感业务流还有较大的时延冗余，即当前累积时延与时延要求的时延差值越大，则自适应缓存调节因子的值越小；反之，若当前业务流已经接近其时延要求，则自适应调节因子的值越大。对于 DS-TT 侧的缓存空间，假设其缓存空间大小为 Q，而当前已经使用的缓存空间为 q_t，当前待决策业务流 i 要传输的数据块大小为 L_i，在 eMLWDF 排序的基础上，将考虑 DS-TT 侧的缓存状况，判断该业务流能否被调度，即业务流被调度的准则为

$$\delta_i \times Q - q \geqslant L_i \tag{7-42}$$

结合式（7-41）和式（7-42）可以看出，距离时延要求越近的业务流，其自适应调节因子越接近 1，gNB 允许该业务流传输到 DS-TT 的条件就相对宽松；而具有较大时间预算的业务流的自适应缓存调节因子较小时，其对应服务的调度概率相对较低，为了减轻 DS-TT 侧的缓存压力，可将该业务流在基站侧缓存，而调度其他优先级更高的业务流。自适应缓存因子可以在一定程度上保证业务的时延要求，同时减轻 DS-TT 队列的缓存压力。

对于 GCL 门控的设置采用了离散模式，即在一个 GCL 循环门控周期内，DS-TT 处的门控在第 2、5、8 个 TTI 打开，而其他时刻则处于关闭状态。此外，值得注意的是，所提出的算法能成功运转的前提是必须保证时间敏感业务流的业务传输时延不会超时，为了满足该条件，在 7.6.3 节讨论增加了为应对突发情况（即时延预算不足），在 DS-TT 处设置了紧急队列，该队列具有最高优先级，并能够进行帧抢占，从而保证时间敏感业务的传输时延不超时。

7.6.3　保障时间敏感业务的帧抢占策略

为了满足 5G-TSN 中时间敏感业务的跨网传输需求，本节提出了一种基于 IEEE 802.1Qbv 和 IEEE 802.1Qbu 协议的帧抢占机制。在帧抢占机制中，当高优先级业务到达时，可以暂停较低优先级业务传输中的数据，将 TTI 的调度权限交给高优先级业务。在传输完高优先级业务后，再恢复较低优先级业务的中断传输。在本文中，帧抢占机制应用于 DS-TT 队列的门控部分，同时设置了一个最高优先级队列，其状态一直保持打开。当来自 gNB 的时间敏感业务流没有足够的时间预算时，它们将被映射到最高优先级队列中。DS-TT 处基于帧抢占的门控设置示意如图 7-31 所示。

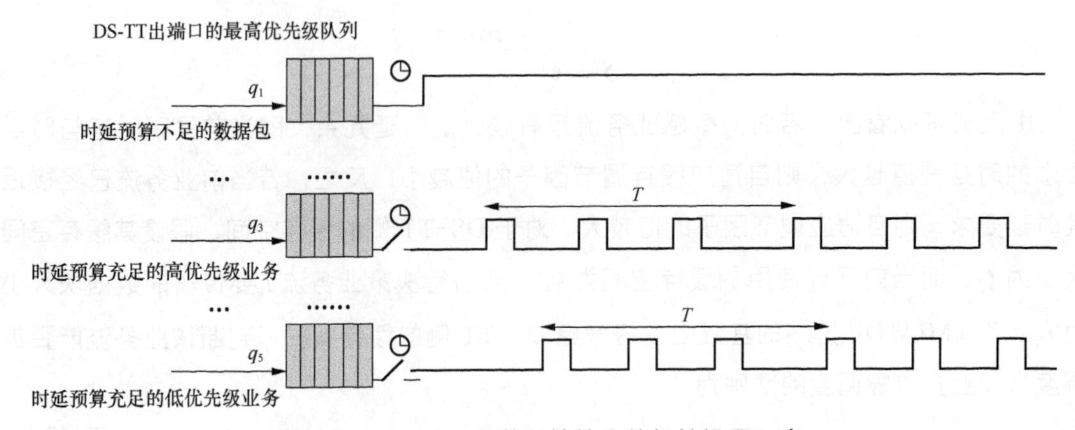

图 7-31 DS-TT 处基于帧抢占的门控设置示意

通过帧抢占机制，可以避免时间敏感业务流出现传输时延超时的情况，能够为时间敏感业务流提供更可靠的确定性传输保障。

7.6.4 算法性能仿真及分析

为了对考虑 DS-TT 队列缓存的 5G-TSN 联合调度机制进行性能验证和对比，将从多个维度进行仿真分析，仿真参数见表 7-5。

表 7-5 仿真参数

仿真参数	参数值
子载波间隔	30kHz
数据包大小	50bytes
gNB传输功率	30dBm
TSN业务流时延要求	2～6ms
单用户1个业务突发中的数据包数目	1～15
信道质量因子	0～15
TSN的链路速率	1000Mbit/s
DS-TT缓存大小	2000bytes
GCL门控循环周期	5ms

不同调度机制的端到端时延性能对比如图 7-32 所示，所提出机制的平均端到端传输时延始终低于 MLWDF 的时延，其表明所提出的 eMLWDF 算法能够有效优先感知时间敏感业务流并降低端到端的传输时延。同时，所提出机制确保端到端传输时延的抖动不超过 0.5ms，实现了更稳定的时延抖动，能够为工业控制业务提供确定性传输保障。

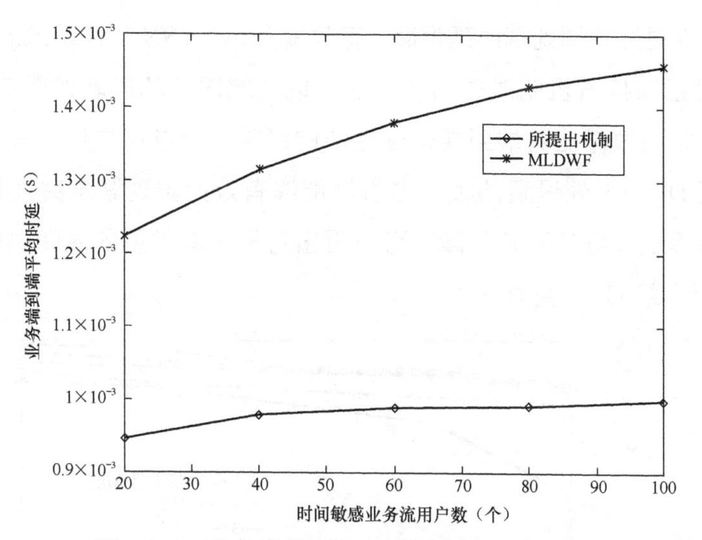

图 7-32 不同调度机制的端到端时延性能对比

缓存因子机制对 DS-TT 处缓存利用率的影响如图 7-33 所示，所提出机制的 DS-TT 队列利用率高于固定队列缓冲因子的队列利用率，并且能够有效避免 DS-TT 处的缓存溢出。根据式(7-41),具有不同累积时延和时延要求的时间敏感业务自适应设置了不同的缓存因子，拥有较宽松时延要求的业务设置了较小的缓存因子。

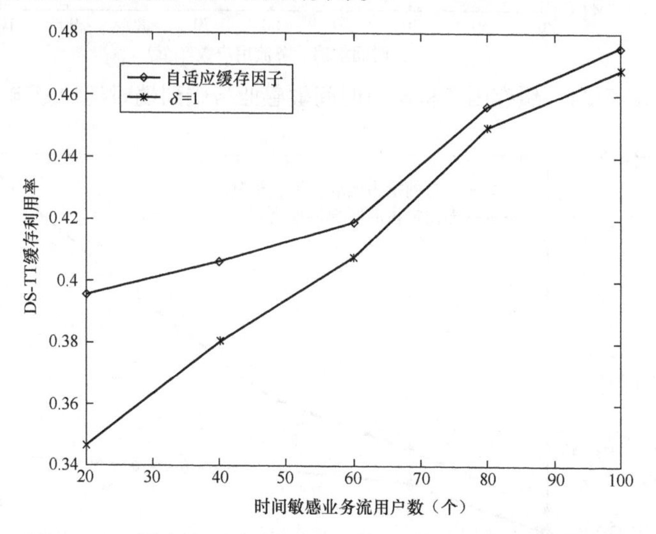

图 7-33 缓存因子机制对 DS-TT 处缓存利用率的影响

缓存因子机制对时间敏感业务端到端时延的影响如图 7-34 所示，与固定缓存因子的方法相比，缓存因子机制能够为时间敏感业务提供更低的端到端传输时延，表明所提出的 eMLWDF 算法与自适应缓存因子配合，不仅能够兼顾 DS-TT 缓存的利用率，还能为

时间敏感业务提供更好的端到端时延保障，有效提升 5G-TSN 协作系统的 QoS 保障能力。

DS-TT 处设置帧抢占机制对时间敏感业务端到端时延的影响如图 7-35 所示，展示了帧抢占机制对时间敏感业务端到端时延性能的影响，通过优先处理紧急队列，丢包率显著减少，证明 DS-TT 处设置的帧抢占机制能够有效为出现紧急突发情况（时延预算不足）的业务流提供较好的时延保障，可以看出对于所有类型的时间敏感业务，所提机制均能满足其端到端时延的要求。

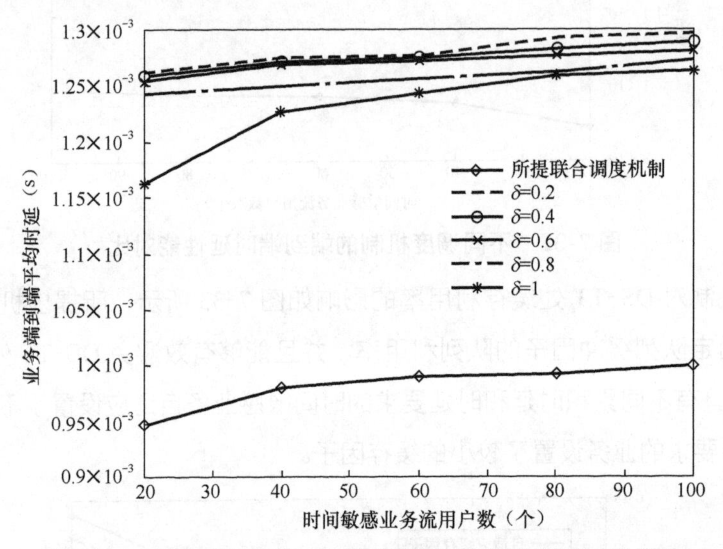

图 7-34　缓存因子机制对时间敏感业务端到端时延的影响

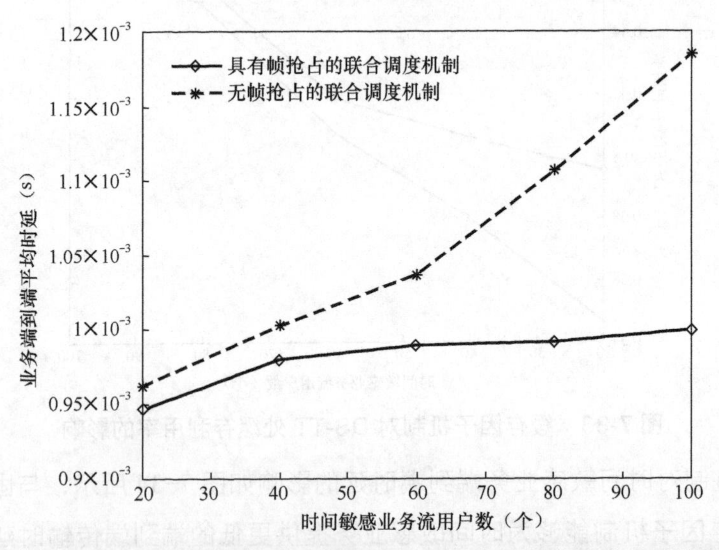

图 7-35　DS-TT 处设置帧抢占机制对时间敏感业务端到端时延的影响

第8章

基于 5G-TSN 的云化控制系统

面向信息化与工业化深度融合的发展趋势，本章针对 5G-TSN 赋能工业控制面临的问题进行了剖析，并提出了基于 5G-TSN 的云边端协同的工业控制系统架构，介绍了融入虚拟化、网络化、智能化技术的云化 PLC 技术，提出云化 PLC 与 5G-TSN 多种融合方案，促进 5G-TSN 与工业控制能力的深度融合。

8.1 基于 5G-TSN 的工业控制系统演进路线

5G-TSN 与工业控制系统深度融合技术路线如图 8-1 所示。

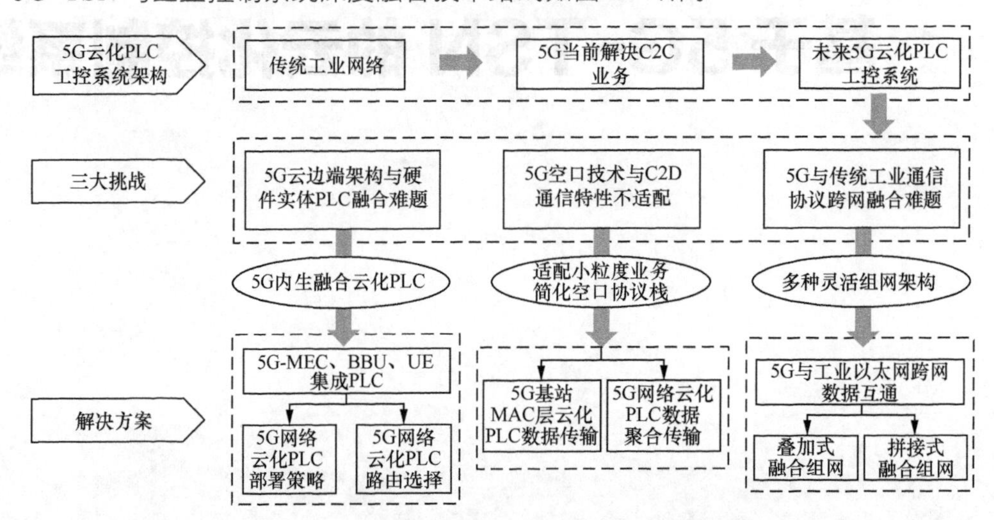

图 8-1　5G-TSN 与工业控制系统深度融合技术路线

5G-TSN 协同网络提供了低时延、高可靠及确定性连接保障，为工业控制系统的增强和演进带来了新的契机。首先，云化 PLC 技术基于通用服务架构部署，而 5G-TSN 能够实现云边算力资源的协同，从而实现控制器根据控制需求在 5G-TSN 内部不同算力单元上的部署；其次，5G-TSN 提供了数据链路层的数据传输通道，为云化控制模式中控制器与 I/O 设备间的通信提供了简化协议栈的支持，降低业务传输和处理时延；最后，由于 TSN 基于标准以太网格式，能够实现与多种工业协议的对接，从而增强了 5G-TSN 协同网络与工业现场通信协议的适配性能，进而提升云化控制器的兼容性。

然而，要实现 5G-TSN 与云化控制系统的有机融合，还存在 3 个方面的技术挑战。一是网业分离，从网控算多维度功能实体融合的角度来看，如何实现 PLC 控制实体、5G-TSN 通信网元、云边算力节点间的深度融合与协同管控，仍然是需要解决的关键问题。

二是 5G-TSN 自身协议的简化和优化，从业务特性与传输能力匹配的角度来看，PLC 工业小数据、低时延业务如何在 5G-TSN 中高效承载，需要 5G-TSN 提供面向工业控制业务特征的适配方案。三是从 5G-TSN 与现有工业控制网络兼容的角度来看，新一代 5G-TSN 通信技术如何与现有大量工业 I/O 设备所支持的传统工业以太网协议融合适配。

8.2　面向网控算一体化的 5G-TSN 内生工业控制技术

在智能工厂中，各种采集和控制设备（例如，数字化仪表、传感器、工业机器人、机械臂等）快速增加，作为工业控制的核心设备 PLC，其接入和控制需求不断增加。但传统 PLC 具有一定的局限性，其软件功能与硬件实体紧耦合、工业控制通信功能与控制逻辑紧耦合，难以满足未来智能工厂全生产要素互联需求。

5G、TSN 等新型网络技术的出现，云计算、虚拟化技术的发展，为打通核心控制设备 PLC 带来转机。借助云计算、虚拟化等技术，将 PLC 控制功能虚拟化，使 PLC 软硬件解耦，采用 SDN 技术理念将 PLC 通信及计算功能分离，即云化 PLC 技术。同时，5G-TSN 通用高性能网络为云化 PLC 带来统一、可靠、实时的通信服务，云化 PLC 也可以作为 5G-TSN 内的云边端算力节点承载的应用，以实现 5G-TSN 与工业控制功能的深度融合。

8.2.1　云化 PLC 与 5G 云边端算力节点融合方案

PLC 功能可以借助虚拟化技术，基于通用架构服务器部署，被封装在容器中。5G 网络中存在多处算力节点可以部署虚拟化 PLC 容器，其中包括 5G UPF、5G MEC、5G BBU 及 5G 终端等，支持云化 PLC 在 5G 网络云边端多位置的灵活部署。

1. 5G UPF 融合部署 PLC 方案

在 5G UPF 融合部署 PLC 方案中，PLC 部署在 5G 核心网 UPF 网元后的云计算平台中。UPF 是 5G 核心网中的一个重要组件，负责用户数据的传输和转发，提供数据传输、流量控制、服务质量保证和安全等关键功能。5G UPF 有集中式部署、分布式部署等部署方式。在集中式部署方式下，UPF 功能集中在一个数据中心，适用于较大规模的网络，可以实现高度集中的用户数据。在分布式部署方式下，UPF 功能被分布在多个位置上，接近用户或边缘网络，通常与 MEC 平台结合，能够减少数据传输延迟，提供更好的用户体验。

UPF 集中式部署方式，将云化 PLC 实例部署在中心式云计算平台，通过集中式 UPF 为整个工厂或园区提供工业控制能力，结合 5G 网络和云计算优势，为工业控制网络提供更高效、更灵活和可扩展的解决方案。但考虑到中心式云计算平台到 5G 接入网终端设备链路时延通常较大，云化 PLC 无法承载实时业务，通常承载管控范围大、通信需求低的业务，如各园区 PLC 设备状态监测、协同控制等。

2. 5G MEC 融合部署 PLC 方案

在 UPF 分布式部署方式中，云化 PLC 从中心式云计算平台迁移到 5G 网络边缘的 MEC 平台部署，即 5G MEC 融合部署 PLC 方案。

在 MEC 主机的物理部署上，ETSI 标准中给出 4 种方式，包括 MEC、本地 UPF 和基站集中部署，MEC 和网络中的传输节点集成部署，MEC 和本地 UPF 配置到一个网络汇聚点上部署及 MEC 与核心网功能集中部署。MEC 部署模式如图 8-2 所示。

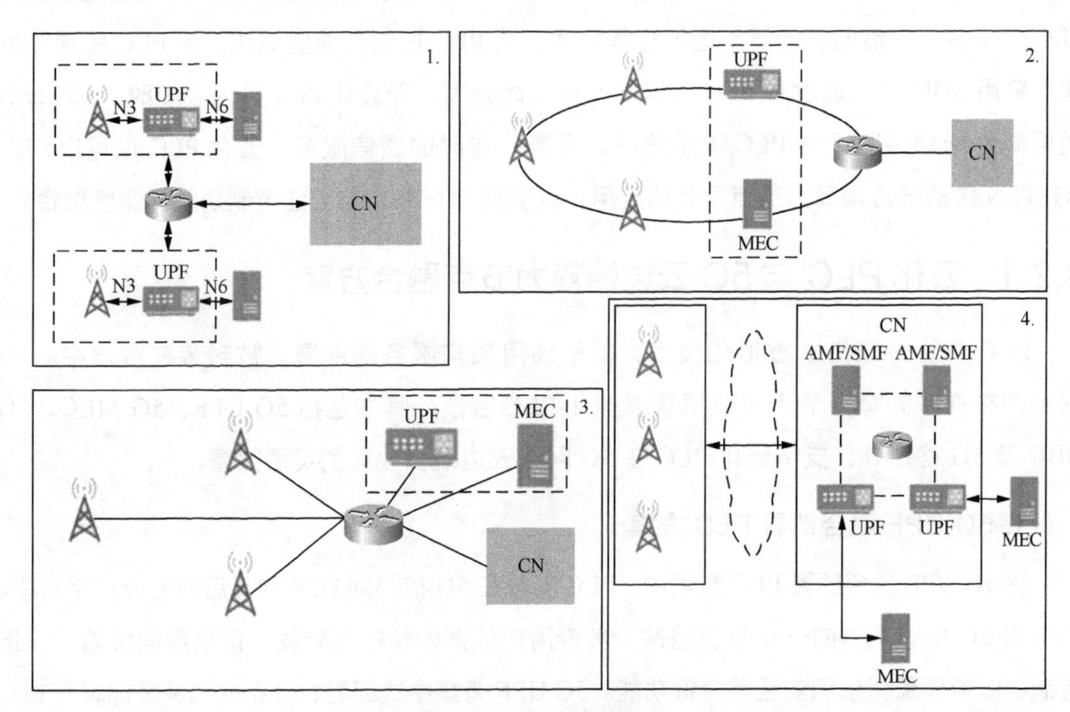

图 8-2　MEC 部署模式

在工业控制领域，考虑数据安全的问题，通常在工业园区搭建 5G 专网，并将 MEC 服务器与 5G 核心网集中部署，即 ETSI 标准中的第 4 种 MEC 部署方式。基于 5G-MEC

融合部署云化 PLC 如图 8-3 所示。

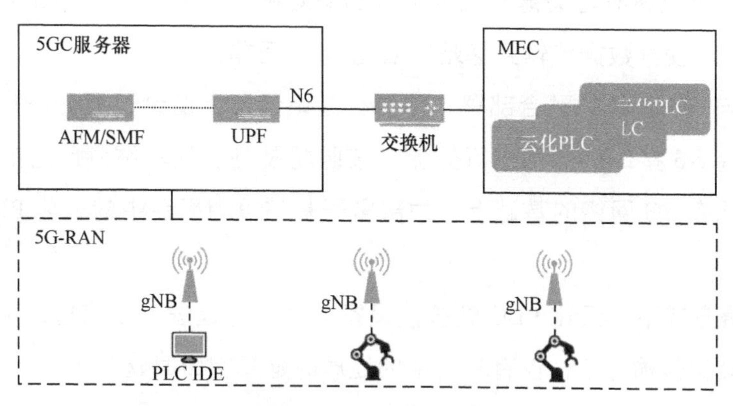

图 8-3　基于 5G-MEC 融合部署云化 PLC

随着微服务架构的发展，5G-MEC 引入云原生微服务架构，构建了服务化架构(SBA)。搭建 5G-MEC 的平台可基于 SBA 架构在 x86 通用架构服务器上实现 5G 核心网网元 UPF、AFM、SMF 等微服务功能，将 5G 核心网接口规范的 UPF 网元 N6 接口映射到服务器物理网口，经过 3 层交换设备连接到 MEC 服务器，可实现 UPF 到本地 MEC 服务器的数据卸载。MEC 服务底层可基于开源的边缘计算框架来构建，实现对 MEC-App 的编排管理、网络规划。

云化 PLC 的核心是将 PLC 运行环境实现云化部署，即作为 MEC-App 部署于边缘服务器。为建立云化 PLC 与 PLC 开发环境软件、工业 I/O 设备、SCADA 等工业设施间的通信连接，在部署云化 PLC 时需要将应用通信端口暴露，一般通过将应用通信端口映射到 MEC 节点端口的方式实现。

云化 PLC 与 MEC 融合部署，其优势是 MEC 服务器可以灵活扩充服务节点以提升算力，进而可以高效便捷地将云化 PLC 与机器视觉 /AI/ML 等增强功能集成，使基于 5G-MEC 系统的云化 PLC 具备处理语音、图像和视频等大带宽数据的能力，弥补了传统 PLC 在数据采集智能化处理方面的局限。此外，较中心式云计算平台部署云化 PLC，云化 PLC 与 MEC 融合部署缩短了云化 PLC 到终端设备的通信时延。

3. 5G BBU 融合部署 PLC 方案

在 5G 组网架构中，边缘计算能力可进一步下沉到接入网，与基站设备相结合衍生出云基站及相关技术。云化 PLC 等工业应用不仅可以在 5G-MEC 部署，也可以直接部署

到 5G 基站的算力平台上，扩展了云化 PLC 在 5G 网络中的部署范围，提升了云化 PLC 部署的灵活度。可以将时延关键性任务加载到基站侧云化 PLC，并对接入基站的被控设备配置分流策略，使其数据传输到基站侧云化 PLC 而非核心网。

云化 PLC 与 5G 基站的融合部署，需要在基站设备上增设数据分流功能单元，该功能单元对所有经 N3 接口的数据进行分流，按照配置分流到基站侧部署的应用或分流到 UPF 网元，在原有 5G 网络的基础上，为部署于基站算力平台中的云化 PLC 提供数据传输通道。

在这种部署方式下，云化 PLC 到被控设备的通信时延进一步缩短，不再包含核心网 UPF 网元到基站的传输时延，仅有基站中的处理时延和空口时延。

4. 5G UE 融合部署 PLC 方案

基于容器技术的云化 PLC 实例也可以直接安装在通用架构的本地设备中，集成 5G 模组后直接部署在工业现场，可作为边端的工业控制器，即在 5G UE 中融合部署云化 PLC。

在这种部署模式中，处于边端的云化 PLC 最接近现场工业设备，可以通过现场高实时、高可靠的 TSN 承载实时工控任务，同时边端 PLC 可以受上级云端 PLC 的协同管控，组成云边协同的工业控制系统。

8.2.2 云边端协同的云化 PLC 灵活部署方案设计

基于 5G-TSN 云边端算力节点融合部署虚拟化 PLC 实例，使 5G-TSN 内生支持 PLC 工业控制能力后，进一步需要解决的问题是：如何针对具体的工业控制任务快速高效地在 5G-TSN 中部署虚拟化 PLC 实例。传统硬件 PLC 部署在工业现场，无法灵活重配网络组态，且长期执行固定的工业控制程序。而云化 PLC 不同于传统硬件 PLC，其部署位置可以在网络中灵活迁移，因此可以根据业务需求和网络质量选择网络中最佳的部署位置，并且当业务需求发生改变时，也可以重新规划云化 PLC 的部署位置。

云边端协同的云化 PLC 灵活部署方案，由云端的云化 PLC 管理器作为执行部署机制的功能实体，云化 PLC 灵活部署架构如图 8-4 所示，其北向接口可以与 PLC 开发环境对接，根据用户编写的 PLC 程序分析部署需求，南向接口与 5G-TSN 内各计算节点的节点代理对接，获取算力节点资源情况，最后综合部署需求和节点资源情况确定部署策略，并向指定节点下发部署指令。

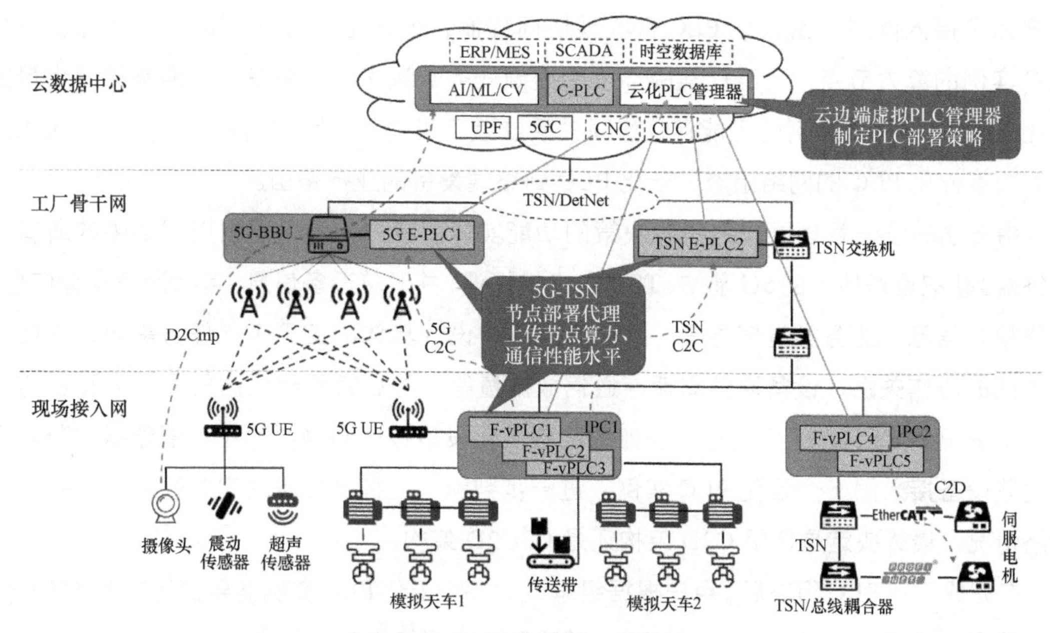

图 8-4　云化 PLC 灵活部署架构

制定部署策略主要考虑算力和通信两点。管理器在接收用户开发的 PLC 程序后分析其部署需求，其中包括 PLC 程序的执行周期、PLC 程序的机器指令总数，以及 PLC 需要通信的终端设备地址，然后管理器获取各节点算力及通信性能水平。针对算力情况，管理器向各节点代理发送测试指令，代理接收后测试节点的算力水平，算力水平可以选择百万条指令每秒（MIPS）作为指标，计算 MIPS 可以在算力节点上随机执行一定数量的机器指令，记录执行所用的总时间，根据执行指令总数和执行总时间可计算出平均指令周期数（CPI），再根据节点处理器的时钟速率和 CPI 计算出 MIPS；针对通信性能水平，管理器向各节点发送 PLC 需要通信的终端设备地址，代理接收后测试到终端的往返时延（RTT）。

管理器汇总上述数据，根据 PLC 程序的机器指令总数和各节点的 MIPS 计算出 PLC 程序在各节点上的预计运行时间。再根据 PLC 程序的执行周期、PLC 程序在各节点的预计运行时间、各节点到终端设备的 RTT，筛选出满足需求的最优节点，即节点 PLC 运行时间与节点到终端往返时延总和小于 PLC 程序的执行周期。

8.2.3　面向 5G-TSN 的云化 PLC 路由决策方案

在全要素互联的 5G-TSN 智能工厂中，5G-TSN 搭建完成后，需要将生产设备按照生产需求接入网络，由云化 PLC 来实现协同控制，但网络中存在大量可支持部署云化 PLC 实例的算力节点，且工厂实际环境中控制任务数量多、关系复杂，通常需要大量的云化 PLC 实例并且实例间可能存在协同关系或上下级关系，因此需要在工业设备接入网络后决策云化 PLC 的网络组态、云化 PLC 到终端设备的业务路由。

由云端的统一管理器作为执行决策的功能实体。首先，管理器扫描网络中的所有工业终端，获取设备接入的 5G 基站、TSN 交换机标识，并汇总设备信息，包括设备类型信息、工作模式信息、业务类型信息等，进而满足用户设计具体的工厂生产任务需求，例如，设备间的协作关系、设备通信周期、通信数据量等。然后管理器根据任务需求和当前网络质量情况制定云化 PLC 组态，例如，某些工业设备彼此间需要协作，管理器判断需要将这些设备接入同一个云化 PLC 实例，进一步判断工业控制任务的实时性需求，并结合网络情况，最终决定是使用 C2D 架构还是 C2C2D 架构。

在完成云化 PLC 组态后，用户根据组态设计每个云化 PLC 实例需要执行的 PLC 程序，再由管理器根据上一节提出的云化 PLC 部署策略在网络中实现最优部署。

最后，管理器需要为各个工业终端设备配置接入云化 PLC 的路由，读取各云化 PLC 实例需要控制的设备地址，向设备发送配置指令，其中包含云化 PLC 实例的网络地址。

8.3 适配云化控制数据的 5G-TSN 承载方案

PLC 工业控制业务数据传输具有一定特性，包括周期性、确定性、实时性传输，同时其传输的数据字节数较小。5G 网络在承载 PLC 业务时面临挑战：一是 5G 网络结构具有一定的复杂性，5G 网络内部包含多个关键组件，例如，多个核心网网元功能、接入网基站多个协议栈层级，导致 PLC 业务传输路径冗余；二是 5G 网络传输数据颗粒度较大，在传输 PLC 业务这类小数据时，其资源利用率较低。

针对上述问题，考虑缩短 PLC 业务传输路径，基于 5G 空口 MAC 层传输，提出 5G 网络 PLC 业务数据汇聚传输机制。

8.3.1 基于 5G 空口 MAC 层工控数据直传技术

将 5G 嵌入工业控制核心环节，是 5G 与工业控制的重点融合方向。当前，工业控制的核心设备——PLC，基于 ICT 演进出云化 PLC 形态，能与 5G-MEC、5G BBU 集成部署，

使 5G 内生支持云化 PLC 工控能力。

但 5G 与 PLC 实现融合部署后，进一步在 PLC 业务传输中暴露出 5G 空口能力不适配的问题。在工业自动化领域，PLC 作为工业控制的核心设备，需要与大量其他工业设备频繁进行数据通信。PLC 工业控制业务具备传输数据少、低时延等特性。其中，运动控制属于强实时类业务，通信周期通常要求在 4ms 左右；过程监控、远程控制这类软实时或非实时业务中，通信周期通常要求在 20ms 上下。其中，以运动控制为代表的 PLC 工业控制业务对 5G-TSN 当前的链路时延提出了挑战。

从通信链路角度来看，PLC 经 5G 网络控制工业终端设备，首先需要经 UPF 网元到 NR RAN 的通信链路，UPF 与 NR-RAN 节点间的通信协议栈包括 GTP-U、UDP、IP、数据链路层、物理层。然后再经 5G 空口发送到终端，5G gNB 与 5G UE 间的通信协议栈包括 SDAP、PDCP、RLC、MAC 及 PHY 这 5 层。各协议栈层级的处理时间较长导致云化 PLC 经 5G 网络到工业终端的通信时延过大，难以满足工业终端控制业务的通信要求。即使云化 PLC 可集成部署到 5G-BBU，绕过 UPF 到 NR-RAN 节点的传输路径，但还是需要经过基站协议栈的层层处理，且 5G-BBU 的分流单元也需要一定的数据处理时间。

PLC 工控数据需要经过 5G 基站协议栈层层处理后再经过空口传输，才能发送到 I/O 设备侧，对于有着较高通信性能要求的工业控制应用，5G 云化 PLC 控制难以满足需求。为解决此问题，一方面，可以持续改进 5G uRLLC 空口技术，缩短传输时延；另一方面，可以考虑改进 5G 基站，以减少处理时延。例如，在工业以太网技术中，强实时类业务以太网通过精简协议栈的方式来缩短在网络节点中的数据处理时延，5G 云化 PLC 控制可以采取相同的技术思路，简化 5G 基站协议栈，设计专用于 PLC 的 5G 基站协议栈。

5G 空口用户面协议栈中 SDAP、PDCP、RLC 对用户数据进行 QoS 映射、检错、排序、分段等处理，MAC 层主要负责资源调度，给用户数据分配无线资源，PHY 负责对数据进行最终的编码、调制及发送。

对于 PLC 这类长期保持固定负载、固定模式通信的业务，可以在应用层对通信过程进行预配置，从而在后续周期性通信过程中绕过上层协议栈，直接与 MAC 层交互，缩短 5G 协议栈处理时延。

为实现云化 PLC 通过 5G 基站 MAC 层直接与 I/O 通信，可重构 PLC 和 5G 基站，直接在 5G 基站中集成 PLC 功能，形成专用于 PLC 控制的 5G 基站作为通信主站。同样在 I/O

设备侧，集成微控制器与 5G 终端协议栈，作为通信从站。PLC 与 I/O 内部分别由主站、从站驱动模块负责基于 5G 基站 MAC 层的数据传输。基于 5G 空口 MAC 层工业控制数据直传方案架构如图 8-5 所示。

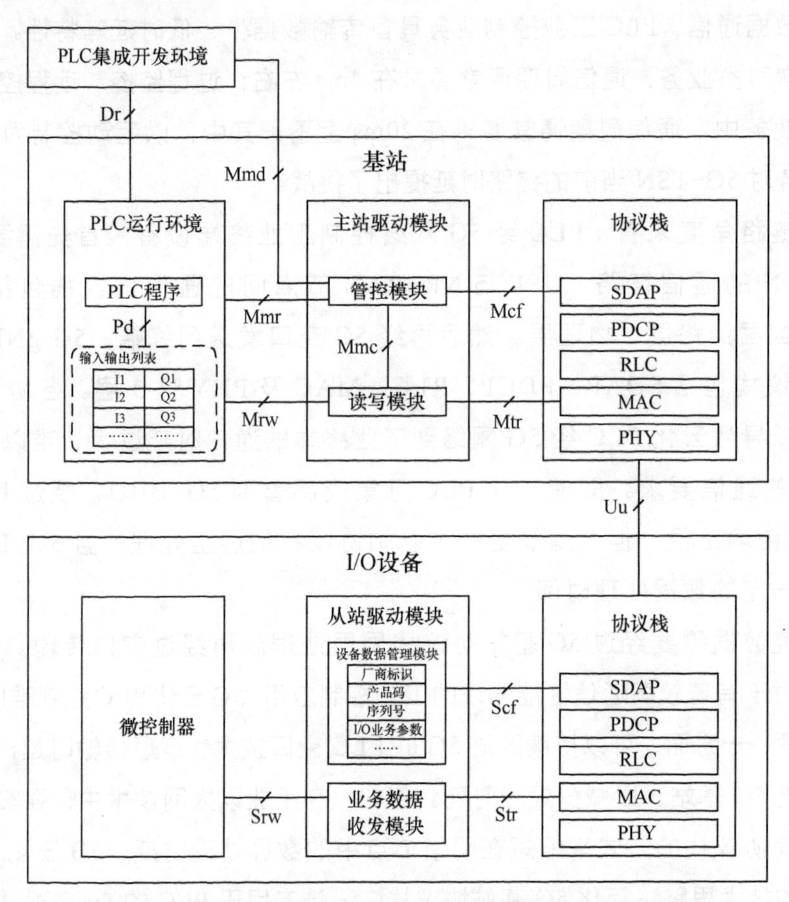

图 8-5　基于 5G 空口 MAC 层工业控制数据直传方案架构

由主站、从站驱动配合可完成从设备信息采集、业务配置到周期性数据通信的完整过程。

I/O 设备侧的从站驱动模块中需要存储器存放设备信息、功能变量等，当 I/O 设备接入 5G 网络后，由主站驱动模块发送设备扫描请求获取从站信息，集中汇聚到 PLC 集成开发环境中，供用户开发 PLC 程序。上述过程可以通过 5G 完整空口协议栈完成，在此过程中主站驱动模块可记录从站设备的 RNTI，可以在后续工业控制数据传输阶段使用。

应用程序包括 PLC 功能逻辑，还包括 PLC 内部变量与 I/O 设备功能变量间的对应关系，程序加载到PLC后，PLC会在地址空间内申请内存，创建PLC内部变量，等待在后续每个PLC扫描周期内，通过5G网络与I/O设备进行变量交互。此时主站驱动模块需要根据PLC应用程序中PLC内部变量与I/O设备功能变量间的对应关系，建立PLC内部变量与I/O设备RNTI的对应关系。

在工业控制数据传输阶段，PLC与I/O设备跨过协议栈上层，直接基于MAC层传输数据。主站驱动模块从PLC地址空间内读取刷新后的变量值，然后查询PLC内部变量与I/O设备RNTI的对应关系，找到对应的RNTI后，直接将变量值及RNTI发送给MAC层，MAC层将数据打包为MAC层PDU，为该PDU分配时频资源，将此时频资源位置信息写入下行链路控制信息中，再根据RNTI为下行链路控制信息添加干扰，最后由物理层将数据编码调制后发送给I/O设备。I/O设备侧协议栈经物理层盲检解调得到数据，在MAC层解封装MAC PDU后获取PLC变量值，直接将变量值发送给从站驱动模块，从站驱动模块将数值写入内存并等待微控制读取使用。

I/O设备根据PLC变量执行相应功能后，返回状态参数，作为PLC程序的输入变量开始新一轮计算。由从站驱动模块读取内存中的状态参数，直接发送给协议栈MAC层，MAC层将数据打包为MAC层PDU，由物理层编码调制后发送。其所使用的时频资源是在I/O设备接入基站时，由基站调度后授权给I/O设备的。基站监听授权后的时频资源，收到数据后在MEC将I/O设备状态参数，以及该I/O设备的RNTI发送给主站驱动模块，再由主站驱动模块查找RNTI与PLC内部变量对应关系，将状态参数写入对应的PLC变量内存地址，之后PLC便可开始新的计算。

8.3.2　5G-TSN工业控制数据汇聚传输技术

在工业自动化领域，PLC作为工业控制的核心设备，需要与大量其他工业设备进行频繁的数据通信，PLC通信数据通常为控制指令、传感器数据等，其通信数据字节数较小，一般为几十字节到数百字节。例如，PLC控制开关型设备仅需传输1比特数据即可完成控制；对于伺服电机，PLC通常使用CIA402作为应用层协议实现控制，例如，PLC以周期同步位置（CSP）模式控制伺服电机，下行传输仅需PLC发送控制字（16比特）、运行模式（8比特）及目标位置（32比特）3个数据，上行传输仅需电机发送状态字（16比特）、运行模式（8比特）及当前位置（32比特）3个数据，即单向传输数据量仅有56比特。

在 5G 云化 PLC 工业控制场景下，由 5G 网络承载 PLC 通信数据，其大带宽特性对于小粒度的 PLC 数据传输适配度较低。尤其在多 I/O 场景下，PLC 需要与 I/O 进行高频的周期性通信，基于 5G 现有技术的工业控制数据传输模式如图 8-6 所示，基站在每个通信周期中都需要为海量 I/O 设备分配用于无线通信的时频资源，且大多数时候其数据量会小于一个 RB 容纳的数据量，这就导致了工业控制数据传输效率及资源利用率的降低。

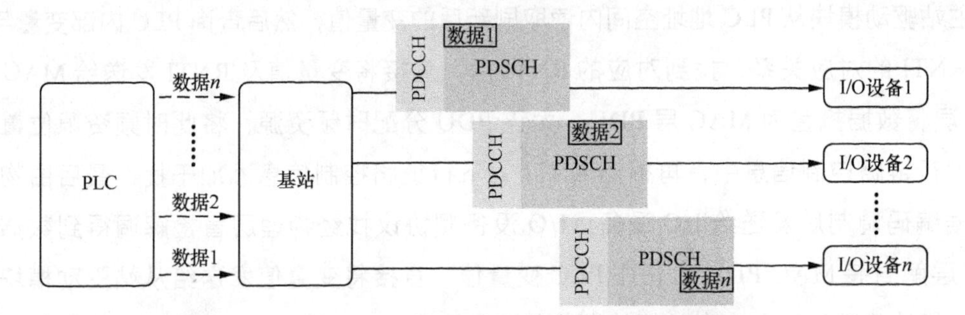

图 8-6 基于 5G 现有技术的工业控制数据传输模式

5G 基站调度时频资源的最小单位是一个 RB，频域包含 12 个子载波。假设工厂内传输 5G 信号，各个终端反馈给基站的 CQI 都为 15，可根据 CQI 索引确定调制编码策略索引为 27，再根据传输块尺寸计算公式得知单个 RB 可承载的字节数为 1160 比特。而对于 PLC 控制的工业终端，其单次传输数据字节数通常在几十比特以内，这会导致传输资源的浪费。

针对小数据传输，5G 提出了 uRLLC、RRC 非激活状态数据传输等技术来提升通信性能，包括提高传输实时性、可靠性及降低功耗开销等，但这些技术仍未解决 5G 应用于 PLC 高频周期性小数据传输的通信模式时存在的问题。

从工业以太网技术中寻求思路，例如，EtherCAT 实时工业以太网技术，是将网络中所有 I/O 设备的数据组合成一个帧，并预先配置各 I/O 设备在数据帧中的读取位置，这样发送单个帧即可完成所有 I/O 设备数据的传输。在 5G 网络传输 PLC 数据也可以借鉴这一思路，将大量 I/O 数据组合为聚合帧，之后由 5G 网络直接为聚合帧分配时频资源，以组播模式发送给目标 I/O，并通过预配置明确 I/O 设备在聚合帧中的数据解析位置。基站不需要频繁地为每个 I/O 设备分配资源，而是仅为单个聚合帧分配资源，且 PLC 通信周期和通信数据量是长期固定的，可以给聚合帧预留固定资源，进一步提升传输效率；此外，I/O 数据在聚合后极大地减少了 RB 空载的情况，提升了资源利用率。在此基础上，

考虑到工业场景下 5G 信号干扰的问题，可以实时检测 I/O 设备信号质量，动态划分聚合组，以保证较高的 I/O 数据聚合传输成功率。工业控制数据汇聚传输系统如图 8-7 所示。

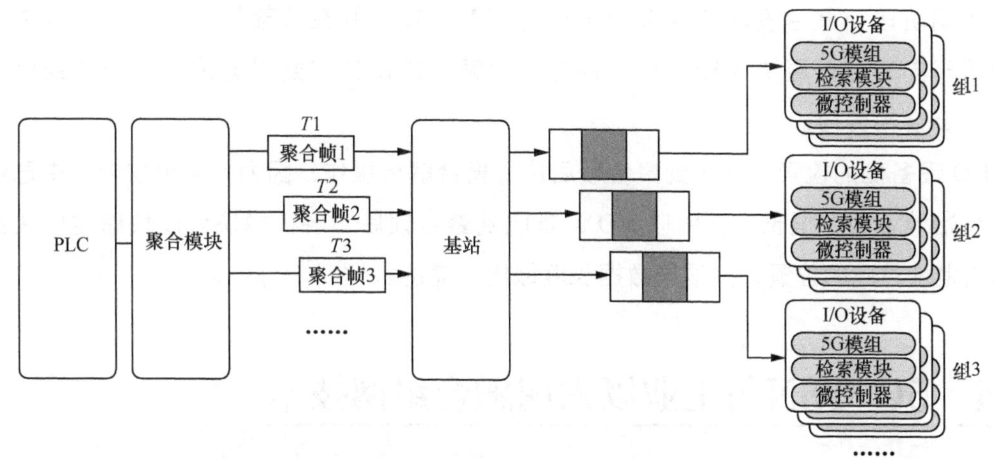

注：$T1$、$T2$、$T3$ 为发送多 I/O 设备数据帧周期值。

图 8-7　工业控制数据汇聚传输系统

首先进行聚合配置，由聚合模块从 PLC 中读取通信需求，包括需要发送的 I/O 数据长度、发送周期，以及 I/O 数据内存地址。然后获取接入 5G 网络的各 I/O 设备的网络身份信息（如 IMSI）、无线信号质量信息，以及基站空闲时频资源信息。最后将上述信息统一到聚合模块中，分析后制定具体的聚合策略。

根据 I/O 数据的发送周期、无线信号质量及当前空口空闲资源等信息将所有 I/O 分为若干组，针对分组情况制定聚合的详细参数，其中，包括每组 I/O 数据在 PLC 中的内存地址、读取顺序、读取周期、发送周期，由聚合模块保存上述参数，在后续聚合传输阶段根据参数组建聚合帧。此外还应包括聚合帧中各 I/O 数据的起始地址和数据长度，这两个参数需要发送给对应的 I/O 设备，由检索模块保存，后续根据参数从接收的聚合帧中解析所需数据。

除了先确定 5G 空口空闲资源量再决定分组的方式外，还可以直接预留足量的时频资源，以较低等级的调制编码策略来承载所有的 I/O 数据，从而保证所有 I/O 数据的聚合传输。如果 5G 网络除了 PLC 通信还承载其他业务，那么采用根据空闲资源量决定分组的方式较为灵活，能够兼容 PLC 通信业务与其他业务。在 5G 网络专用于 PLC 通信时，可以采取预留资源方案，这在一定程度上提升了 I/O 数据的聚合率；还可以直接对 I/O 设备配置半持续调度（SPS），周期性地从预留时频资源中接收数据，减少 DCI 的盲检次数，降低 I/O 的通信时延和功耗。

完成聚合配置后，系统根据配置信息周期性地执行聚合传输及聚合解析操作。在聚合传输阶段，聚合模块按照聚合策略组装聚合帧，并在头部加上标志位。其中，标志位用于向基站各层协议栈指示该帧为聚合帧，协议栈需要以透传方式处理聚合帧，避免将聚合帧分段。

I/O 设备侧的检索模块收到聚合帧后执行聚合解析操作，因为检索模块内存中已经保存了起始地址和数据长度，所以 I/O 设备收到聚合帧后，解析模块可以快速定位聚合帧中起始地址对应的位置，并根据数据长度取出所需的数据。

8.4 5G-TSN与工业以太网融合组网技术

第四次工业革命浪潮中，多家工业企业顺应工业网络融合新型 5G 网络、TSN，向智能、灵活、高效方向发展的趋势，提出了自身工业以太网兼容 5G 网络、TSN 的技术方案，例如，倍福公司提出了 EtherCAT 与 TSN 的耦合器方案，西门子公司提出了 Profinet over 5G 网络技术方案。但各家企业的以太网技术之间并不互通，缺乏能够支持 5G-TSN 兼容各类工业以太网的统一技术方案。

5G-TSN 与各类工业以太网兼容难题主要体现在两个方面：一是 5G-TSN 与工业以太网协议栈不兼容，5G 网络通过 IP 进行数据转发，属于三层网络，而部分工业以太网技术基于 MAC 地址进行数据转发，属于二层协议；二是 5G-TSN 与工业以太网通信性能不匹配，当前 5G-TSN 处于持续演进阶段，5G 网络的实时性和可靠性目前还无法达到经多年发展的工业以太网这类有线网络的性能水平。针对上述问题，5G-TSN 与工业以太网叠加式及拼接式融合组网技术应运而生。

8.4.1 叠加式融合组网技术

叠加式融合组网，即将工业协议直接叠加在 5G 网络和 TSN 上传输。其中，5G 网络是基于 IP 寻址的三层网络，但工业协议类型多样，有着不同的协议栈架构，在 5G 网络上的叠加传输方式不同。

Modbus TCP、Ethernet/IP 等基于 IP 寻址的三层协议的叠加传输较为简单，在 PLC 侧建立协议栈，并在 I/O 设备上安装 5G 模组，即可实现 PLC 与 I/O 之间基于 5G

网络的工业协议通信。而 EtherCAT、Profinet IRT 等的协议栈仅定义了数据链路层和物理层，采用这类工业协议虽然避免了复杂的路由计算，提高了通信效率，降低了时延，但与 5G 网络融合时，需要解决 5G 网络的二层数据转发问题。

5G 网络支持二层数据转发，主要有以下两种技术路线。

1. Overlay 网络技术

Overlay 网络技术利用网络虚拟化技术，在 Underlay 网络上构建出一张或多张虚拟的逻辑网络，不同的 Overlay 网络虽然共享 Underlay 网络中的设备和链路，但 Overlay 网络中的业务与 Underlay 网络中的物理组网和互联技术相互解耦。Overlay 网络技术凭借较高的通用性及灵活性，能有效适配 5G-TSN。利用 Overlay 网络技术在 5G-TSN 上层搭建虚拟逻辑网络，基于虚拟网络传输与 5G-TSN 协议栈架构不适配的工业以太网数据帧，可实现业务数据传输与 5G-TSN 的物理设备、协议栈架构相互解耦。

2. 5G-TSN 能力的调用

扩展并调用 5G-TSN 能力，使网络支持工业以太网数据帧类型的传输。3GPP TS 25.203 技术规范提到，5G 系统支持 IP PDU 会话、Ethernet PDU 会话和无结构 PDU 会话 3 种 PDU 会话类型。当 5G 系统内的终端、核心网网元等 5G 功能设备符合 TS 25.203 规范时，5G UE 具备请求建立 Ethernet PDU 会话的能力，5G UPF 可学习 UE 的 MAC 地址并基于 MAC 地址进行流量转发，从而支持遵循 Ethernet 类工业以太网协议的通信业务在 5G 网络中传输。在 3GPP TS 25.301 技术规范中提出的 5G-LAN 技术，则是在 5G 支持 IP PDU 会话、Ethernet PDU 会话的基础上引入一系列新增能力，包括 L3 的 VPN 服务、L2 的 LAN 服务、子网管理、组内流量转发、SMF 路径规划等。

TSN 针对不同工业以太网技术提出适配方案，可实现工业协议数据叠加与 TSN 传输，例如，针对 EtherCAT 有 TSN/EtherCAT 适配器。其中，基于 Overlay 网络技术的叠加式融合组网方案通用性较强。Overlay 网络技术中适用度最广的是 VxLAN 技术，搭建 VxLAN 需要在端点设备上部署 VxLAN 隧道端点（VETP），负责二层数据的封装及解封装，两个 VETP 即可建立一条简单的 VxLAN 虚拟隧道，用于传输二层工业协议。VETP 可以使用专用物理设备，也可以使用通用服务器实现，目前，Linux 3.10.0 及更高内核版本都支持 VxLAN，可以便捷地在原有 5G 网络设备上建立 VETP。5G 网络与 EtherCAT 工业以太网叠加式融合组网如图 8-8 所示。

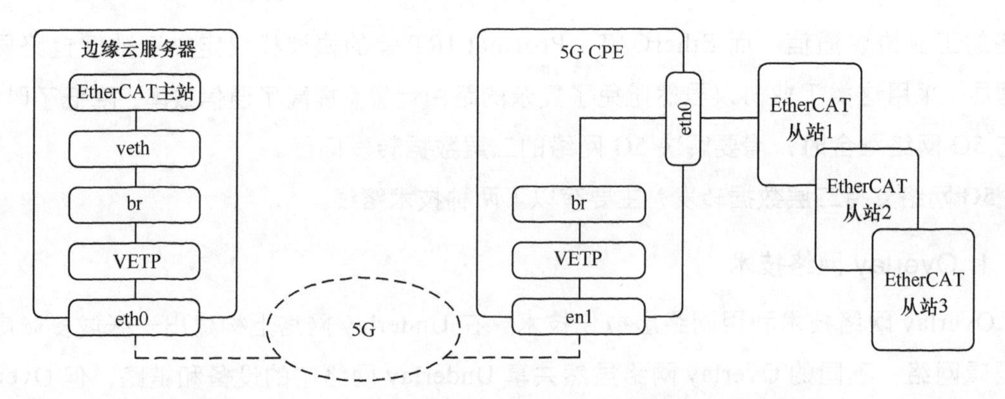

图 8-8　5G 网络与 EtherCAT 工业以太网叠加式融合组网

在边缘云服务器创建 VETP，使其接收 EtherCAT 数据帧并封装、发送。另一端可以使用 5G CPE，主流厂家的 5G CPE 都自带 VxLAN 功能，简单配置即可建立 CPE 侧的 VETP，再将 EtherCAT 从站设备以有线连接方式接入 CPE 网口即可。此外，可以使用安装 5G 模组的计算机创建 VETP，实现 VxLAN 功能。

叠加式融合组网技术对传统工业系统影响较小，控制器及 I/O 侧不需要改动，但这种组网技术无法发挥新一代网络技术优势，且引入了额外处理环节，增加了适配模块，导致系统复杂度增加。具体来说，VETP 需要将二层工业协议封装上 VxLAN 头和 UDP 头后再传输；相应地，另一端 VETP 也需要进行解封装操作，而这引入了额外的操作时延。

8.4.2　拼接式融合组网技术

1. C2M 拼接式融合组网

C2M 拼接式融合组网，即 5G 网络与工业以太网通过拼接的方式实现组网。在这种组网方式中，PLC 与工业以太网协议栈分离，工业协议栈下沉到 5G 网络边缘。工业协议栈下沉避免了当前 5G 网络与工业协议的兼容问题。将工业协议栈部署在网络边缘设备上，云端 PLC 与工业协议栈使用三层协议进行通信，本地工业协议栈使用工业以太网与 I/O 设备通信。

在目前的 PLC 软件中，PLC 运行时的功能与工业协议通信功能紧耦合，两者通常运行在一个进程中，PLC 变量与工业以太网通信变量在同一内存地址空间中直接交互。在这种架构下，PLC 上云后，工业协议栈也需要跟随 PLC 在云端部署。但 5G 网络承载工业以太网协议的实时性表现较差。

C2M 拼接式融合组网首先需要实现 PLC 运行时功能与工业协议栈功能的分离，目前主流 PLC 软件，如德国商用 PLC 软件 CODESYS，以及开源 PLC 软件 Beremiz，都采用 PLC 运行时功能与工业协议栈两者集成式的软件设计方案。实现分离的基本思路是在 PLC 运行时功能与工业协议栈功能间加入基于 Socket 的远程通信功能，以实现功能内部变量的跨设备交互。

以 PLC 与 EtherCAT 协议栈分离为例，分离后的 PLC 与 EtherCAT 主站位于 5G 网络两侧，需要新增功能模块负责数据通信、PLC 内部 I/O 变量与 EtherCAT PDO 之间的映射关系维护等功能。C2M 拼接式融合组网如图 8-9 所示。其中，I/O 变量处理模块和 PDO 处理模块要先建立起 I/O 变量与 PDO 的映射关系，再基于映射关系完成数据传输。

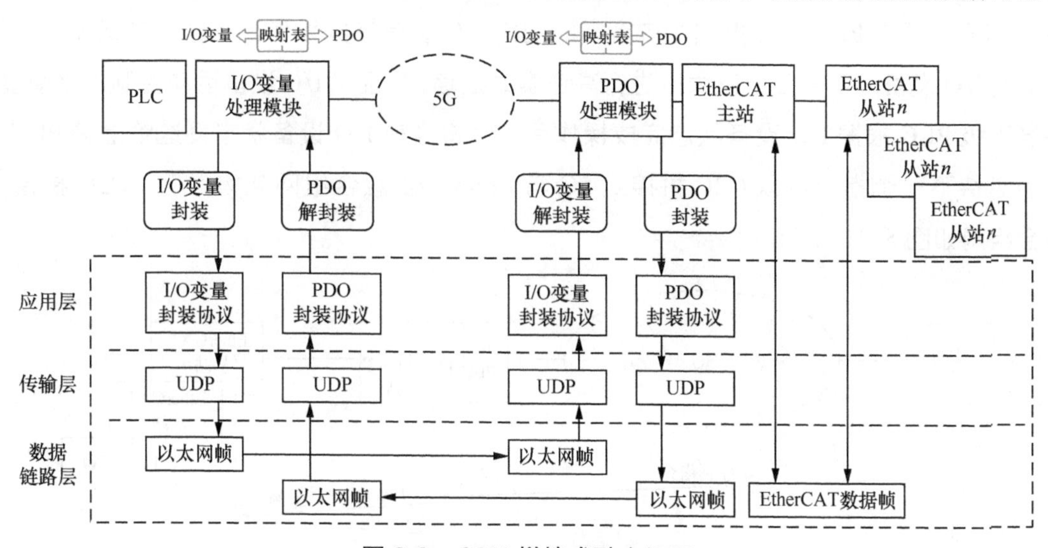

图 8-9　C2M 拼接式融合组网

C2M 拼接式融合组网避免了在 5G 网络中传输多层封装后的工业协议数据，跨网端到端协议适配效率更高，兼容性更好，能有效缩短云化 PLC 到 I/O 设备的通信响应时延。但当传统工业网络系统改造较大时，需要引入 C2M 通信接口。

2. C2C 拼接式融合组网

C2C 拼接式融合组网架构是指 5G 网络云边端系统中所部署的不同层级 PLC，上下级 PLC 间基于 5G 进行 C2C 通信，PLC 与 I/O 设备间基于工业以太网进行 C2D 通信，以此实现 5G 与工业通信协议的融合组网。

在工业控制系统中，采用 PLC 功能分级，以及模块化开发架构，不但方便了 PLC 程序的开发维护，提高了 PLC 程序的可扩展性和重用率，而且支持上层 PLC 云化部署，通过 5G 实现下级 PLC 的协同管控，从而将 5G 嵌入工业控制环节。基本的 PLC 分级策略可以把控制范围作为划分依据，例如，在天车物料分拣系统中包括多部天车，单部天车由一个下级 PLC 控制，整个系统中全部天车的协同（包括各天车的路径规划、防撞检测等）由上级 PLC 负责。上下级 PLC 的功能划分将大部分计算任务集中到上级 PLC 处，下级 PLC 仅负责单部天车运动控制算法。

上下级 PLC 间有多种通信方式，包括 OPC UA、基于 UDP 的网络变量等，都与 5G 网络兼容。上行通信数据包括下级 PLC 获取的 I/O 设备状态信息，如天车的位置、速度等，上级 PLC 根据各下级 PLC 上报的信息规划具体的控制方式，将控制指令发送给各个下级 PLC，下级 PLC 再根据指令内容实时控制 I/O 设备完成操作。在这种方式下，下级 PLC 与 I/O 设备间使用工业以太网进行高速实时通信，保证了 I/O 设备运动控制的平滑度，每当下级 PLC 根据 I/O 设备状态完成操作后，会将当前 I/O 设备状态发送给上级 PLC，然后等待下一个指令。以 C2C 拼接式 5G 与 EtherCAT 融合组网架构为例，C2C 拼接式融合组网如图 8-10 所示。

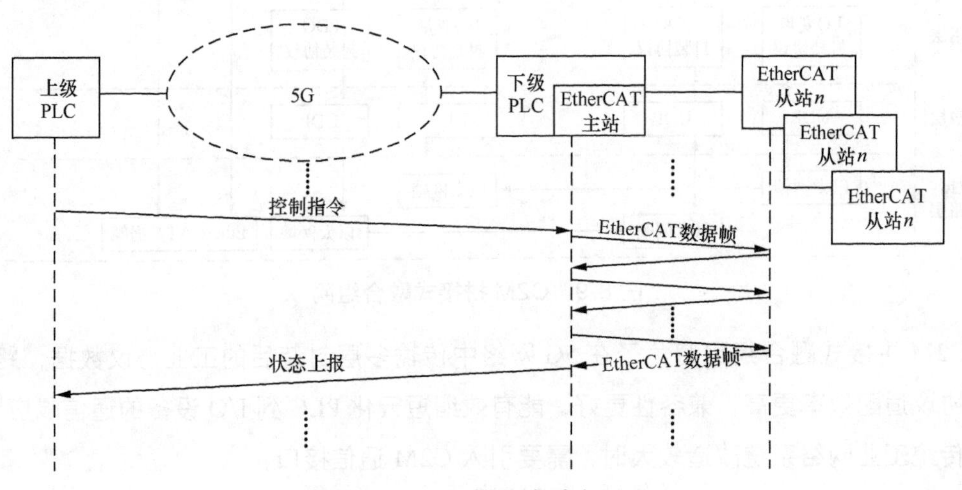

图 8-10　C2C 拼接式融合组网

C2C 拼接式架构的优势在于下级 PLC 功能更加灵活，增强了本地 I/O 控制能力以适配不同业务需求，降低了上级 PLC 到本地 I/O 的通信需求。但引入分级式控制管理方式增加了系统管理复杂度。

第 9 章

5G-TSN 应用技术及应用场景

5G-TSN 协同传输为工业控制、智能网联车、高精度电力应用等提供了低时延、高可靠及确定性的传输保障。5G-TSN 为各行各业带来了许多新的应用场景，从智能交通到工业自动化，都将受益于 5G-TSN 无线确定性网络。

在 9.1 节，本书重点讨论和介绍了 5G-TSN 与 OPC UA 融合技术，从而使 5G-TSN 能够与多样化工业协议进行对接，满足不同类型数据的统一传输需求。在 9.2 节和 9.3 节中，本书则对 5G-TSN 在工业、电力、智能网联汽车领域的应用场景进行了探讨和展望。

9.1 5G-TSN 与 OPC UA 融合

3GPP 提出的 5G-TSN 协同架构，是将 5G 系统整体作为 TSN 网桥，从而在数据链路层构建有线与无线融合的确定性网络，在一定程度上可以将 5G-TSN 作为数据链路层的无线确定性技术，为上层应用提供有界低时延保障。然而，与公众通信中基于统一 TCP/IP 的电信业务不同，大多数垂直行业有各自的通信协议或数据传输协议，例如，在工业现场，就有高达几十种工业现场总线协议，不同总线在物理介质、带宽、电平、校验方式、传输机制等方面都是不同的，所以不同总线的设备无法实现互连，即使 5G-TSN 提供了统一的现场承载网络，也需要不同的接口程序来表达语义。在这种情况下，还需要构建统一的信息描述模型及互操作机制，以实现不同类型终端和业务基于 5G-TSN 的互连、互通和互操作。

9.1.1 OPC UA 技术概述

OPC UA 标准是 OPC 基金会于 2006 年推出的一个新的工业软件应用接口规范，旨在提供一种标准化的、易于集成的通信方式，以实现工业自动化领域的互操作性。简单来说，通过 OPC UA，不同现场通信协议的设备和系统可以互相交流和共享数据，进而实现更高效的数据采集和分析。OPC UA 弃用了传统的 COM/DCOM[1] 技术，建立了以 Web Service 为基础的技术架构，使不同的设备或不同的系统在不同的网络环境进行交互。OPC UA 具有跨平台特点，能够为当前工业通信系统中存在的数据传输无法跨越防火墙的问题提供技术支持，并且 OPC UA 支持更多类型的数据结构，增加了许多安全规范，使设备在工业网络中更加安全，命名空间得到增强。

1. COM（组件对象模型）是一种面向对象的编程模式，DCOM 是指分布式公共对象模型。

OPC UA 在传统 OPC 规范的基础上进行了改进和增强，但 OPC UA 仍然沿用了 OPC 的层次架构，OPC UA 的架构包括数据源层、通信层和应用层 3 个层次。需要指出的是，OPC UA 的通信协议是一种应用层协议，并不涉及对底层协议栈标准的制定。

1. 数据源层

数据源层包括设备和软件。设备有传感器、执行器、PLC 等，软件有 SCADA 系统、HMI 界面等。设备和软件都有各自的通信协议和数据格式，数据源层的作用是把不同通信协议和数据格式转换成 OPC UA 协议支持的格式。

2. 通信层

通信层是 OPC UA 协议的核心，主要负责不同设备和软件间的数据交换和通信。通信层由 OPC UA 服务器和 OPC UA 客户端组成。

OPC UA 服务器是介于数据源层和通信层之间的一个中间层，它负责将不同通信协议的设备、传感器和软件转换为 OPC UA 通信协议，然后将数据提供给 OPC UA 客户端。

OPC UA 客户端是指需要使用 OPC UA 服务器提供的数据应用程序。OPC UA 客户端向 OPC UA 服务器发出请求，然后通过 OPC UA 通信协议接收数据，完成数据传输和控制操作。

3. 应用层

应用层是指最终的应用程序，例如，数据监控、报警提示、控制操作等。应用层通过 OPC UA 客户端接收 OPC UA 服务器提供的数据，并进行相应的处理和显示。

OPC UA 客户端与服务器间有两种通信模式：一种是采用传统的客户端 / 服务器（C/S）模式，OPC UA 客户端根据应用层需求，从不同的 OPC UA 服务器获取不同设备或软件的信息，此时主要由客户端发起请求，服务器进行被动响应；另一种是发布 / 订阅（Pub/Sub）模式，OPC UA 客户端根据应用层需求，订阅不同 OPC UA 服务器的数据信息，一旦相应的 OPC UA 服务器发布了设备或软件信息，OPC UA 客户端会自动连接并获取最新的数据。相比传统的 C/S 模式，Pub/Sub 模式让信息的获取和交互更加灵活，使 OPC UA 服务器能与多个 OPC UA 客户端建立通信联系，实现数据的按需发布和获取，更有利于柔性生产等智能工厂新需求的落地。

除了数据信息的灵活交互和安全传输，信息建模能力是 OPC UA 的一个优势所在，它提供了一种通用的基于参数的统一模型描述方式，使跨设备、跨协议的相互操作成为可能。

OPC UA 采用面向对象的方法，为设备建立信息模型，通过定义设备对象、属性变量、操作方法等来组织数据，以便更有效地展示数据的语义。节点和节点之间的引用是 OPC UA 信息模型的两大基本概念，OPC UA 信息模型中节点与节点间的引用如图 9-1 所示。

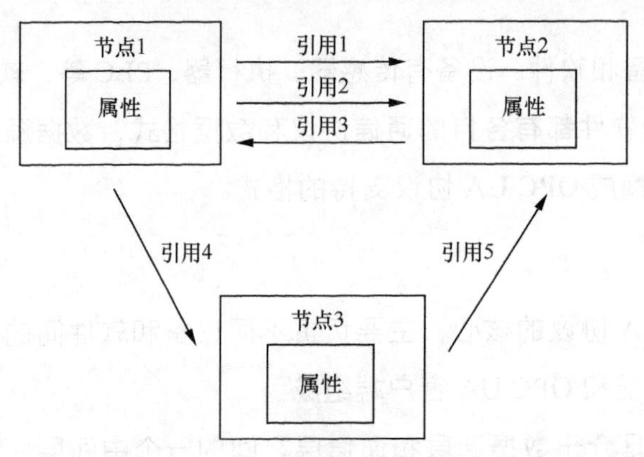

图 9-1　OPC UA 信息模型中节点与节点间的引用

根据功能的不同，节点可以分为以下 8 类：对象类型、对象、变量类型、变量、引用类型、方法、视图和数据类型。其中，对象、变量和方法是 3 个较为重要的类别。OPC UA 信息模型中对象、变量与方法间的关系如图 9-2 所示。与面向对象编程的思想类似，对象节点可进一步用于管理变量节点、方法节点或其他对象节点；变量节点可用于暴露对象的数据值或特征值；方法节点可用于实现特定的功能，例如，客户端基于输入参数发起调用，服务器执行指定功能后返回相应的输出结果。

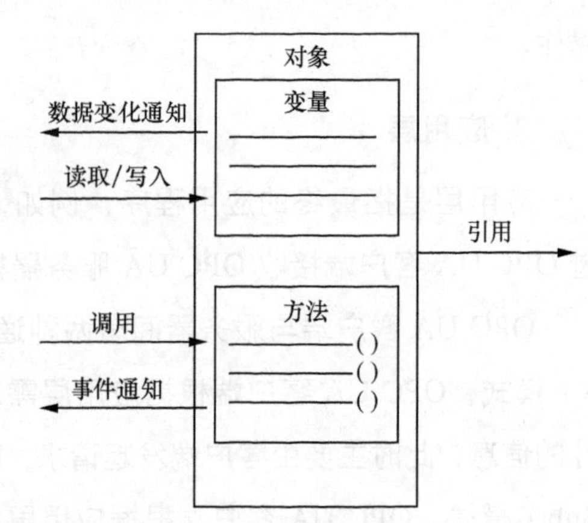

图 9-2　OPC UA 信息模型中对象、变量与方法间的关系

考虑到工业系统中可能存在很多同类的设备，其信息模型具有相同的结构，如果对每个对象都从头建立信息模型，将耗费大量的时间，且重复性工作量大。为解决上述问题，OPC UA 规范提供对象类型节点。通过定义对象类型，即可轻松地创建相应的对象实例。当基于对象类型创建对象实例时，该类型下所有的对象、变量、方法等会被自动创建，以保证同一类型的实例对象都具有相同的结构，可实现“一次定义，多处使用”。

OPC UA 信息建模的优势还在于：对于同一类型的设备，只需要对这类设备建立一个通用的信息模型，便可以通过客户端对该类型的任何设备进行统一访问，并获取不同设备的信息，同时可以对设备进行控制。模型的功能和结构可根据实际情况进行定制，保证模型功能的完备性。不同设备对应的信息模型也可以通过同一个客户端同时进行访问，所有不同的设备经过建模后都可以通过 OPC UA 的形式传输数据，这样便解决了工业系统中本身具备不同协议的设备之间无法互连互通的问题。

电机的 OPC UA 信息模型如图 9-3 所示。用户在电机类型节点下定义了工作状态、输出扭矩、转速这些变量属性，定义了启动和停止的操作方法，在运行 OPC UA 服务器时，电机自身的信息和数据会在服务器中实例化，得到一个与电机模型结构一致的电机对象，通过客户端连接服务器来获取电机对象的信息和数据，同时也可以启动或停止电机对象，其本质相当于直接控制电机，这就是 OPC UA 信息建模能力的体现。

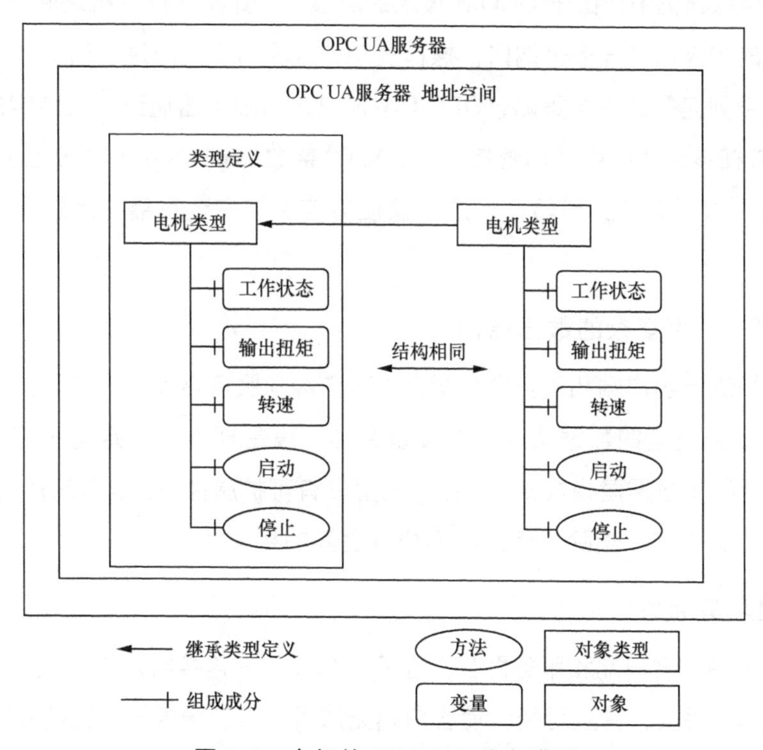

图 9-3　电机的 OPC UA 信息模型

综上所述，OPC UA 作为一种开放、统一的通信协议，在工业自动化领域扮演着重要的角色。与传统的 OPC 协议相比，OPC UA 具有以下技术优势。

1. 与平台无关

由于 OPC UA 不再受限于 Windows 系统的 COM/DCOM 技术，对 OPC UA 的研究及相关工业软件的开发可以在具备实际需求的操作系统上进行，并且基于互联网的面向服务体系架构使数据信息交互更加灵活、更加开放。

2. 访问统一性

传统 OPC 技术如果想要访问数据，需要分别向 OPC DA、OPC A&E、OPC HAD 等服务器发送请求，这样做会浪费大量时间，降低访问效率，而 OPC UA 将这些传统规范进行整合，增加了统一的、完整的地址空间模型和服务模型，在此基础上只需要向这个具有集成地址空间的 OPC UA 服务器发送请求即可获取数据，解决了资源浪费的问题。

3. 通信性能和安全性增强

在传统的信息通信中，由于 DCOM 技术的局限性，如果在计算机之间进行数据交互，则需要在各自的防火墙打开多个端口，操作复杂，且具有安全隐患。而 OPC UA 技术在这方面定义了一系列完整的安全策略，OPC UA 客户端与服务器通过一条特定的连接通道进行安全通信，并在该通道应用了加密技术，如 X509 整数、OpenSSL 加密及公共密钥体系等，若想进行会话则需要进行身份验证，这不仅使通信更加安全可靠，而且保证了消息的完整性。

4. 支持更多、更复杂的数据结构

当工业现场进行客户端和服务器配置时，客户端向服务器发送一个写入操作的请求，该请求可以是各种类型的数据信息，如设备名称、设备规格、额定电压等信息。因此，OPC UA 支持一种元数据建模规则，而且该模型具有可扩展性，根据实际开发的各种需求，开发人员可自定义增加、删除、修改数据模型之间的相关性。

5. 可靠性和冗余性

在 OPC UA 中，客户端和服务器都存在冗余机制，在连接客户端和服务器时，断电将会导致数据信息的丢失，并且可能会使客户端无法再连接到服务器，因此 OPC UA 可使客户端连接冗余服务器，保证数据传输的连续性、完整性，而且 OPC UA 数据信息传输是加密的，需要用户验证才能使客户端和服务器通信，这也保证了数据的可靠性。

总而言之，OPC UA 引入了信息技术的扁平化架构、对等化交互思想等，简化了繁

多的工业协议，使数据采集与监控更加容易，为 SOA 及 Web 服务器等新技术在智能工厂中的广泛使用奠定基础，满足了现代工业生产自动化、智能化理念，符合未来工业场景信息系统建设的发展趋势。

9.1.2　5G-TSN 与 OPC UA

OPC UA 中虽然包含了通信协议，但其更多存在于语义描述、模型描述层面。从 ISO 提出的开放系统互联（OSI）模型的角度来看，OPC UA 仍然属于应用层协议，并未涉及具体的承载网络和承载技术。而作为应用到工业领域的协议，如何保证数据传输的低时延和高可靠，并非 OPC UA 自身能够解决的问题。

5G-TSN 与 OPC UA 在 OSI 7 层协议栈中的位置如图 9-4 所示。可以看出，OPC UA 主要聚焦在面向应用的 3 层，即应用层、表示层和会话层，通过 OPC UA 在客户端与服务器之间建立联系，用统一的信息模型规范来表达应用场景中的“设备行规”（即语义解析问题），实现应用与多样化工业设备和软件的互连互通及互操作。

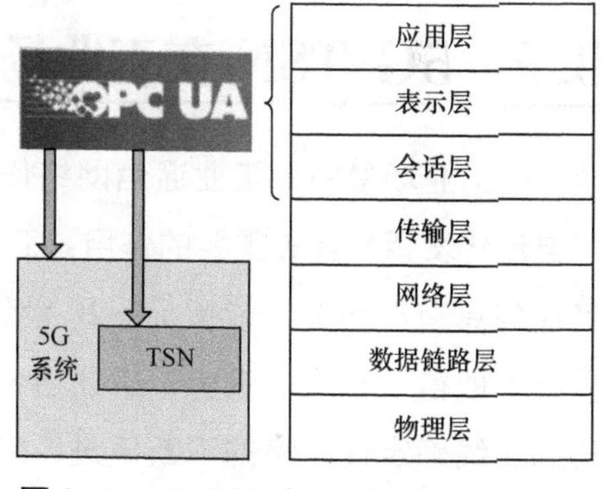

图 9-4　5G-TSN 与 OPC UA 在 OSI 7 层协议栈中的位置

而 5G-TSN 主要聚焦网络层、数据链路层和物理层，以实现数据在不同节点间传输的网络配置、时钟同步、路由规划、数据调度、纠错检错等功能。OPC UA 应用数据可以由传统传输层协议承载后再进行映射，也可以直接映射到网络层或数据链路层，由 5G、TSN 或 5G-TSN 进行承载。

5G-TSN 作为有线与无线融合的确定性网络技术，能够实现多业务统一承载，并为高实时业务提供有界低时延保障；而 5G-TSN 与 OPC UA 结合，从协议栈层面可以看到，将形成一种涵盖通信层面（网络层及数据链路层）和应用层面（应用层、表示层、会话层），且具有统一、开放特征的新型网络应用体系，为未来智能工厂提供更加灵活、简单、高效的数据传输、交互及应用支撑。

目前，OPC UA 与 TSN 的融合已经受到业界的关注，OPC UA 基金会中对于现场层级通信的定义，将 TSN 与 OPC UA 融合，形成 OPC UA over TSN 的技术架构与实现方案。2018 年，在德国汉诺威工业展上，贝加莱公司发布了全球首个 TSN+OPC

UA 的智能制造测试床，如图 9-5 所示，该测试床由 200 个 I/O 站、5 个高清摄像头、1 台工业计算机、2 台交换机共同构成，经过测试，该系统的响应时间达到 100μs，向业界展示了“满足在传感器、执行器、控制器及云端所有工业自动化场景需求的开放、统一、标准的工业物联网通信方案”。

图 9-5　贝加莱公司在汉诺威工业展发布的 TSN+OPC UA 智能制造测试床

9.2　5G-TSN 在工业场景的应用

在工业场景中，工业通信网络作为实现工厂中各类要素互连互通的基础设施，对工厂自动化发挥着至关重要的作用。工业通信是连接传感器、控制器、执行器的通信网络，其往往具有严格的性能指标。20 世纪 80 年代至今，随着制造业不断升级，工厂内网连接技术取得了长足的进步，工业通信经历了从现场总线到以太网、工业以太网、TSN，再到无线确定性网络的不断演进，5G-TSN 将为智能工厂多样化应用、柔性生产、工业数字孪生等工业新应用提供确定性网络支撑。

9.2.1　5G-TSN 工业场景应用模式简析

在工业通信场景中，通信主体通常为控制器、传感器（含 I/O 站点）和执行器。根据通信模式主要分为两大类：一是控制器与设备之间的通信（C2D），二是控制器与控制器之间的通信（C2C）。C2D 是传统工业控制的模式，控制器根据被控设备状态（由传感器感知并经由网络传输给控制器），完成对执行器（如电机等）的实时动态调整。随着设备及产线间协同日益重要，控制器与控制器间的相互通信和交流也日益增多，C2C 通信逐渐兴起。5G-TSN 确定性网络与面向应用的统一信息描述模型 OPC UA 进行了结合，构建了面向复杂工业场景的统一、开放、确定的工业通信新方式。

1. C2D

传统 PLC 与设备间的通信，均通过使用专用网络（如硬线连接、EtherCAT 等）实现。随着生产线上各种传感器不断增多，视频监控越来越多地用于生产线生产监控等，若部署多张网络，将增加现场部署的难度。此外，随着云化技术的应用和多生产线间协同需求的出现，传统基于分布式单体 PLC 逐步演进为软件 PLC 和云化 PLC。以设备间协同和集约化生产为出发点，未来的发展方向更倾向于集中式云化控制。

虚拟化的 PLC 位于边缘云的中心位置，它们控制本地机器或生产单元中的现场设备。C2D 集中式控制是一种控制系统架构，其中，控制器通过中央控制单元与多个设备进行通信和控制。在这种架构中，控制器负责发送控制命令和接收设备反馈，设备执行命令并将结果返给控制器。

C2D 集中式控制系统具有集中管理和控制的优势，适用于需要对多个设备进行集中控制和协调的应用场景，如工厂自动化、流水线控制、建筑物管理等。这种架构可以实现高度一致性和集中化的控制策略，方便系统维护和管理，并支持灵活的控制逻辑和策略的实现。基于 5G-TSN 与 OPC UA 的 C2D 通信场景如图 9-6 所示。

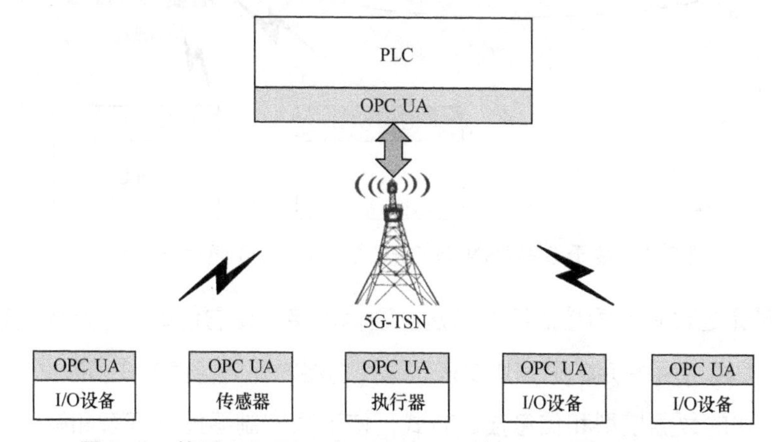

图 9-6　基于 5G-TSN 与 OPC UA 的 C2D 通信场景示意

基于 OPC UA 技术，位于边缘云中心的集中式 PLC 能够与不同类型、采用不同总线协议的工业设备进行直接通信，而 5G-TSN 协同构建的有线与无线融合的网络能够让设备与控制器间的组网更灵活；此外，5G-TSN 协同网络均具有多业务统一承载特性，能够同时承载视频、数据共享及工业控制业务，并利用 TSN 的帧复制删除、时间感知整形等机制，为工业控制业务提供有界低时延保障。

2. C2C

“工业 4.0”中提出了柔性生产、智能生产的概念，是指需要根据产品生产需求，完成生产线的快速组织和灵活适配，对设备和生产线间协同提出了更高的要求。为了实现对不同设备和生产线的控制，需要采用灵活可扩展的网络架构，以便根据生产需求实现控制器之间信息的快速及时交互，进而完成不同设备间的适配，达到“定制生产”和“按需生产”的目标。然而，传统的设备或产线的 PLC 使用的工业控制协议不同，导致控制器间的通信较难实现，使贯穿产品生命周期的多生产线、多工序、多设备间的协同成为难点。而 5G-TSN 与 OPC UA 带来的统一开放特性，使 C2C 成为 5G-TSN 在未来工业领域的一个重要场景。基于 5G-TSN 与 OPC UA 的 C2C 通信场景示意如图 9-7 所示。

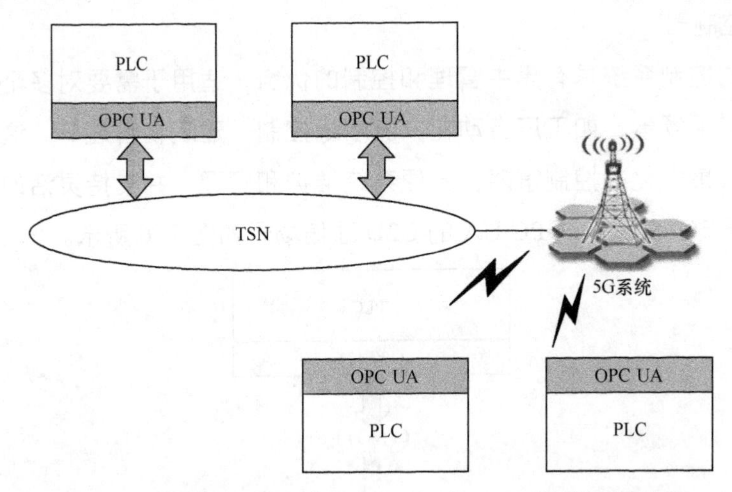

图 9-7 基于 5G-TSN 与 OPC UA 的 C2C 通信场景示意

C2C 的原理是通过在不同控制器之间建立通信连接，使它们能够相互传递信息、共享数据和协同工作。C2C 使用特定的通信协议来定义控制器之间的通信方式和数据交换格式。OPC UA 提供了标准化的数据模型和信息描述方式，使不同控制器能够理解和解释彼此的数据；5G-TSN 为控制信息的交互提供了低时延、高可靠和确定性的通信连接。基于 5G-TSN，控制器之间能够根据需求实现灵活组网，进而在控制器间建立有线或无线的数据传输通道。

在 C2C 通信中使用了 TSN 的一些相关功能。这些功能包括对 IEEE 802.1Q 优先级的支持、IEEE 802.1AS 时间同步、IEEE 802.1CB FRER、IEEE 802.1Qbv 传输门控调度、IEEE 802.1Qci 每流过滤和流量控制，以及根据 IEEE 802.1Qcc 对 5GS TSN 网桥进行配置。这些 TSN 功能对于实现 C2C 通信非常重要。它们提供了在 TSN 中实现优先级排序、时

间同步、可靠性增强、传输门控调度、流量控制和网络配置的机制。这些功能可以提供稳定、可靠且实时的C2C通信，适用于各种工厂自动化和物联网应用场景。

9.2.2 5G-TSN与工厂自动化

工厂自动化是指用自动装置或系统控制来管理生产设备及生产过程，是自动完成产品制造的全部或部分加工过程的技术，其常规组成方式是将各种加工自动化设备和柔性生产线连接起来，配合计算机辅助设计（CAD）和计算机辅助制造（CAM）系统，在中央计算机的统一管理下协同工作，使整个工厂实现综合自动化。

工厂自动化是工厂制造应用场景下的一个典型应用，通过5G-TSN的低时延和高可靠性的特性，把生产线的设备无线连接至边缘云平台，可以集中数据手机、实时分析和管理、操控机器人协作等，最终使生产线数字化和自动化，整体的生产效率和运营成本也可以得到优化。

工厂自动化涉及工厂内生产流程的自动化控制、监控和优化，其中包含闭环控制应用、机器人技术及计算机集成制造等方面的技术。工厂自动化通常是工业大规模生产实现高质量和高成本效益的关键推动因素，与之相关的应用通常具有对基层通信设施的最高要求，特别是在通信服务可用性、确定性和时延方面的要求。在未来的工厂中，静态顺序生产系统会逐步被具有高度灵活性和多功能性的新型模块化生产系统取代，这会衍生出越来越多需要高质量无线通信服务和本地化服务的移动制造设备。

工厂自动化业务，尤其在运动控制、移动机器人控制及协同方面，对于信息传输的时延和可靠性都有较高的要求，为5G-TSN协同传输网络提供了更多的应用场景。

1. 运动控制

运动控制是自动化的一个分支，使用统称为伺服机构的一些设备（如液压泵、线性执行机或者电机）来控制机器。通过对机械运动部件的位置、力矩、速度、加速度等进行实时的控制管理，各个运动部件按照预期的运动轨迹和规定的运动参数进行协同运动，以达到高精度、低时延的自动控制目的。

一个运动控制系统的基本架构组成包括以下内容。

① 运动控制器：用于生成轨迹点（期望输出）和闭合位置反馈环。

② 驱动器或放大器：将来自运动控制器的控制信号转换为更高功率的电流或电压信号。

③ 执行器：用于输出运动。

④ 反馈传感器：用于将执行器的位置反馈给位置控制器，实现和位置控制环的闭合。

5G-TSN 技术带来毫秒级的通信时延和有界时延抖动，给工厂自动化及智能生产提供了强大的技术保障。

2. 移动机器人

移动机器人和移动平台越来越多地应用于工厂和物流环节，并将在未来工厂中发挥越来越重要的作用。移动机器人是一个集环境感知、动态决策与规划、行为控制与执行等多功能于一体的综合系统，其本质上是一种可编程机器，能够执行多种操作，通过编程路径来完成各种各样的任务。移动机器人在代替人从事恶劣环境下危险作业等方面，比一般机器人有更大的机动性和灵活性。

① 环境感知。将多个传感器有效融合，通过协调不同传感器的信息，使机器人覆盖绝大多数的空间检测，全方位提升机器人的感知能力，利用激光雷达传感器，结合超声波、深度摄像头、防跌落等传感器获取距离信息。5G 网络的大带宽和低时延使多个自动导引车（AGV）之间可以实时共享环境感知数据。这些 AGV 可以通过网络交换信息，实现协同工作，避免碰撞，从而提高工作效率和安全性。

② 自主定位。即时定位与地图构建（SLAM）技术的迅速发展提高了机器人的定位及地图创建能力。机器人从一个未知位置开始移动，在移动过程中根据位置和地图进行自身定位，同时在自身定位的基础上描绘增量式地图，实现机器人的自主定位和导航。使用 5G 网络，AGV 可以与基站进行实时通信，获取精确的位置信息。

③ 路径规划。最优路径规划是依据某个或某些优化规则（例如，工作代价最小、行走路线最短、行走时间最短等），在机器人工作空间中找到一条从起始状态到目标状态，并可以避开障碍物的最优路径。根据对环境信息的不同掌握程度，机器人路径规划可分为全局路径规划和局部路径规划。借助 5G 的高速和低时延特性，可以实现对大规模 AGV 系统的精确调度和路径规划。通过实时传输数据和指令，可以优化 AGV 的任务分配，提高系统的效率和灵活性。

在工业场景中，无人化生产车间中大型或重型工件材料的搬运、物流货物的运输、产品自动出入库等业务大多需要 AGV 协同工作。5G-TSN 协同传输网络兼顾低时延、高可靠和大容量，基于集中式云化控制技术，将为多个 AGV 的协同控制和管理提供可能。

未来，类似的集中式车队控制将托管在边缘云中，这需要保证控制实体和所有 AGV

之间进行可靠的无线通信。此外，为 AGV 预先描述路线的方式将被基于目标的导航取代，这种方式的改变将使 AGV 路线更加灵活。通过采用 5G + 云化技术实现异地设备间的通信，同时利用 5G-TSN 低时延的特性，将单无线接入点设备连接数从几十台增加到 5G 环境下的上千台，无线接入点间切换的时间可从百毫秒锐减到毫秒级。

多个 AGV 需要协同工作才能进行安全搬运。通过一个网络物理控制程序，以协调调度的方式控制 AGV 的运动，以便将大型或重型工件从工厂的一个地点平稳安全地运送到另一个地点。互相协作的 AGV 之间的通信需要高通信服务可靠性和超低时延，以保证其相互之间的运动与动作能保持协调。

9.2.3　5G-TSN 与过程自动化

在过程自动化技术出现之前，工厂操作人员要人工监测设备性能指标和产品质量，以确定生产设备处于最佳的运行状态，而且只有在停机时才能实施各种维护，这降低了工厂的运营效率，且无法保障操作安全。过程自动化技术可以简化这一过程。过程自动化控制技术会通过现场的传感器和仪器仪表收集有关温度、压力、流量等方面的过程数据，并基于特定的工艺需求和控制理论，在控制器上进行存储和分析，采用模拟或数字控制方式对能够影响生产过程中某一或某些物理参数的设备输出变量进行调节，从而使材料状态达到生产的要求（如转速、阀门开度），确保生产过程的安全，达到预期的产量及保证产品质量。过程自动化系统除了能够采集和处理信息，还能自动调节各种设备。在必要时，工厂操作员可以中止过程自动化系统，进行手动操作。

应用过程自动化技术，计算机程序不仅能够监测和显示工厂的运行状况，还能模拟不同的运行模式，找到最佳策略以提高能效。这些程序的独特优势是能够“学习”和预测趋势，进而提高适应外界条件变化的速度。相较于运动控制，过程自动化需要更长的采样时间、更广泛的数据采集样本。利用 5G-TSN 的多业务统一承载性能，将使智能工厂能够使用同一张承载网络，共同实现工厂制动、过程自动化的多类型业务，并根据不同业务的实时性要求提供不同的 QoS 保障策略。

1. 闭环控制

闭环过程自动控制系统，又称反馈控制系统或偏差控制系统，是指把输出量直接或间接地反馈到输入端构成闭环，实现自动控制系统。系统是根据负反馈原理按照偏差进行控制的，即通过比较系统行为（输出）与期望行为之间的偏差，并消除偏差以获得预期的系统性能。

实时闭环控制系统在工业自动化中属于挑战性很强的一个场景，因为其对于时延和可靠性都有相当高的要求。实时闭环控制系统主要由运动控制器、执行机构和传感器组成。运动控制器给执行机构发布命令，执行机构执行命令后由传感器收集数据并传回运动控制器，完成闭环。即闭环控制系统在输出端和输入端之间存在反馈回路，输出量对控制过程有直接影响。

闭环控制的优点如下。

① 闭环控制具备自适应调节的能力，可以自动调节输入信号，使系统输出想要的参考值，且这一过程不需要人为干预。

② 闭环控制稳定性更高，自适应能力提高了系统稳定性，因其能对不合理的输入进行“纠正”，可以防止不合理输入造成系统崩溃。

在工业场景中，自动调温空调、发动机燃烧控制、发动机电喷系统等都属于闭环控制系统，闭环控制所需的服务区域通常要比运动控制需要的要大，5G-TSN 提供了无线与有线结合的组网方式，能够支持广域范围内数据的便捷传输和快速接入。

2. 流程和设备监控

流程工业领域中的现代化设备可以提供 I/O 数据及生产过程中的深层数据。在管理系统中，从现场仪器中采集到的故障诊断数据、仪器状态的常规信息及特性设备参数等，都能帮助工厂制订预防性的维护保养计划，有助于避免计划外的停机，并缩短停机时间，从而降低维护保养的成本。由于传感器节点多、安装位置分散，采用有线组网方式将带来海量链路部署的难题。采用 5G-TSN，不仅能够为海量传感器提供较广范围的无线接入，还能为优先级及紧急程度高的业务提供确定性时延和可靠性保障。

工厂中安装了大量工业无线传感器，以深入了解整个流程的环境条件、设备健康情况和材料库存。测量到的数据一方面被传输到显示器供观察与分析，另一方面被传送到数据库进行注册和数据分析。温度、压力、流量传感器等可用于流程监控，振动传感器则可用于设备健康监控，热像仪可用来监测数据泄露情况。部署在工厂中的智能生产监控系统可实现大型特种设备调度管理监控、定位管理、2D/3D 可视化管理、故障告警管理、防撞警告、车辆识别、车辆管控、库区管理等功能。实时采集和反馈现场作业数据，并将监控信息实时展示便于指挥调度，使管理者能够实时掌握整个生产状态。流程和设

备监控操作可在广泛的服务区域内进行，且可能需要与公共网络进行交互。

9.2.4　5G-TSN 与远程操控

在工业远程操控中，操作人员利用计算机、手机等遥控设备通过通信网络将控制指令传送到近端控制器（一般是 PLC），PLC 接收到控制指令后通过内部的可编程存储器将指令转化为机器语言指令，从而完成对设备的操控，达到远程监测、远程控制、远程维护设备的目的。此外，检测系统会将检测到的数据及设备的运行情况返回到数据处理中心，数据平台会对这些数据进行存储与分析处理，为后续的控制与维护提供基础。5G-TSN 协同传输网络可以低时延、高可靠、确定性地进行无线接入，用于远程实时控制。

结合未来智能工厂中跨生产线、跨车间实现多设备协同的生产需求，集中控制需求将更迫切，原先分布式的控制功能将集中到具有更强大计算能力的控制云中，一方面有利于生产协同，另一方面是满足智能化发展的需要。少人化、无人化是未来智能工厂的典型特征，随着机器视觉等人工智能技术的发展和成熟，大量的重复性劳动将由机械臂、移动机器人来承担。在复杂的生产环境中，需要多个机械臂及移动机器人相互配合才能完成产品的装配及生产。然而，传统的工业控制大多在设备边缘进行直接控制，竖井式特征导致多设备间的协作难以实现，不能满足智能工厂的生产需求。5G-TSN 协同传输网络，不仅能支持移动类智能工业设备，并且还能实现工业数据的确定性低时延传输与高可靠保障，为大规模设备间的协作提供了有力的技术支撑。基于 5G-TSN 的机械臂和移动机器人如图 9-8 所示。此外，由于设备间不需要进行有线组网，能够根据生产需求进行设备组合，从而实现跨车间、跨生产线的生产协同，为智能工厂柔性化生产提供了扎实的网络基础支撑。

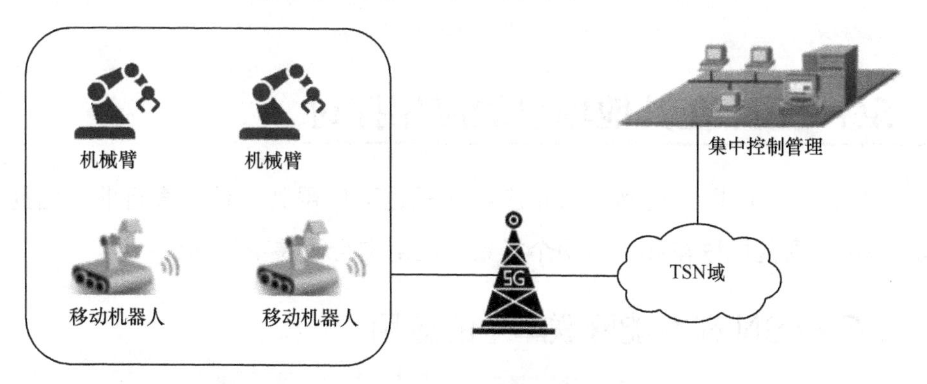

图 9-8　基于 5G-TSN 的机械臂和移动机器人

9.2.5 5G-TSN 与工业数字孪生

数字孪生是针对物理世界的实体，通过数字化手段在数字世界构建一个完整的分身，并和物理实体保持实时的交互连接，借助历史数据、实时数据及算法模型等，通过模拟、验证、预测、控制物理实体全生命周期过程，实现对物理实体的了解、分析和优化。

由于数字孪生早期的应用与工业制造领域密不可分，因此工业制造也是数字孪生的主要应用场景。在制造过程中，建立一个生产环境的虚拟版本，用数字化方式描述整个制造环境，在虚拟数字空间中进行设备诊断、过程模拟等仿真预测，可以有效避免出现故障、生产异常等。

要实现动态的工业数字孪生模拟，全程多域数据的有效感知和及时传输是关键，并且对传输的时延和可靠性均有严格要求。基于 5G-TSN 的数字孪生示意如图 9-9 所示。

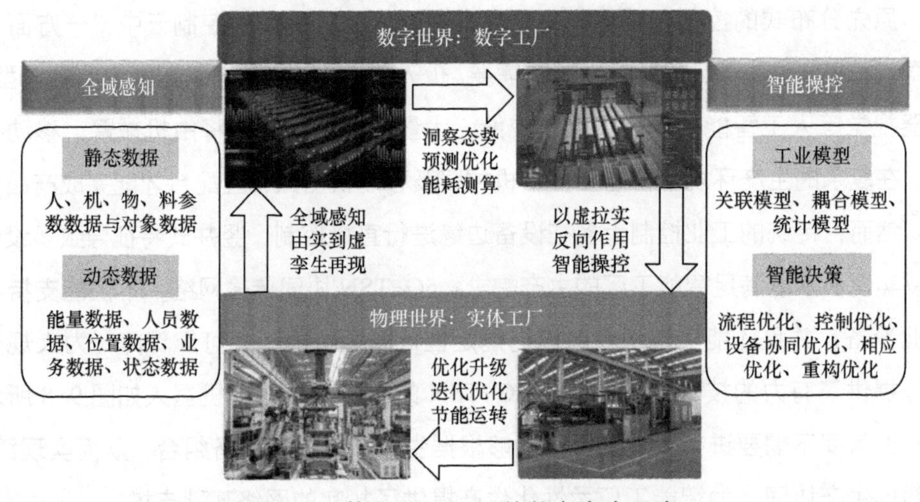

图 9-9 基于 5G-TSN 的数字孪生示意

9.3 5G-TSN 在其他场景的应用探讨

5G-TSN 在工业场景的组网方法和应用模式也可应用到其他垂直行业。因此，本节针对 5G-TSN 在智能网联车和电力两个场景的应用进行了展望和探讨。

9.3.1 5G-TSN 在智能网联车中的应用

智能网联车是指通过整合人工智能、大数据、5G 等技术，实现车内、车与车、车与路、

车与人、车与服务平台的全方位连接的新一代汽车。在技术方面，智能网联车依赖于车辆关键技术、信息交互关键技术、基础支撑关键技术，以及车载平台和基础设施的支持。

智能网联车的关键技术体系如图 9-10 所示。要实现智能网联车安全、便捷、智能的驾驶，离不开强有力的网络支撑，实现车内、车与人、车与路、车与车之间信息的及时交互，从而实现环境的全面感知、智能的决策和可靠的控制。可以说，信息承载网络技术的质量，在一定程度上对智能网联车能否走向实际应用具有决定性影响。

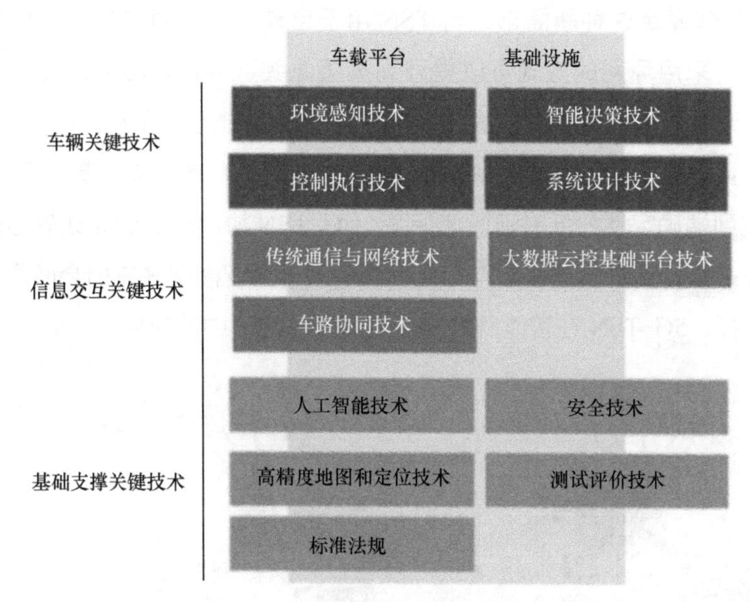

图 9-10　智能网联车的关键技术体系

为了实现更精确的自动操控功能，智能网联车引入了更多的雷达、高清摄像头等传感器，实时采集和处理传感器数据，这对网络时延、抖动、带宽、可靠性等提出了新挑战。而传统车载总线技术难以实现大带宽的数据传输，无法满足智能网联车上雷达、摄像头等传感器数据传输速率的应用需求。当前，车载以太网已经广泛应用于车内娱乐系统，以太网具有技术成熟、高度标准化、大带宽及低成本等优势。近年来，随着汽车电子化的快速发展，车内电子产品数量逐渐增加，连接和互通的复杂性日益提高，以太网的技术优势可以很好地满足汽车制造商对车内网络连接的需求。但以太网既不能保证信息传输的及时性和可靠性，也不能承载用于智能决策、车辆控制的传感器数据的传输，导致要在车上部署不同的网络以承载不同的业务，这加大了智能网联车车载网络部署的难度。例如，一辆高端汽车的线束系统长度会达到 6000m，包含约 1500 根线束，近 4000 个连

接点，重量约为 70kg，若按照目前方式推算，无人驾驶汽车的线束重量将超过 100kg。对于燃油车来说，其重量每减少 100kg，每百千克的油耗可降低 0.3 ～ 0.5L，对应减少二氧化碳排放 8 ～ 11g。作为新一代网络交换技术，TSN 因符合标准的以太网架构，且具有精准的流量调度能力，可以保证多种业务流量的共网高质量传输，兼具技术及成本优势，成为智能网联车车载网络技术的重要演进方向之一。

当前汽车电子电气架构正在向基于域控制器架构演进，域之间需要更多的协同工作，车载 TSN 可以有效满足这种新需求。将 TSN 用于自动驾驶可有效提升多传感器数据采集的实时性，同时，采用环网的方式可以提升高清摄像头、雷达等融合处理场景的可靠性。

随着车辆自动化、智能化程度的提高，其与外部通信的无线需求增多，例如，车与车实时交互速度和位置信息、实时监测道路基础设施（红绿灯）状态，以及基于云的控制等场景。这些场景需要端到端确定性的低时延通信保障，5G-TSN 协同构建的无线确定性网络能够将确定性通信从车载延伸到车与路、车与车之间的交互，为智能网联车的全面应用提供有力的关键基础网络支撑。5G-TSN 在智能网联车（车间及车载）中的应用展望如图 9-11 所示。

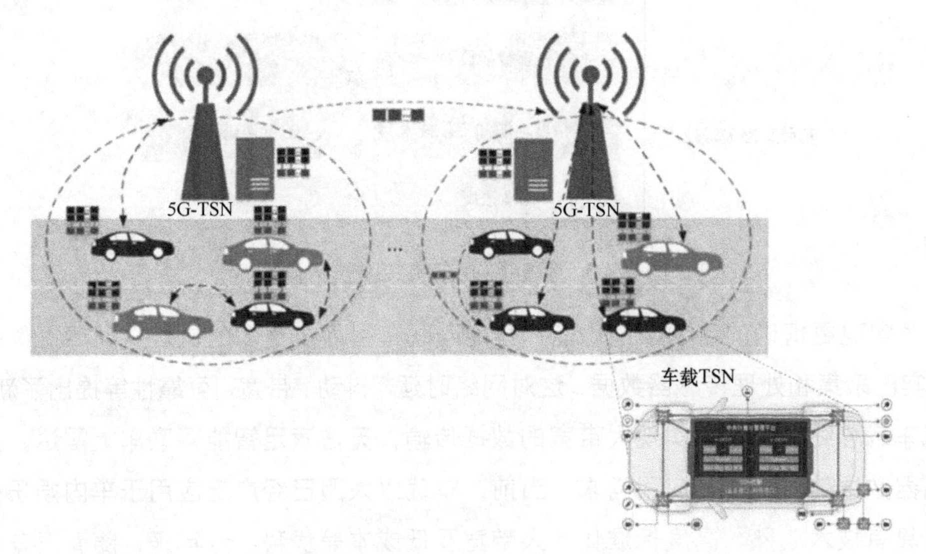

图 9-11　5G-TSN 在智能网联车（车间及车载）中的应用展望

9.3.2　5G-TSN 在电力场景中的应用

电力能源系统是国家重要的基础设施，是国家能源安全的重要保障之一。随着 5G、人工智能等新一代信息技术的发展，电力能源系统也在向数字化、网络化及智能化方向

演进，其目标是实现电力调配、控制、管理、存储等全流程的智能化。

电力行业是 5G 行业应用的重点。利用 5G 网络的移动性及大带宽特性，实现了基于机器视觉的远程操控、机器人巡检、广域数据采集及感知等诸多智能电力的应用。然而，当前 5G 网络在时延及时延抖动保障方面存在一定的技术挑战，由于无线信道的随机特性，无线信道、终端移动等不确定因素叠加可能会使数据丢包，进而造成时延抖动，而这对资源动态保障提出了更高的要求。

电力通信网承担着“源网荷储”的信息采集、网络控制等重要业务，为智能电力基础设施与各类能源服务平台提供安全、可靠、高效的信息传输通道，为电力终端提供泛在、低时延、高可靠的确定性服务质量保障，对安全性、可靠性要求极高。广域电流差动保护、针对超高压或高压的远程保护等电力场景对时延的要求在 10ms 左右，时延抖动在 100μs 左右，并且对误码率也有很高的确定性要求（10^{-7} ～ 10^{-5}）。因此，电力通信及电力控制业务的应用需求与当前 5G 技术能力之间还存在一定的差距。

2021 年，在 IEC TC57/WG10 工作组基于 TSN 标准编制完成的 IEC 61850-90-13《电力行业确定性网络技术报告》，描述了目前电力通信网存在的问题，并提出了在变电站自动化、微电网等领域应用 TSN 技术。随着电力物联网及智能变电站的业务发展，例如，输电线路视频监控、电力隧道环境及视频监控、变电站视频及环境监控、变电站巡检机器人、移动作业 / 巡检，以及新增的多媒体、物联网类业务（包括生产、安监、市场、物资等）逐步兴起，业务接入呈现出大带宽、高可靠、移动性等特点，需要考虑引入可靠的无线通信方式解决业务接入问题。在配用电领域，由于点多面广，现有光纤覆盖建设成本高、运维难度大，难以有效支撑其“可观、可管、可控”。随着大规模配电网自动化、低压集抄、分布式能源接入、用户双向互动等业务快速发展，各类电网设备、电力终端、用电客户的通信需求呈爆发式增长，传统光纤专网的建设成本高、业务开通时间长，无法满足快速灵活的广域接入需求。同时变电站机器人巡检、输配电线路无人机巡检等移动性场景也对无线通信提出了高要求。

电网应用对传输可靠性有极高的要求。以配网差动保护为例，配网差动保护依赖对端持续发送的电流实时测量数据来判别故障，通信通道是否可用会直接影响配网差动保护的运行，因此对通道可用性要求高。电力企业要求一个配网差动保护判断周期内（连续 5 个采样点），通道可用率不低于 99.9%，折算到单次通道可用率为 99.99%。配网 PMU 对通道可用性的要求也相对较高，一般为 99.9%。分布式馈线自动化属于事件触发类业务，对通道可用性的要求相对较低，一般为 99%。

电网应用对设备间的时间同步有一定的要求。电力系统中的装置（例如，PMU、保护终端、DTU 等）都内置了时钟，由于时钟初始值或时钟计时精度等问题，这些时钟之间难以同步，因此其相应的采集量也会出现时间偏差，进而影响电力业务的正确执行。以配网差动保护为例，线路两端保护终端不同步将导致线路两端差动电流（I_A–I_B）数值计算不准确，影响差动电流计算和保护逻辑判断的准确性。因此，需要通过卫星授时等技术来实现全网设备和采集量的同步对时。在实际工程中，配网差动保护要求对时精度小于 10μs；配网 PMU 要求对时精度小于 1μs。

综上所述，电网数字化和电网物联应用将对时间同步、传输可靠性有较大的需求，也为 5G-TSN 无线确定性网络的应用提供了更多的电力应用场景。

参考文献

[1] MARCHESE M. QoS Over Heterogeneous Networks[M]. Wiley, 2007.

[2] BRAUN T, STAUB T, DIAZ M, et al. End-to-End Quality of Service Over Heterogeneous Networks[M]. Berlin, Heidelberg: Springer Berlin Heidelberg, 2008.

[3] 孙雷，朱瑾瑜，马彰超，等 . 时间敏感网络技术及发展趋势 [M]. 北京：人民邮电出版社，2022.

[4] METZ C. RSVP: general-purpose signaling for IP[J]. IEEE Internet Computing, 1999, 3(3): 95-99.

[5] 李峰，曹阳，葛菲 . 一种端到端混合 QoS 体系结构 [J]. 计算机工程，2005，31（4）: 133-135.

[6] NASRALLAH A, THYAGATURU A S, ALHARBI Z, et al. Ultra-low latency (ull) networks: the ieee tsn and ietf detnet standards and related 5g ull research[J]. IEEE Communications Surveys & Tutorials, 2019, 21(1): 88-145.

[7] MARIJANOVIĆ L, SCHWARZ S, RUPP M. Multiplexing services in 5G and beyond: optimal resource allocation based on mixed numerology and mini-slots[J]. IEEE Access, 2020, 8: 209537-209555.

[8] ANAND A, DE VECIANA G. Resource allocation and HARQ optimization for URLLC traffic in 5G wireless networks[J]. IEEE Journal on Selected Areas in Communications, 2018, 36(11): 2411-2421.

[9] ANAND A, DE VECIANA G, SHAKKOTTAI S. Joint scheduling of URLLC and eMBB traffic in 5G wireless networks[J]. IEEE/ACM Transactions on Networking, 2020, 28(2): 477-490.

[10] GINTHÖR D, GUILLAUME R, SCHÜNGEL M, et al. 5G RAN slicing for deterministic traffic[C]//Proceedings of the 2021 IEEE Wireless Communications and Networking Conference (WCNC). Piscataway: IEEE Press, 2021: 1-6.

[11] HU X, LIU S J, CHEN R, et al. A deep reinforcement learning-based framework for dynamic resource allocation in multibeam satellite systems[J]. IEEE Communications Letters, 2018, 22(8): 1612-1615.

[12] GU Z Y, SHE C Y, HARDJAWANA W, et al. Knowledge-assisted deep reinforcement learning in 5G scheduler design: from theoretical framework to implementation[J]. IEEE Journal on Selected Areas in Communications, 2021, 39(7): 2014-2028.

[13] LI J, ZHANG X. Deep reinforcement learning-based joint scheduling of eMBB and URLLC in 5G networks[J]. IEEE Wireless Communications Letters, 2020, 9(9): 1543-1546.

[14] STRIFFLER T, MICHAILOW N, BAHR M. Time-sensitive networking in 5th generation cellular networks - current state and open topics[C]//Proceedings of the 2019 IEEE 2nd 5G World Forum (5GWF). Piscataway: IEEE Press, 2019: 547-552.

[15] MARTENVORMFELDE L, NEUMANN A, WISNIEWSKI L, et al. A simulation model for integrating 5G into time sensitive networking as a transparent bridge[C]//Proceedings of the 2020 25th IEEE International Conference on Emerging Technologies and Factory Automation (ETFA). Piscataway: IEEE Press, 2020: 1103-1106.

[16] GINTHÖR D, GUILLAUME R, VON HOYNINGEN-HUENE J, et al. End-to-end optimized joint scheduling of converged wireless and wired time-sensitive networks[C]//Proceedings of the 2020 25th IEEE International Conference on Emerging Technologies and Factory Automation (ETFA). Piscataway: IEEE Press, 2020: 222-229.

[17] GINTHÖR D, VON HOYNINGEN-HUENE J, GUILLAUME R, et al. Analysis of multi-user scheduling in a TSN-enabled 5G system for industrial applications[C]//Proceedings of the 2019 IEEE International Conference on Industrial Internet (ICII). Piscataway: IEEE Press, 2019: 190-199.

[18] 孙雷，王健全，林尚静，等．基于无线信道信息的 5G 与 TSN 联合调度机制研究 [J]. 通信学报，2021，42（12）: 65-75.

[19] YANG J W, YU G D. Traffic scheduling for 5G-TSN integrated systems[C]//Proceedings of the 2022 International Symposium on Wireless Communication Systems (ISWCS). Piscataway: IEEE Press, 2022: 1-6.

[20] ZHANG Y J, XU Q M, LI M Y, et al. QoS-aware mapping and scheduling for virtual network functions in industrial 5G-TSN network[C]//Proceedings of the 2021 IEEE Global Communications Conference (GLOBECOM). Piscataway: IEEE Press, 2021: 1-6.

[21] LUONG N C, HOANG D T, GONG S M, et al. Applications of deep reinforcement learning in communications and networking: a survey[J]. IEEE Communications Surveys & Tutorials, 2019, 21(4): 3133-3174.

[22] ALWARAFY A, ABDALLAH M, ÇIFTLER B S, et al. The frontiers of deep reinforcement learning for resource management in future wireless HetNets: techniques, challenges, and research directions[J]. IEEE Open Journal of the Communications Society, 2022, 3: 322-365.

[23] SKLAR B. Rayleigh fading channels in mobile digital communication systems.I. Characterization[J]. IEEE Communications Magazine, 1997, 35(7): 90-100.

[24] ZHU Y, SUN L, WANG J Q, et al. Deep reinforcement learning-based joint scheduling of 5G and TSN in industrial networks[J]. Electronics, 2023, 12(12): 2686.

[25] STRIFFLER T, MICHAILOW N, BAHR M. Time-sensitive networking in 5th generation cellular networks - current state and open topics[C]//Proceedings of the 2019 IEEE 2nd 5G World Forum (5GWF). Piscataway: IEEE Press, 2019: 547-552.

[26] MESSENGER J L. Time-sensitive networking: an introduction[J]. IEEE Communications Standards Magazine, 2018, 2(2): 29-33.

[27] WOLLSCHLAEGER M, SAUTER T, JASPERNEITE J. The future of industrial communication: automation networks in the era of the Internet of Things and industry 4.0[J]. IEEE Industrial Electronics Magazine, 2017, 11(1): 17-27.

[28] LI W Z, ZHU H D. Overview of industrial Internet technology development and evolution[C]// Proceedings of the 2021 IEEE 11th International Conference on Electronics Information and Emergency Communication (ICEIEC)2021 IEEE 11th International Conference on Electronics Information and Emergency Communication (ICEIEC). Piscataway: IEEE Press, 2021: 1-4.

[29] HEGAZY T, HEFEEDA M. Industrial automation as a cloud service[J]. IEEE Transactions on Parallel and Distributed Systems, 2015, 26(10): 2750-2763.

[30] MELLADO J, NÚÑEZ F. A container-based IoT-oriented programmable logical controller[C]// Proceedings of the 2020 IEEE Conference on Industrial Cyberphysical Systems (ICPS). Piscataway: IEEE Press, 2020: 55-61.

[31] TASCI T, MELCHER J, VERL A. A container-based architecture for real-time control applications[C]// Proceedings of the 2018 IEEE International Conference on Engineering, Technology and Innovation (ICE/ITMC). Piscataway: IEEE Press, 2018: 1-9.

[32] GARCIA C A, GARCIA M V, IRISARRI E, et al. Flexible container platform architecture for industrial robot control[C]//Proceedings of the 2018 IEEE 23rd International Conference on Emerging Technologies and Factory Automation (ETFA). Piscataway: IEEE Press, 2018: 1056-1059.

[33] GOLDSCHMIDT T, MURUGAIAH M K, SONNTAG C, et al. Cloud-based control: a multi-tenant, horizontally scalable soft-PLC[C]//Proceedings of the 2015 IEEE 8th International Conference on Cloud Computing. Piscataway: IEEE Press, 2015: 909-916.

[34] GIVEHCHI O, IMTIAZ J, TRSEK H, et al. Control-as-a-service from the cloud: a case study for using virtualized PLCs[C]//Proceedings of the 2014 10th IEEE Workshop on Factory Communication Systems (WFCS 2014). Piscataway: IEEE Press, 2014: 1-4.

[35] NEUMANN A, WISNIEWSKI L, GANESAN R S, et al. Towards integration of Industrial Ethernet with 5G mobile networks[C]//Proceedings of the 2018 14th IEEE International Workshop on Factory Communication Systems (WFCS). Piscataway: IEEE Press, 2018: 1-4.

[36] SMOŁKA I, STÓJ J, GAJ P, et al. Communication between AGV and standalone station via EtherCAT using WiFi–proof of concept[C]//Proceedings of the 2022 IEEE International Conference on Big Data (Big Data). Piscataway: IEEE Press, 2022: 6337-6346.

[37] KHAN B S, JANGSHER S, AHMED A, et al. URLLC and eMBB in 5G industrial IoT: a survey[J]. IEEE Open Journal of the Communications Society, 2022, 3: 1134-1163.

[38] MAHMOOD A, BELTRAMELLI L, FAKHRUL ABEDIN S, et al. Industrial IoT in 5G-and-beyond networks: vision, architecture, and design trends[J]. IEEE Transactions on Industrial Informatics, 2022, 18(6): 4122-4137.[LinkOut]

[39] SIRIWARDHANA Y, PORAMBAGE P, YLIANTTILA M, et al. Performance analysis of local 5G operator architectures for industrial Internet[J]. IEEE Internet of Things Journal, 2020, 7(12): 11559-11575.

[40] ALEKSY M, DAI F, ENAYATI N, et al. Utilizing 5G in industrial robotic applications[C]//Proceedings of the 2019 7th International Conference on Future Internet of Things and Cloud (FiCloud). Piscataway: IEEE Press, 2019: 278-284.

[41] JIA Z W, LI D D, ZHANG W M, et al. 5G MEC gateway system design and application in industrial communication[C]//Proceedings of the 2020 2nd World Symposium on Artificial Intelligence (WSAI). Piscataway: IEEE Press, 2020: 5-10.

[42] FICZERE D, PATEL D, SACHS J, et al. 5G public network integration for a real-life PROFINET application[C]//Proceedings of the NOMS 2022 IEEE/IFIP Network Operations and Management Symposium. Piscataway: IEEE Press, 2022: 1-5.

[43] CUOZZO G, CAVALLERO S, PASE F, et al. Enabling URLLC in 5G NR IIoT networks: a full-stack end-to-end analysis[C]//Proceedings of the 2022 Joint European Conference on Networks and Communications & 6G Summit (EuCNC/6G Summit). Piscataway: IEEE Press, 2022: 333-338.

[44] MU N, GONG S L, SUN W Q, et al. The 5G MEC applications in smart manufacturing[C]//Proceedings of the 2020 IEEE International Conference on Edge Computing (EDGE). Piscataway: IEEE Press, 2020: 45-48.

[45] JIANG X L, LUVISOTTO M, PANG Z B, et al. Latency performance of 5G new radio for critical industrial control systems[C]//Proceedings of the 2019 24th IEEE International Conference on Emerging Technologies and Factory Automation (ETFA). Piscataway: IEEE Press, 2019: 1135-1142.

[46] VITTURI S, ZUNINO C, SAUTER T. Industrial communication systems and their future challenges: next-generation Ethernet, IIoT, and 5G[J]. Proceedings of the IEEE, 2019, 107(6): 944-961.

[47] SPINELLI F, MANCUSO V. Toward enabled industrial verticals in 5G: a survey on MEC-based

approaches to provisioning and flexibility[J]. IEEE Communications Surveys & Tutorials, 2021, 23(1): 596-630.

[48] ZHU Z H, WANG Y E. The real-time technology research of industrial Ethernet in control field[C]//Proceedings of the 2010 International Conference on Mechanic Automation and Control Engineering. Piscataway: IEEE Press, 2010: 5274-5277.

[49] WANG H, CHEN L Q, XU D L, et al. A packet aggregation scheme for WIA-PA networks based on wireless channel state[C]//Proceedings of the 2019 11th International Conference on Wireless Communications and Signal Processing (WCSP). Piscataway: IEEE Press, 2019: 1-6.

[50] XU C, DU X Y, LI X C, et al. 5G-based industrial wireless controller: protocol adaptation, prototype development, and experimental evaluation[J]. Actuators, 2023, 12(2): 49.

[51] WANG Z, HAN D T, GONG Y J, et al. Research on the convergence architecture of 5G and industrial communication[J]. MATEC Web of Conferences, 2021, 336: 04013.

[52] NEUMANN A, WISNIEWSKI L, GANESAN R S, et al. Towards integration of Industrial Ethernet with 5G mobile networks[C]//Proceedings of the 2018 14th IEEE International Workshop on Factory Communication Systems (WFCS). Piscataway: IEEE Press, 2018: 1-4.

[53] JIN Q B, GUO Q, NIU Y X, et al. Collaborative control and optimization of QoS in 5G and industrial SDN heterogeneous networks for smart factory[C]//Proceedings of the 2021 International Conference on Space-Air-Ground Computing (SAGC). Piscataway: IEEE Press, 2021: 89-94.

[54] GINTHOER D, HARUTYUNYAN D. Evaluation of control-to-control communication in industrial 5G network[C]//Proceedings of the 2023 IEEE 19th International Conference on Factory Communication Systems (WFCS). Piscataway: IEEE Press, 2023: 1-7.

[55] WANG H, BING Q Z, DENG A H. A protocol translation scheme between EtherCAT field network and IPv6-based industrial backbone network[C]//Proceedings of the 2020 Chinese Automation Congress (CAC). Piscataway: IEEE Press, 2020: 813-818.[LinkOut]

[56] GHOSTINE R, THIRIET J M, AUBRY J F, et al. A framework for the reliability evaluation of networked control systems[J]. IFAC Proceedings Volumes, 2008, 41(2): 6833-6838.

[57] CHEN Y X, XU Q M, ZHANG J L, et al. TSN-compatible industrial wired/wireless multi-protocol conversion mechanism and module[C]//Proceedings of the IECON 2022 – 48th Annual Conference of the IEEE Industrial Electronics Society. Piscataway: IEEE Press, 2022: 1-6.

[58] WANG H, ZENG L P, LI M, et al. A protocol conversion scheme between WIA-PA networks and time-sensitive networks[C]//Proceedings of the 2019 Chinese Automation Congress (CAC). Piscataway: IEEE Press, 2019: 213-218.

[59] WU X P, XIE L H. On the wireless extension of EtherCAT networks[C]//Proceedings of the 2017 IEEE 42nd Conference on Local Computer Networks (LCN). Piscataway: IEEE Press, 2017: 235-238.

[60] 谭帅．支持数据包聚合的工业无线网络确定性调度方法研究 [D]. 重庆：重庆邮电大学，2020.

[61] 徐霞艳，张宏莉．5G 小数据传输增强技术 [J]. 移动通信，2022，46（2）：32-37.

[62] 王立文，唐雄燕，黄蓉，等．面向工业应用的 5G 增强技术 [J]. 邮电设计技术，2022（3）：1-7.

[63] 王军生，刘佳伟，孙瑞琪，等．基于 5G 软件定义钢铁工业控制系统的设计与实现 [J]. 中国冶金，2022，32（10）：7-12.

[64] FENG L, ZHOU Y, LIU T, et al. Energy-efficient offloading for mission-critical IoT services using EVT-embedded intelligent learning[J]. IEEE Transactions on Green Communications and Networking,

2021, 5(3): 1179-1190.

[65] XIE K Y, YANG Y, FENG L, et al. Joint power control and passive beamforming in intelligent reflecting surface assisted multi-cell uplink communications[C]//Proceedings of 2021 22nd Asia-Pacific Network Operations and Management Symposium(APNOMS). Piscataway: IEEE Press, 2021: 90-95.

[66] 3GPP.Study on Communication for automation in vertical domains:TR 22.804 V16.2.0[S], 2018.

[67] 3GPP.System architecture for the 5G system: TS 23.501[S], 2019.

[68] 吴欣泽，信金灿，张化．面向 5G-TSN 的网络架构演进及增强技术研究 [J]. 电子技术应用，2020，46（10）: 8-13.

[69] 王丹，孙滔，段晓东，等．面向垂直行业的 5G 核心网关键技术演进分析 [J]. 移动通信，2020，44（1）: 8-13.

[70] 3GPP.Study on NR industrial Internet of Things(IoT): TR 38.825[S]. 2019.

[71] 朱瑾瑜，张恒升，陈洁．TSN 与 5G 融合部署的需求和网络架构演进 [J]. 中兴通讯技术，2021，27（6）: 47-52.

[72] ITU. ITU-T Y.3131: Functional architecture for supporting fixed mobile convergence in IMT 2020 networks[S], 2019.

[73] HUANG J Y, FENG L, ZHOU F Q, et al. 5G URLLC local deployment architecture for industrial TSN services[C]//Proceedings of 2022 International Wireless Communications and Mobile Computing(IWCMC). Piscataway: IEEE Press, 2022: 7-11.

[74] 3GPP. Service requirements for cyber-physical control applications in vertical domains: TS 22.104 [S], 2021.

[75] 李卫，孙雷，王健全，等．面向工业自动化的 5G 与 TSN 协同关键技术 [J]. 工程科学学报，2022，44（6）: 1044-1052.

[76] 关新平，陈彩莲，杨博，等．工业网络系统的感知—传输—控制一体化：挑战和进展 [J]. 自动化学报，2019，45（1）: 25-36.

[77] 杭州海康机器人技术有限公司．智能移动机器人系统助力工厂物流智能化升级 [J]. 自动化博览，2020，37（7）: 36-40.

[78] 王超．基于强化学习的无线网络移动性管理技术研究 [D]. 合肥：中国科学技术大学．

[79] 黄山，吴振升，任志刚，等．电力智能巡检机器人研究综述 [J]. 电测与仪表，2020，57（2）: 26-38.

[80] 朱瑾瑜，张恒升，陈洁．TSN 与 5G 融合部署的需求和网络架构演进 [J]. 中兴通讯技术，2021，27（6）47-52.

[81] 任驰，马瑞涛．5G 核心网 uRLLC 系统架构及关键技术研究 [J]. 邮电设计技术，2020（9）: 44-48.

[82] 王胡成．未来移动通信网络架构和移动性管理的若干关键技术研究 [D]. 北京：北京邮电大学，2018.

[83] HUANG J Y, FENG L, ZHOU F Q, et al. 5G URLLC local deployment architecture for industrial TSN services[C]//Proceedings of 2022 International Wireless Communications and Mobile Computing(IWCMC). Piscataway: IEEE Press, 2022: 7-11.

[84] 3GPP. NR and NG-RAN Overall description; Stage-2: TS 38.300[S]. 2023.